航空类专业职业教育系列教材

R44 ZHISHENGJI XITONG

R44 直升机系统

薛建海　宋辰瑶　郭艳颖　主编

西北工业大学出版社

【内容简介】 全书共分为 11 章。第 1 章为 R44 直升机概述;第 2 章为机体部分介绍;第 3 章为起落架系统介绍;第 4 章为旋翼系统;第 5 章为操纵系统;第 6 章为传动系统;第 7 章为燃油系统;第 8 章为航空仪表系统;第 9 章为电气与航空电子系统;第 10 章为加温、通风和空调系统;第 11 章为动力装置。各章后均附有复习思考题。从第 2 章开始,每一章为一个系统模块,在每一个模块内容的后面附有相关的实训工单,以方便学习者在课后进行实操练习。

本书可以作为通用航空器维修专业的基础教材,也可以作为拥有 R44 机型的通用航空公司的岗前培训教材,还可以供 CCAR-147 部民用航空器维修基础培训使用和民航在职人员自学。

图书在版编目(CIP)数据

R44 直升机系统/薛建海,宋辰瑶,郭艳颖主编 . —西安:西北工业大学出版社,2015.9
(2023.1 重印)

ISBN 978-7-5612-4550-7

Ⅰ.①R… Ⅱ.①薛… ②宋… ③郭…Ⅲ.①直升机—介绍—美国 Ⅳ.①V275

中国版本图书馆 CIP 数据核字(2015)第 202479 号

出版发行:西北工业大学出版社
通信地址:西安市友谊西路 127 号　　邮编:710072
电　　话:(029)88493844　88491757
网　　址:www.nwpup.com
印 刷 者:兴平市博闻印务有限公司
开　　本:787 mm×1 092 mm　1/16
印　　张:14.75
字　　数:354 千字
版　　次:2015 年 9 月第 1 版　　2023 年 1 月第 3 次印刷
定　　价:45.00 元

前　言

　　笔者多年来致力于通用航空器维修专业的教学改革,力图寻找一种适应通用航空业发展的教学模式。本书正是为配合这种需求而编写的。

　　本书以罗宾逊直升机R44各个系统为重点,介绍了R44直升机各系统的结构、工作原理及维修工作中的注意事项。笔者曾工作于南方航空公司珠海直升机分公司,曾去梧州鲲鹏航校和宏诚公司等多家通航单位调研和实习,书中所用相关的手册、图纸和工卡等素材多来源于这些单位。本书遵循职业教育规律,全书分为11章,分别介绍了罗宾逊直升机R44的机身结构、起落架结构、旋翼系统、传动系统、控制系统、燃油系统、加温和空调系统、电子和通信系统及发动机系统等。在介绍机型结构的基础上介绍这些结构的工作原理和使用方法。在相关内容之后,还有维修过程的注意事项和相应的维修实践工卡,供学生在学完相应内容之后去维修车间进行维修实践。通过动手操作,加深对课堂知识的理解,同时增强动手维修的能力,掌握成为通航维修工程师的一些必备技能,为毕业后快速融入通航维修工作奠定基础。

　　参与本书的编写工作的有广州民航职业技术学院薛建海(第1～3,7,10章),广州民航职业技术学院宋辰瑶(第4～6章),广州民航职业技术学院郭艳颖(第8,9,11章)。全书由薛建海统稿。

　　在本书编写过程中得到了广州宏诚飞机维修有限公司、梧州鲲鹏航校、安阳航空运动学校等多家通航单位工程师的帮助,他们提出了很多中肯的意见,并提供了一些资料和工作实例,在此表示感谢。

　　书稿写作完成之后,广州民航职业技术学院的张柳教授和广州宏诚飞机维修有限公司的方嘉杰工程师帮助审稿,提出了许多改进意见,在此表示衷心的感谢。

　　由于知识水平和经验有限,书中难免存在错漏和不妥之处,恳请读者和同行批评指正,以便在今后的修订过程中改进。

编　者

2015年5月

目　　录

第1章 R44 直升机概述

1.1 综述

罗宾逊 R44 雷鸟系列 4 座、轻型直升机由罗宾逊直升机公司在原有机型 R22 的基础上于 1992 年研制生产,并于 1993 年交付使用。罗宾逊直升机公司以生产低价位、高标准、高性能的轻型直升机而信誉卓著。R44 雷鸟(RAVEN)4 座直升机完全具备了这些特征。作为当前销售的唯一的 4 座活塞式直升机,目前国内已有数架,也是当前销售数量最大的轻型直升机。

R44 雷鸟系列直升机采用最新开发的液压助力系统为标准设备,消除了驾驶杆机械传动产生的振动现象,使驾驶更轻松、柔和。此外,还具备其他特点,如:可调式脚舵,方便飞行员调整驾姿;尾桨弹性摇摆铰链,使 R44 维护更简便。R44 雷鸟系列直升机的机体线条优美,其设计符合空气动力学原理,巡航速度可高达 210km/h,而平均耗油量仅为 56L/h。

罗宾逊直升机在工艺设计方面一贯强调优质可靠。根据美国国家交通安全委员会(NTSB)的统计数字,由于机身或发动机故障引起的事故,罗宾逊 R22 和 R44 型直升机比其他直升机要少得多。

R44 是 4 座,主、尾桨双桨叶,滑撬式起落架的轻型直升机,驾驶舱可容纳 1 名驾驶员和 3 名乘客,采用莱康明 IO—540 电喷发动机,飞行速度更快,飞行高度更高,承载更大。主旋翼面积增大,减低震动;主旋翼、尾桨采用全新空气动力学设计,降低噪声;标准的 28V 电源系统保证在极端气候条件下的操作,且为选装设备提供了额外电源。

R44 的装备包括 28V 的电子系统、最新式的无线电通信系统、航行和监视系统。R44 空气动力学的设计能保证直升机以高达 130mi/h(1mi=1.61km)的速度巡航。R44 装备了全新尖端设备,最突出的有:机头云台和 FSI 红外传感器。可放大 7 倍的彩色摄像系统是 R44 警用直升机的标准装备,机头云台可进行全方位 360°视角的观测。折叠式视频监视器具有 10in (1in=2.45cm)的可在阳光照射下观察的液晶显示屏幕,它也是飞机标准装备。探照灯 Spectrolab SX15—20,它使用 500W 氙灯,光强为 15~20 烛光,可自由转动的高聚焦光束的照明距离很远。

R44 不仅承袭了二座位 Robinson R22 型直升机的高可靠性、容易维修和操作、低成本等特点,更拥有较大型直升机的高性能、舒适性、易操控性等特点。R44 的整体设计,符合速度、可靠性、容易维修等要求,其流线造型,使巡航速度高达 210km/h,而耗油量少于 57L/h。座舱采用"二加二"的舒适配置,并有双重操纵。宽敞的座舱内无隔舱或桅杆阻挡,确保所有人员有最佳视界。

作为罗宾逊家族的佼佼者,R44 不但承袭了 R22 的低价位和高安全,广泛用于私人用户、飞行培训和航空拍摄,而且在作业方面有更加全面的表现。

R44 直升机独特的设计及可靠的性能是私用、商用和通用航空的理想选择。R44 直升机可装备固定或应急快速充气浮筒,称为 R44 水上机(CLIPPER),能在水上飞行和起降。另外,R44 直升机还可配备警用设备,称为 R44 警用机(POLICE),或配备供现场电视直播的设备,称为 R44 新闻机(NEWSCOPTER)。

R44 水上机分为装有设计先进的固定通用浮筒或应急快速氮气充气浮筒两种,水上飞行安全可靠。由于重心低,即使在有风浪的海面上飞行,直升机也能保持平稳。固定通用浮筒使 R44 水上机在空载重量基础上增加了约 22kg,巡航速度减少了近 10kn,应急快速充气浮筒在空载重量基础上增加了约 30kg,巡航速度不低于标准的 R44 型。与其他应急浮筒不同,R44 水上机的应急快速充气浮筒与固定通用浮筒的浮力相等,两种浮筒直升机均可在水上降落后再起飞。

R44 警用直升机按照新空中执法标准设计。R44 警用机是公安、武警、边防、消防及准军事单位专用的高性能、低价位、快速交付使用的空中预警、巡逻、监控、指挥平台,专为执法机构设置。它成功地支持了空中警务。在空中执行的任务包括追捕、巡逻、监视和保护政府官员和公民的安全。作为高级执法工具,R44 也可有效地制止犯罪行为。

R44 警用直升机的特点:灵活机动,安全因数高。日常巡航速度可达 180km/h,最大航程达 640km,最大升限 4 270m,海平面爬升率超过 305m/min。

优势突出:一次加油可连续飞行 3 个多小时。

人员装备:可搭载两到三名特警队员,配有高音喇叭、警报器、探照灯和折叠式监视屏。

据统计,投入一架警用直升机的作用等同于 30 辆警车和 100 名警察。警用直升机监视范围可达到地面警察的 15 倍。

1.2　R44 直升机的主要性能参数

R44 Ⅱ直升机(旋翼机正常类)2002 年 10 月 3 日获准生产。

R44 Ⅱ直升机采用燃油喷射发动机,起飞功率 245 马力(1 马力＝735.499W),最大质量为 2 500lb(1lb＝0.453 6kg)。

发动机　一台,莱康明 IO－540－AE1A5,型号认可号 1E4。

燃油　最低等级航空燃油 100L

　　　最低等级航空燃油 100/130

发动机的限制　最大连续功率:在 2718r/min(102％)为 205 马力

　　　起飞功率(5min):在 2718r/min(102％)为 245 马力

旋翼转速限制　动力关闭(旋翼转速)　　动力打开(旋翼转速)

　　　最大 432r/min(108％)　　最大 408(102％)

　　　最小 360r/min(90％)　　　最小 404(101％)

空速限制　v_{NE}(不得超过)在海平面是 130kn(带固定浮筒 120kn),起飞重量 2200lb 或小于 2200lb。起飞重量大于 2200lb。v_{NE} 在海平面为 120kn(带固定浮筒 110kn),起飞重量大于 2200lb。

　　　动力关闭(自转)v_{NE} 在海平面为 100kn。

功率设置超过最大连续功率的空速限制在 100kn。

带充气的浮筒空速限制为 80kn。

任何舱门卸掉的空速限制在 100kn。

重心范围(C.G)　纵向 C.G 范围

重量	前	后	纵向 C.G	横向 C.G 左	右
(lb)	(in)	(in)	(in)	(in)	(in)
1600	92.0	102.5	92.0	−3.0	+3.0
2100	92.0	102.5	100.0	−3.0	+3.0
2300	92.0	100.25	102.5	−1.5	+1.5
2500	93.0	98.0			

注:显示的两点之间直线变量。

空机重 C.G 范围　在 150lb 的飞行员和装满燃油时,计算的 C.G 定位必须在 STA(站位)102.5in 或更前。

最大重量　2500lb。

带固定浮筒的有意水上着陆为 2400lb。

最少机组人员　前右座一个飞行员。

座位数　4(警用机和新闻机为 3 个)。

座位位置:飞行员和前乘客在站位 49.5in,后乘客在站位 79.5in。

最大行李重量　行李舱内安装的设备和行李为 50lb。对于任何座位:座位负荷、行李和设备的最大重量为 300lb。

燃油容量

燃油箱	容量 (UKgal)	可用 (UKgal)	站位 (STA)
主油箱	31.6	30.6	106.0
副油箱	18.5	18.3	102.0

滑油容量

部件	容量 (UKqt)	站位 (STA)
发动机	9	110.0
主旋翼传动	2	100.0
尾桨传动	0.11	327.0
液压油箱	0.65	117.0

最大工作高度　密度高度限制 14 000ft

超过地平面的最大高度 9 000ft,发生着火,允许 5min 之内着陆。

制造厂序号　1140,10001 及后继。

认证依据　14 CFR 27 部,1965.2.1,包括修正的 27−1 至 27−24 免除号 6692,日期为 1997.10.17

14 CFR 36 部　修正 36−24

类似于安全结构:

编号:TD10352LA−R/S−1

14CFR 27.1401(d),防撞灯系统

设备　相关的适航规章(见认证依据)中规定的基本设备必须装在认证的飞机上,另外,还需要有 FAA 批准的直升机飞行手册。

R44 Ⅱ 直升机飞行手册(RTR 462),日期 2003 年 10 月 3 日或新修订版(见注 7,8)

基准线　主旋翼中心线向前 100in。

旋翼桨叶和控制移动　主旋翼桨叶角度在 75% 半径。

总距变距:12.5 °±1.0°总行程。

注:设置的总距低变距符合维修手册和持续适航指令(RTR460)的程序,可获得合适的自转转速。

驾驶杆变距:前 13.50 °~14.25 °

后 13.50 °~14.25 °

左 7.5°~8.5°

右 6.0°~7.0°

尾桨桨叶角度在 75% 半径。

总距变距:左推 15.5 °~16.5 °

右推 18.5 °~19.0 °

注意事项:

(1)现行的重量和平衡记录,包括设备清单中认可的空机重和载荷说明。必要时,提供每架飞机的原有适航证的时间和此后任何时间的适航证,除非操作者有批准的重量控制系统。

(2)以下标牌必须装在飞行员能够看到的地方:"该直升机准许日间和夜间目视飞行"。有关其他标牌,参见直升机飞行手册。FAA 批准的直升机飞行手册中要求的所有标牌必须安装在适当地方。

(3)正确维护直升机的基本信息(包括重要部件的退役时间)在 R44 维修手册和持续适航说明(RTR 460)中。退役时间在 FAA 批准的"适航限制"章节中。没有 FAA 工程部门的批准,退役或使用寿命的时间和检查间隔不能改变。

(4)如安装了浮筒起落架,需 R44 直升机飞行手册增补版 5(日期为 1996.7.17)或之后 FAA 批准的修订版。

(5)如果安装了紧急浮筒,需 R44 直升机飞行手册增补版 10(日期为 1999.6.10)或之后 FAA 批准的修订版。

(6)如果安装液压助动飞行控制系统,需 R44 直升机飞行手册 FAA 批准的修订版(日期为 1999.11.5)或之后 FAA 批准的修订版。

(7)如果安装固定浮筒起落架,需 R44 Ⅱ 直升机飞行手册固定浮筒增补版(日期为 2002.10.3)或之后 FAA 批准的修订版。

(8)如果安装紧急浮筒起落架,需 R44 Ⅱ 直升机飞行手册紧急充气浮筒增补版(日期为 2002.10.3)或之后 FAA 批准的修订版。

(9)通过改动型号认可(TC)、补充型号认可(STC)或改动的 STC 对该直升机型号设计的任何改变,需要持续适航(ICA)的说明,在交机前或者发布有关该机的第一个标准适航证前,按照第 CFR 21.50 标题 14,无论哪个发生在后,必须提交飞机认证办公室(ACO)审查,并被飞机评估组(FTW-AEG)飞标地区办(FSDO)接受。通过 FAA 的 337 表(外场批准)的型号设计改变(主要修理或改变)需要持续适航说明,必须由外场 FSDO 审查批准。

1.3　R44 直升机的整体尺寸图

R44 的整体尺寸分安装了雪橇式起落架和安装了浮筒式起落架的两种。

（1）安装了雪橇式起落架的 R44 主要用于执行陆地飞行任务，其整体尺寸图如图 1-1～图 1-3 所示。

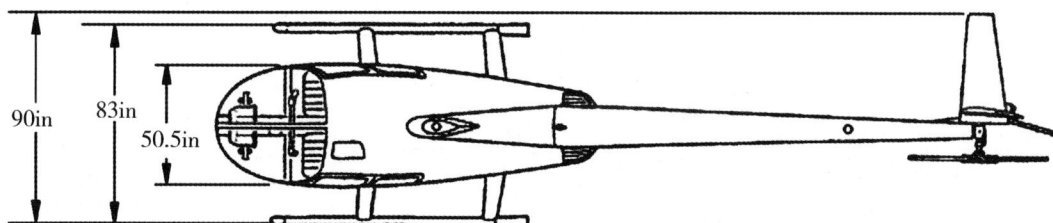

图 1-1　装雪橇的 R44 俯视图（从上向下看）

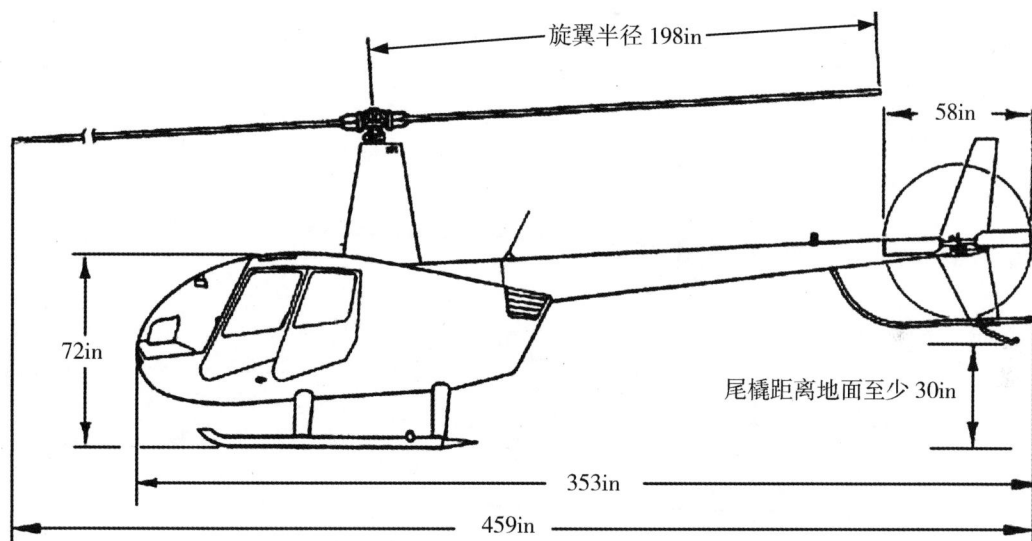

图 1-2　装雪橇的 R44 侧视图（垂直机身侧面看）

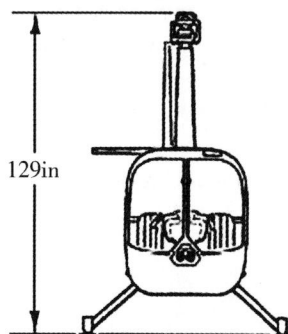

图 1-3　装雪橇的 R44 前视图（沿机头向机尾方向看）

装雪橇起落架的 R44 的主要尺寸有：

总长　459in　机身长度　353in　主旋翼直径　396in　尾桨直径　58in

总宽　90in　机头宽度　50.5in　雪橇宽度　83in

总高　129in

(2)安装了浮筒式起落架的 R44 主要用于执行近岸飞行任务,其整体尺寸图如图 1-4～图 1-6 所示。

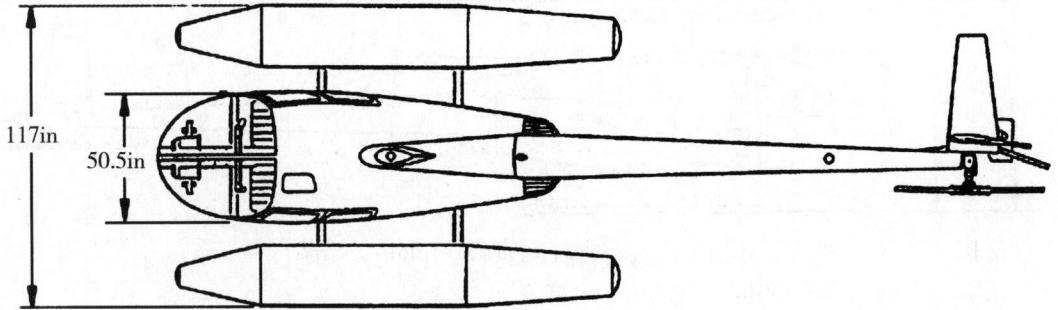

图 1-4　装浮筒的 R44 俯视图(从上向下看)

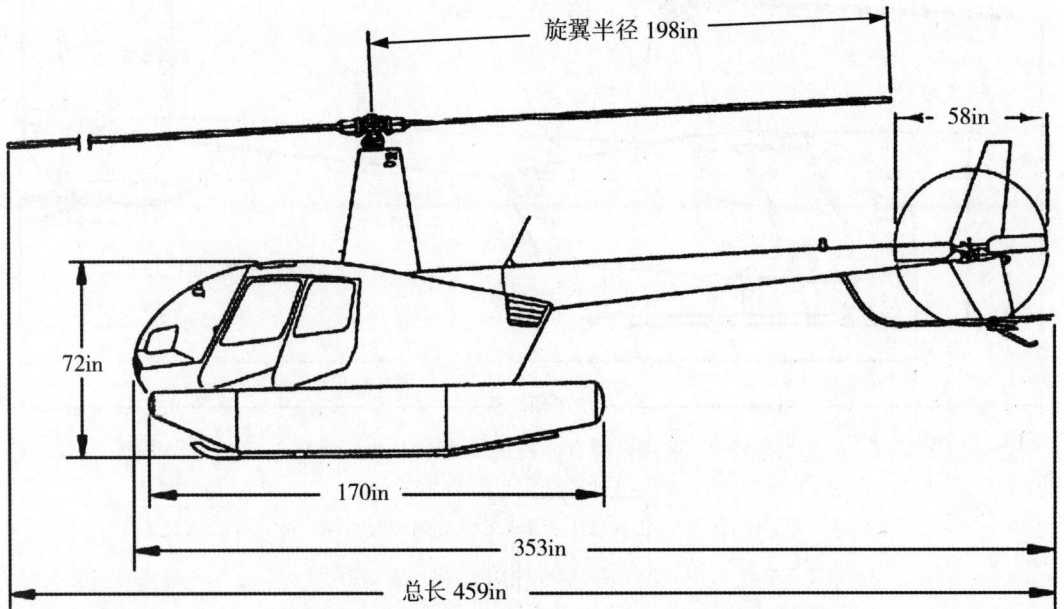

图 1-5　装浮筒的 R44 侧视图(垂直机身侧面看)

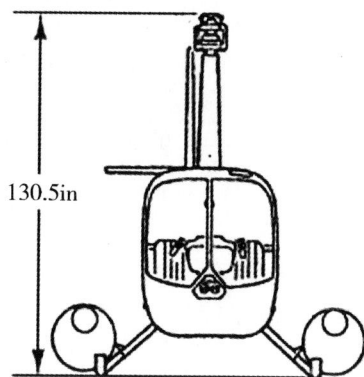

图 1-6　装浮筒的 R44 前视图(沿机头向机尾方向看)

装浮筒起落架的 R44 主要尺寸：

总长　459in　机身长度　353in　主旋翼直径　396in　尾桨直径　58in

总宽　117in　机头宽度　50.5in　雪橇宽度　83in

总高　130.5in

1.4　R44 直升机的常用机型说明

R44 直升机常用机型及说明见表 1-1。

表 1-1　R44 直升机常用机型

机　型	说　明
R44"Astro"	4 位数字序号 0002,0004 至 0760,莱康明 O-540-F1B5 发动机降格至 205 马力最大连续功率;5min 起飞功率为 225 马力,手动控制(自动电子驾驶杆配平,地面可调总距配平),总质量为 2400lb。标准 14V 电器系统;可选 28V,可选液压驾驶杆和总距控制
R44 "Clipper Ⅰ"	基于 Astro 型,固定或充气浮筒起落架,有防腐保护层。辅助水平稳定面装在下垂直稳定面上。放油阀装在机头下部。在固定浮筒机上,导航灯装在主整流罩顶部。液压驾驶杆和总距控制可选
R44 "Raven"Ⅰ型	标准液压驾驶杆和总距控制,飞行员侧脚蹬可调,序号 0761 及之后
R44 Ⅱ"Raven Ⅱ"	5 位数 10001 及后继。长弦主旋翼桨叶,莱康明 IO-540-AE1A5 注油发动机降格至 205 马力最大连续功率;5min 起飞功率为 245 马力。总质量 2500lb。28V 电器系统,装有磁电机起动助动器,第二个滑油散热器。圆形主和尾旋翼桨尖
R44 Ⅱ "Clipper Ⅱ"	与 R44"Clipper"相似,以"Raren Ⅱ"为基础
仪表训练机	R44 或 R44 Ⅱ型,10 孔仪表板。只能操作 VMC
E.N.G (电子新闻采集)	R44 或 R44 Ⅱ型,28V 电器系统,机头装陀螺稳定照相机,尾锥装置电瓶,标准微波系统
警用机	R44 或 R44 Ⅱ,28V 电器系统。包括探照灯、警用电台,机头装陀螺稳定夜视照相机,尾锥装置电瓶,可选装微波系统

注意:R44 Ⅱ(注油型)直升机需要两个 A205－7 叉型臂,A600－6 进气压力表,两个 C005－8主旋翼桨叶和心轴组件(两个 C016－5 主旋翼桨叶和两个 C157－2 变距臂),C006－5 主旋翼齿轮箱,C008－4 尾桨组件(两个 C029－2 尾桨叶),两个 C016－5 主旋翼桨叶,C017－4 倾斜盘,3 个 C121－31 传动杆,两个 C203－5 轭架,C204－2 臂(不锈钢,下部),C204－3 臂(不锈钢,上部),C792－4 双针转速表,D201－5 支架(前液压伺服器)和 D204－8 支架(后液压伺服器)。

1.5　R44 直升机的地面搬运、系留和吊升

1.5.1　R44 直升机的地面搬运

R44 属于小型直升机,当因工作需要将直升机由室内机库搬运至停机坪或由停机坪搬运至室内机库的工作,一般是通过安装搬运轮后由人工进行搬运的。

安装地面搬运轮的步骤:

(1)松开把手锁销,向外滑把手来伸长把手直到锁销急速进入最外的孔。握住把手和机轮,突出的心轴在最底部。将心轴插入撬管上的支撑架(见图 1－7)。

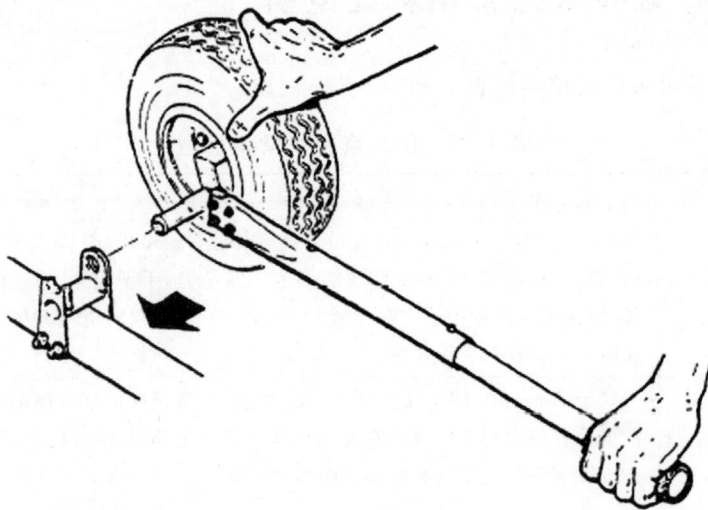

图 1－7　安装搬运轮-1

注意:如果直升机撬管没有完全放好,心轴就不可能伸进。遇到这种情况,向下拉尾锥,使起落架分开到足够安装心轴。

(2)确保突出的心轴的焊接端完全穿过支撑架的内侧(见图 1－8)。

(3)拉把手过中心线升起直升机,机轮锁好(见图 1－9)。

用搬运轮搬运直升机注意事项:

(1)当放下直升机时,把手有个急速翻过的趋势。

(2)内胎充气压力,最大 70psi(lb/in²)。

(3)用地面搬运轮搬运直升机需要两个人:一个人向下拉尾锥并抓着尾桨齿轮箱以操纵方

向,另一个人推主要结构,钢管机架在后整流罩门内侧,可以用手抓着推飞机,在地面搬运期间,脚要离开橇管,以防磕碰而受到伤害。

　　(4)搬运直升机时不要抓尾桨保护器、水平安定面外侧、尾桨或尾桨操纵杆。

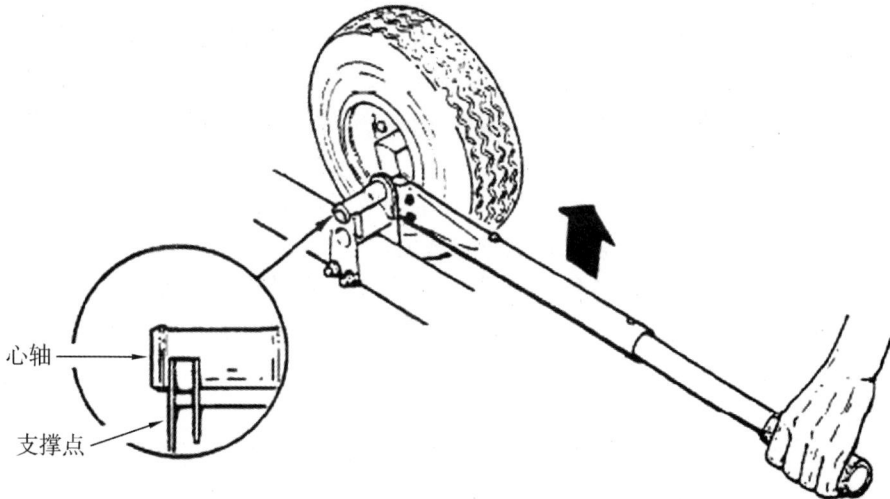

心轴

支撑点

图 1-8　安装搬运轮-2

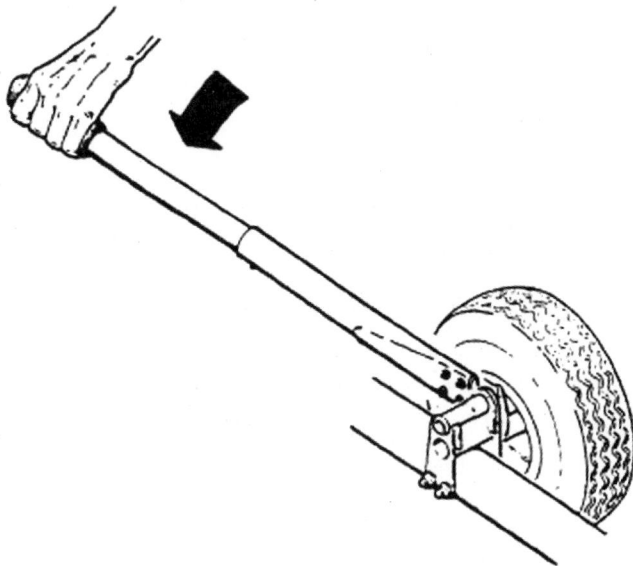

图 1-9　安装搬运轮-3

1.5.2　R44 直升机的拖运

　　当 R44 直升机需要进行远距离运输的时候通常采用 3 种方法:直飞转场、整机拖运和拆卸打包拖运。

　　直飞转场需要直升机满足飞行条件,目的地满足着陆和接机条件等。

拆卸打包拖运比较费工夫。需要将机身、排气管、起落架、旋翼等部件都拆下来,用螺丝固定在木架子上,然后再装在大木箱内,机身用布包裹,其他部件则用塑料膜或防震泡沫保护。它需要二次组装,组装之后还需要调试。这种运输方法一般适用于新购直升机到货或有故障的直升机转场维护。

整机拖运 R44 在一般情况下不采用。大多数拖车都可以轻松地拖运 R44 直升机,它们是为了非常重的负载而设计的,拖车的弹簧和减震器负载过轻时将不能正常地起作用。当拖运 R44 时可能因为减震效果差而导致直升机结构受损。如果拖运不可避免,那么必须遵循下列预防措施:

(1)用压舱物增加拖车负载直到它达到设计的装载平均重量。

(2)支撑尾锥,小心地预防擦伤或在支撑点磨损。

(3)拆卸主旋翼叶片,如果没有拆卸旋翼,那么支撑主旋翼叶片使得在下弯止动器处没有负荷。在自旋翼叶片尖端大约 5ft(1ft=0.304 8m)处支撑旋翼。支撑上需加软垫以防止叶片损伤。

(4)固定尾桨以防止它摇摆。

(5)保护直升机挡风玻璃、尾桨和其他易损坏的部件不被公路上的杂物损坏。

(6)直升机被拖运后,彻底检查直升机有无损坏,特别要注意钢管结构和旋翼系统。

1.5.3 R44 直升机的系留

按图 1-10 所示安装 MT290-2 主旋翼叶片系留。系留绳要绷紧以防桨叶移动。

注意:系留绳过紧会损伤主旋翼叶片。

1.5.4 R44 直升机的顶起和吊升

1.直升机的顶起

用千斤顶顶起直升机,通过在后横管两端弯管接头内侧 1in 处各放一只千斤顶,以及在机身前部顶升点放置千斤顶来完成。

注意:必须小心,以防直升机在顶起后从千斤顶上滑下。

2.直升机的吊升

在机库内若有工作需要而将 R44 直升机吊起时可按图 1-11(a)所示,用 MT527-1 吊升型架,或者按图 1-11(b)所示,用一根直径为 1in 的尼龙绳穿过主旋翼桨毂上的减重孔并打成双环吊起。尼龙绳的拉伸强度不得小于 2500lb。用专用吊升夹具或尼龙绳将直升机固定好后需要用天车或电葫芦将直升机吊起并引动到需要的位置。

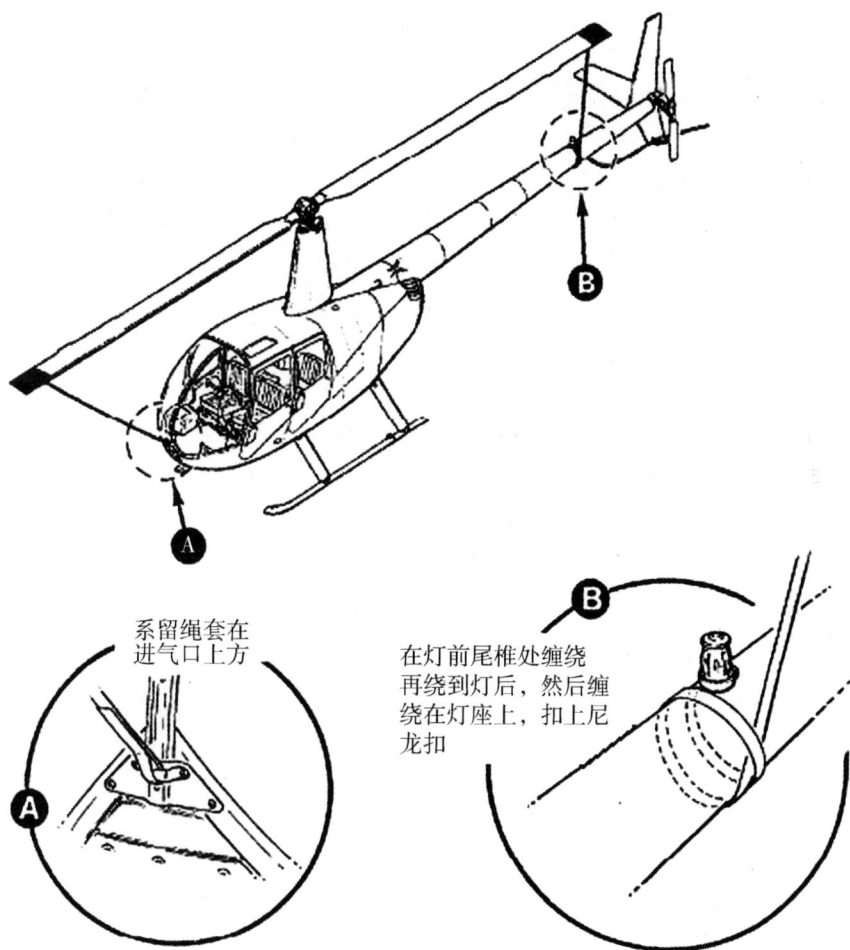

系留绳套在
进气口上方

在灯前尾椎处缠绕
再绕到灯后，然后缠
绕在灯座上，扣上尼
龙扣

图 1-10　R44 直升机的系留

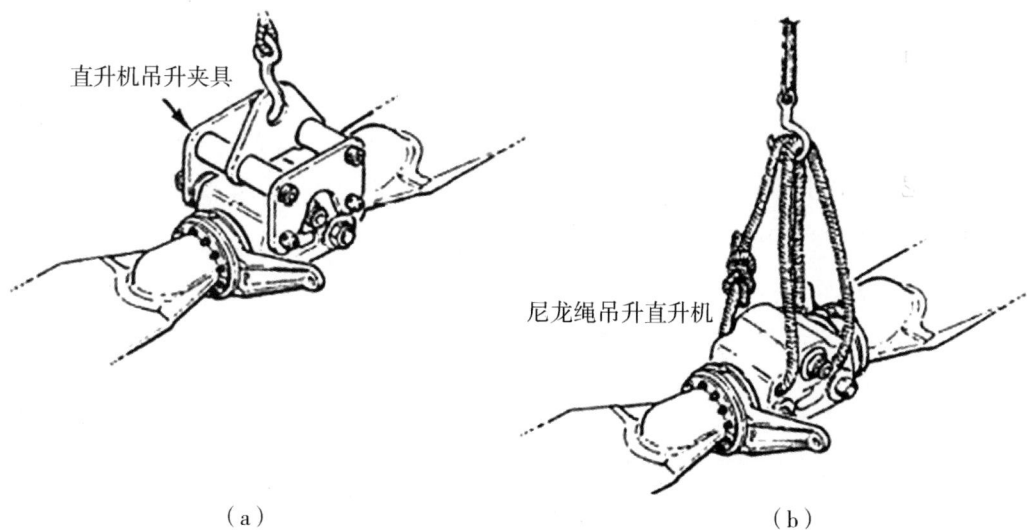

直升机吊升夹具

尼龙绳吊升直升机

（a）

（b）

图 1-11　R44 直升机的吊升

复习思考题

1. 作为轻型直升机,R44 有哪些优缺点?
2. 简述 R44 直升机的性能参数。
3. R44 直升机的用途有哪些?
4. R44 警用直升机与传统警用交通工具相比有哪些优点?
5. 简述安装了雪橇起落架的 R44 直升机的尺寸参数。
6. 简述安装了浮筒起落架的 R44 直升机的尺寸参数。
7. R44 直升机的具体机型有哪些?
8. 简述 R44 直升机的地面搬运程序。
9. 简述 R44 直升机的地面搬运过程中的注意事项。
10. 简述 R44 直升机的拖运程序。
11. 简述 R44 直升机的系留程序和必要性。
12. 简述 R44 直升机的吊起或顶升的方法。

第 2 章 机　　体

2.1　概述

R44 是 4 座、单主旋翼(两片桨叶)配尾桨、单发动机、金属结构、配备雪橇式起落架的直升机。

机身的主要结构是焊接钢管和铆合铝材,尾锥为半硬壳式结构,铝蒙皮承受主要载荷,玻璃钢和热固性塑料用于座舱的辅助结构、发动机散热系统和各种导管和整流罩。机体结构包括机身、主旋翼和尾桨 3 个部分,通常由桁梁、隔框和蒙皮等构件组成。除部分使用复合材料外,其余部分均为铝合金材料。

机体是飞机最基本的组成部分,几乎所有系统、设备及其他部件、附件都装载在机体上。

机身用来连接主旋翼、尾桨,搭载人员、货物和安装各种设备。

2.2　机身构造

R44 直升机机身(见图 2-1)为全金属半硬壳式结构,包括前部、中部和尾锥 3 个部分。机身主要由成型隔框、纵向桁条、加强通道和蒙皮等构成。

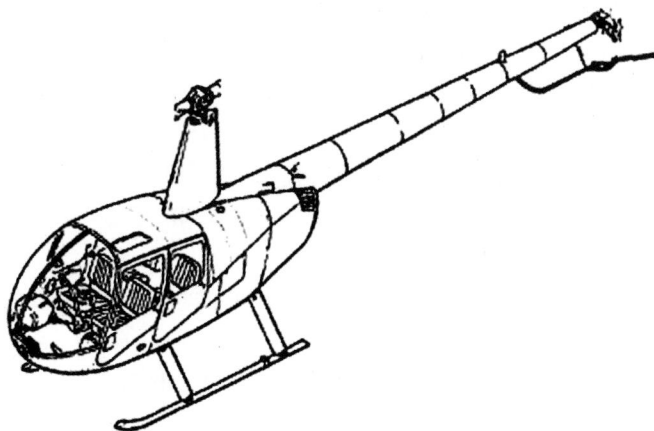

图 2-1　机身整体结构

机身前部主要有驾驶舱和客舱,以及相应部位安装的主要设施。机身中部主要是机身上部桅杆和发动机舱,发动机附近安装有风扇、磁电机、电瓶、发电机和电动机等设施。机身后部是供尾桨传动装置通过和安装尾桨的尾椎。

2.2.1 机身的前部

机身前部驾驶舱和客舱,主要结构元件是隔框及通道,其材料为 2024 铝合金,加工成形后,进行热处理,并喷涂环氧底漆进行防腐。所有隔框及通道都是由成型的铝合金板或加强的铝合金板构成的,是机身结构的主要受力构件。

2.2.1.1 风挡组件

驾驶舱的前部是风挡组件(见图 2-2),包括隔框和挡风玻璃。挡风玻璃件号为 C274,用透明的丙烯玻璃制成,用不透水硅胶密封,并用螺丝固定在座舱结构上。球面形状的挡风玻璃设计不仅使飞行员有良好的视野,也增加了驾驶舱内的空间。

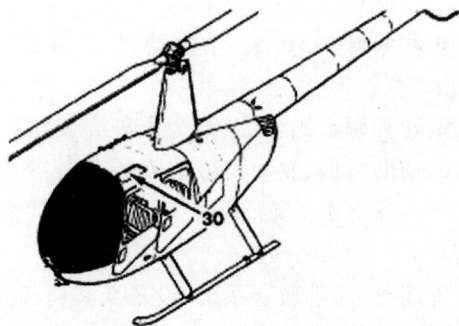

图 2-2　风挡位置图

1.风挡维修的注意事项

(1)在拆卸前,为了防止划伤玻璃,可用胶带在挡风玻璃内外边都贴上保护层。

(2)工具桌上要垫纸板以防止划伤挡风玻璃。

(3)更换风挡时,一定要清除座舱及护条上旧的硅密封胶。

(4)为了方便对风挡进行调整,需要用非永久性记号笔或胶带在风挡上做记号。

(5)用锯条修整挡风玻璃时要小心,防止锯条弯曲而使挡风玻璃产生裂纹。锯条每英寸至少有 24 个齿。

2.风挡更换程序

(1)清除座舱护条和挡风玻璃上所有的旧密封胶。

(2)用 0.75in 宽的聚氯乙稀带(3M#471)包住挡风玻璃的下边和后边。

(3)安装挡风玻璃和卡入护条。

(4)用 0.5in 宽的掩蔽胶带包住护条周边,这样便可将硅酮橡胶挤出护条的安装部位。

(5)卸下护条。

(6)为了保证密封,要在整个带线的周边都涂上一圈硅酮橡胶。

(7)将整个挡风玻璃保持在规定位置,然后镶护条(中间,上和下)到位。

(8)在机门装上并关闭的情况下,首先上紧中央护条,然后上紧上下护条,另一个人则在机舱内拧紧螺帽。

(9)当上下及中央护条都固定好后,卸下机门和铰链准备装侧护条。

（10）安装侧护条。

（11）装上机门和绞链，要确保所有紧固件都已拧紧。

（12）护条和机窗门之间有间隙处都要用 B2704 硅酮橡胶填塞。

（13）除去挨着护条的掩蔽胶带，注意不要抹去未干的密封胶。

（14）等密封胶干后，清除挡风玻璃上的密封橡胶。

2.2.1.2　驾驶舱

风挡后面为驾驶舱（见图 2-3），驾驶舱主要是供飞行员操纵飞机、发动机的地方。驾驶舱内安装有操纵飞机的驾驶盘和控制发动机的手柄、开关、电门，以及电气、仪表、无线电设备。它们分别安装在左右操纵台、中央操纵台、仪表板和配电板上。

图 2-3　驾驶舱视图

2.2.1.3　座舱门

R44 直升机采用双侧四门（见图 2-4 和图 2-5）结构。驾驶舱两个门供驾驶员进出驾驶舱，客舱两个门供乘客进出客舱。四个舱门均采用外推式舱门结构。

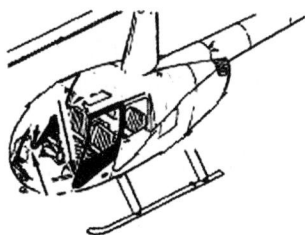

图 2-4　机身前门位置图

机舱门的上部、观察窗的下部有一个小窗（见图 2-6），小窗框边有一个白色的锁扣，可以通过锁扣的旋转将小窗门锁上或打开，供乘员在低空飞行时通风之用。机舱门的下部有一个连接杆，用于将舱门和机身连接在一起，它的两端为轴承组件，不会影响舱门的打开和关闭，并对舱门起一个连接铰链外的额外保护。

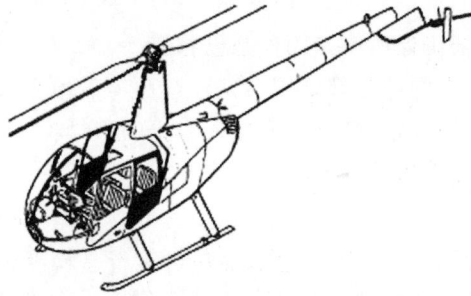

图 2-5　机身后门位置图

图 2-6　舱门上的观察、通风窗

　　驾驶员和乘客可利用驾驶舱门外部或内部的手柄(主驾驶舱门外侧手柄下方安装有舱门锁,在驾驶舱外部可以使用钥匙锁住驾驶舱门)将舱门打开,从而进、出驾驶舱。当舱门打开大于一定角度时,位于其连接铰链附近的舱门限位弹簧可将其保持在打开位。每扇舱门主要由蒙皮,内部装饰材料,舱门锁组件,舱门铰链、手柄和舱门限位弹簧等组成。

　　驾驶舱门弹簧锁组件主要由两个相互独立的门闩、外部手柄、弹簧锁销和拉杆等组成,内部手柄底座通过一个可调推杆直接与舱门门闩相连。推杆组件上装有两个相对呈180°的卡箍,当推杆移动时,卡箍带动与之相连的钢索移动,从而带动舱门顶部后端的锁销进入舱门插孔内。

　　当驾驶舱舱门打开时,外部手柄处于向外张开状态,该手柄的位置由通过螺栓孔与锁销螺栓相连的弹簧锁钩确定,此时,推杆将向前移动。钢索组件拉动锁销,使之通过锁销导套从顶部门框上的锁孔内缩回到舱门体内,驾驶舱舱门打开,此时,内侧舱门手柄将向后倾斜约15°(与垂直位置相比较)。

内侧手柄有 3 个位置，并配有铭牌标识：打开、关闭和锁定。手柄由弹簧力保持在关闭位，当舱门完全闭合并上锁后，向下按压锁定（push to lock）按钮即可将舱门锁死，如图 2 - 7 所示。

关闭驾驶舱门时，随舱门一起移动的锁钩销钉迫使与舱门后立柱盖板相连的作动筒移动，锁钩销钉继续前移，使锁钩从锁销螺栓上脱开，此时，舱门手柄伸出，拉杆组件受压。当舱门手柄扳到位时，锁销螺栓与锁舌相碰，锁舌位于舱门后立柱上。与此同时，推杆组件向后移动，并带动钢索使位于舱门顶部后端的锁销从舱门体内伸出，当将外部手柄推到与舱门蒙皮平齐时（注意：只有当舱门完全关闭时，才能将外部手柄推到凹槽内），锁销就进入舱门门框上的锁槽中。

图 2-7　舱门开关手柄

座舱内部的人员需要打开舱门的时候，向上拉起锁定（push to lock）按钮即可将舱门解锁，向右推动手柄到打开（open）位，即可将舱门打开。

飞机停放上锁时，将舱门关闭，且外部手柄与舱门蒙皮平齐时，先用内侧手柄锁死右侧舱门，然后关闭左侧舱门，再用飞机钥匙（点火钥匙）锁住舱门。

注意：如果推杆调节不正确，使用外部手柄有可能将舱门锁死，此时，必须按校装和调整程序对推杆进行正确调节。

舱门的调节注意事项：

（1）舱门与机身蒙皮必须保持平滑。不要强行调节舱门的门缘与飞机门框蒙皮结构，否则会造成门缘黏合区域和门框蒙皮结构组件损坏。

（2）调整舱门的门缘，使舱门蒙皮与机身蒙皮之间间隙小于 0.09in。

（3）如果在每个机门的两个铰链销上安装开口销或者环失效，允许拆卸掉机门飞行。

2.2.1.4　座椅

驾驶舱内共有两排座椅，前排两个座椅（主、副驾驶座椅），后排一个可供两个乘客乘坐的座椅。

座椅为固定式座椅，位置和高度均不可以进行调节。

　　每个驾驶员座椅位置和后排每个乘客座椅位置都有一体式座椅安全带和惯性卷筒肩带，位于头顶上方的惯性卷筒用于肩带的收、放，腿部腰带的收放机构是一个收缩器。这种安全带设计方式有利于驾驶员身体上部自由移动，而腰部以下的活动受限制。当突然减速时，卷筒锁住安全带为使用者提供安全保护。

　　每个座位下都设有一个行李舱，底座设有绞链，向前掀开底座即可进入行李舱。

　　乘客的惯性卷筒用 4 只螺钉通过座舱垂直隔板固定到永久性的托板螺帽上。前惯性卷筒由 4 只螺钉和螺帽固定，每根带子具有一导扣，导扣用螺栓固定在机架上。

　　座椅安全带的安装如图 2-8～图 2-10 所示。

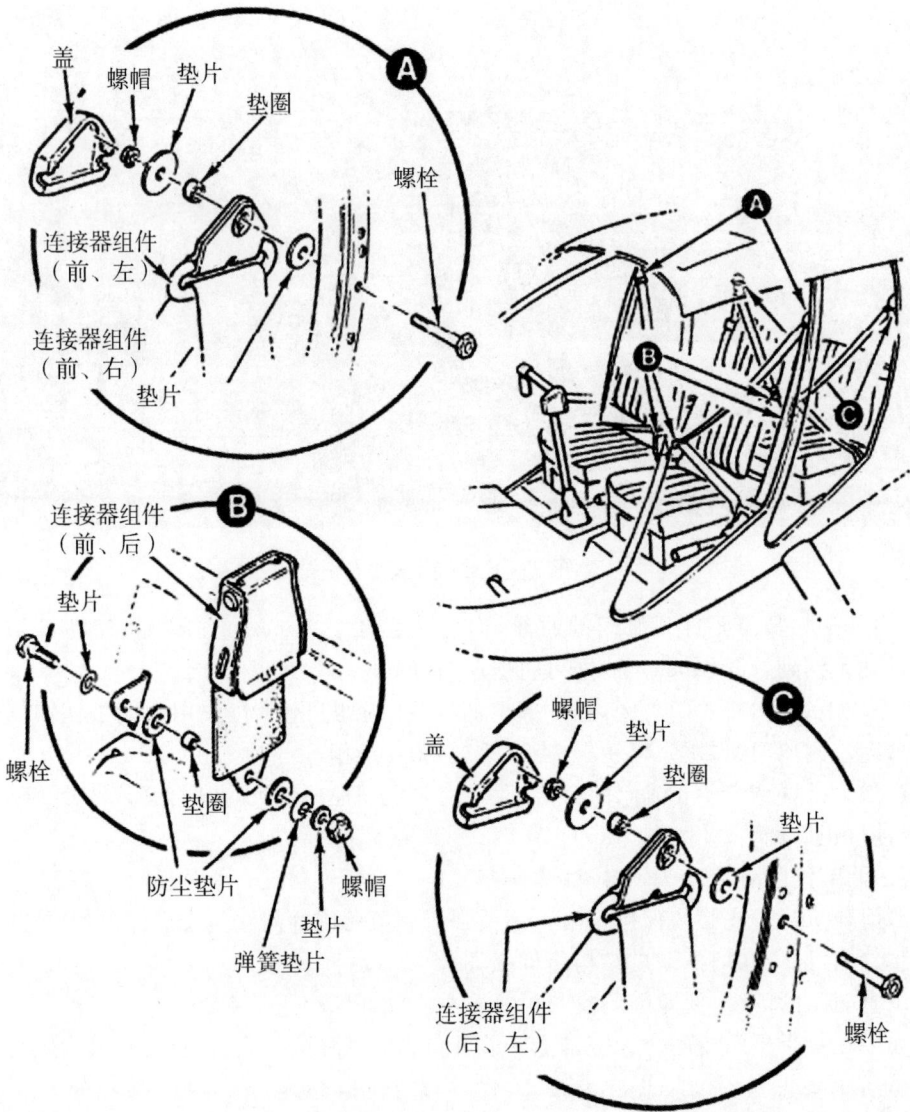

图 2-8　座带安装图-1　连接器和扣组件部分

螺栓

垫片

E

连接器组件
（后、左）

垫片

垫圈

垫片

螺帽

螺栓

垫片

连接器组件
（前、左）

垫圈

垫片

垫片

螺帽

D

盖

螺帽

垫片

螺栓

连接器组件
（前、左）

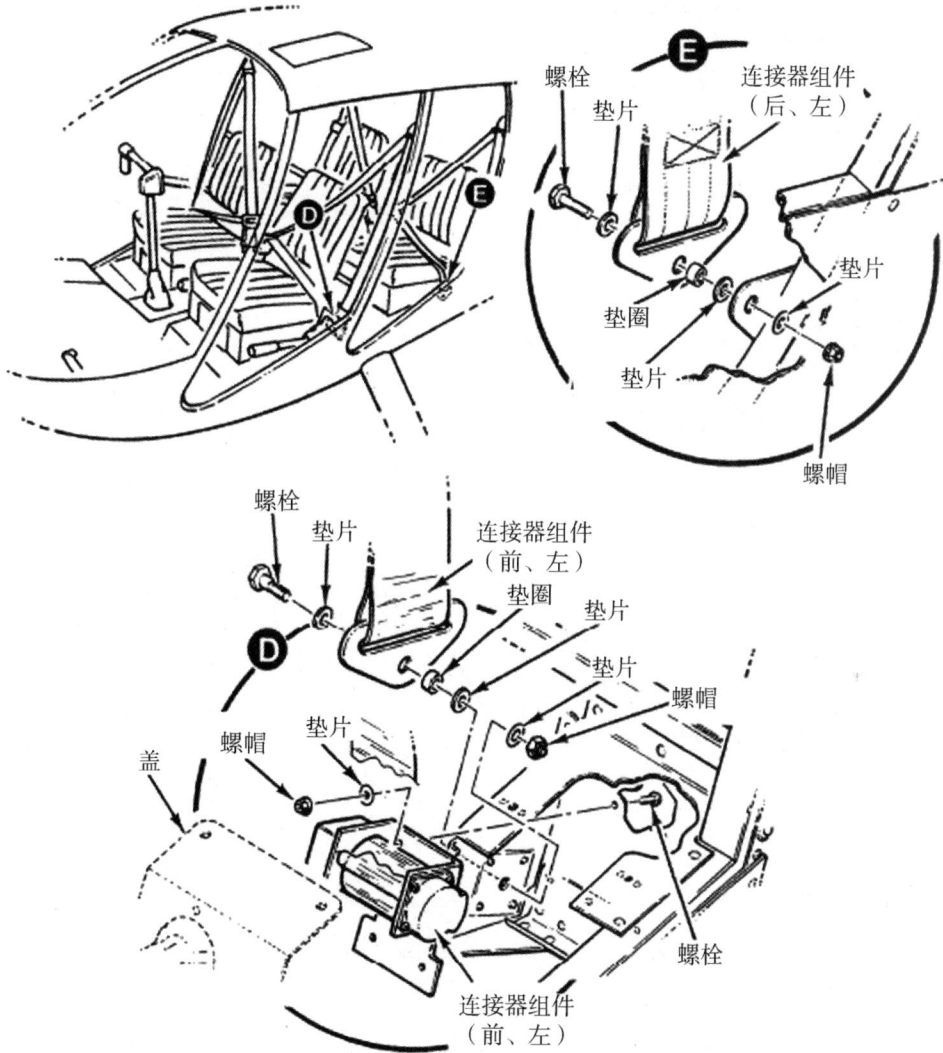

图 2－9　座带安装图-2　连接器组件部分 I

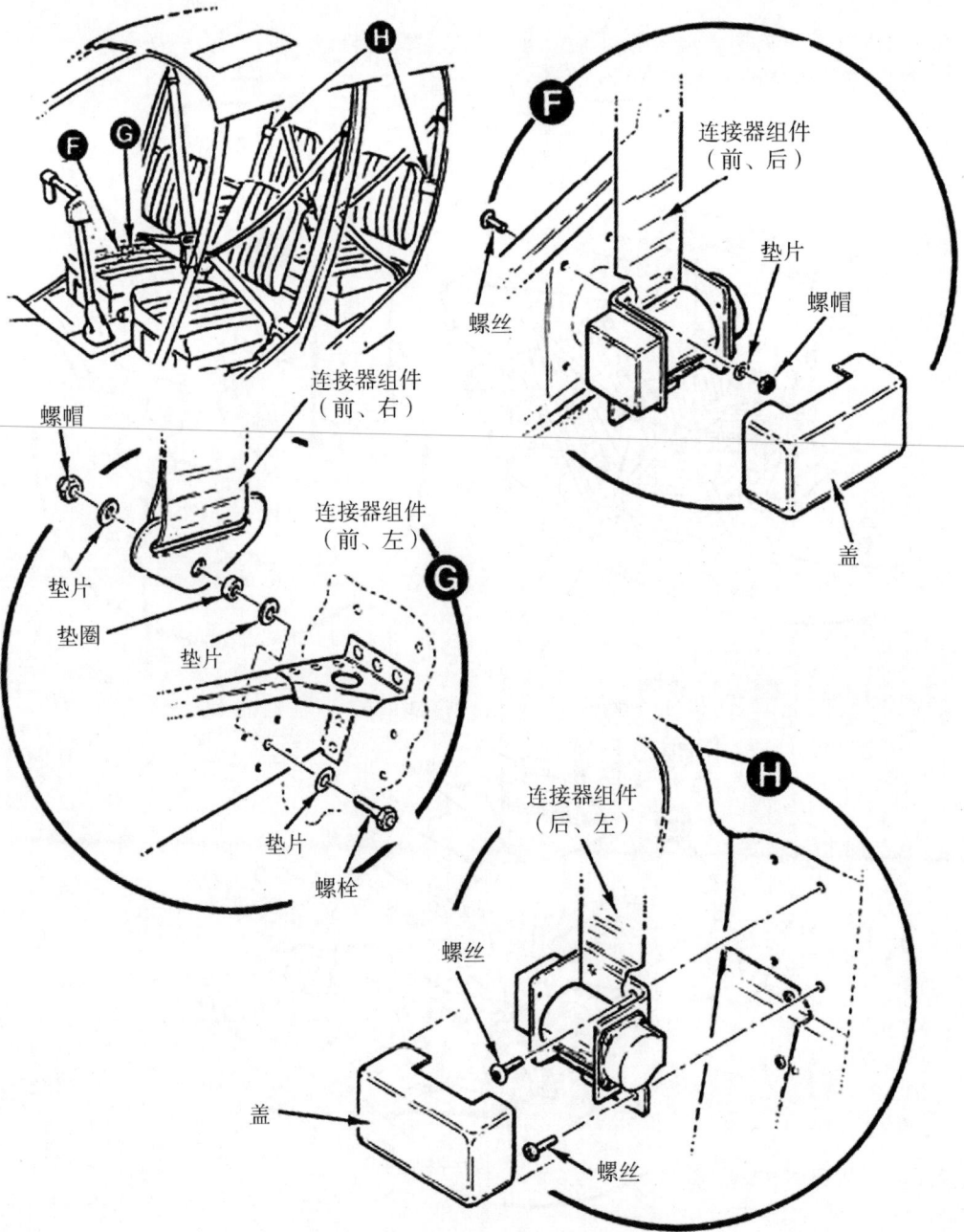

图 2-10　座带安装图-3　连接器组件部分 II

座舱维修注意事项：

(1)座舱组件为非外场更换组件。

(2)座舱内防火墙的材料为 301 型 0.016in 厚的 1/4 硬度的防腐钢板。更换垂直防火墙必须在工厂的装配架上完成。

(3)龙骨板的材料为 0.025in 厚的 2024－T3 铝板。龙骨板的更换必须在工厂的装配架上完成。

2.2.1.5　灭火设备

在主、副驾驶座椅之间的地板上用快卸卡箍固定、安装有一个灭火瓶(见图 2-11),主要用于飞行过程中座舱内可接近区域灭火。

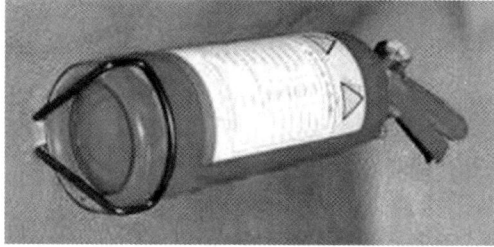

图 2-11　机上灭火器瓶

2.2.1.6　机身前部的其他附件

机身前部的附件还包括座椅下方的地毯、客舱的泡沫壁、地图袋、执照夹和用于摆放飞行手册的飞行手册护条等。

地毯和泡沫壁多是用胶将其固定在座舱内的。其中地毯可再用,而泡沫壁一旦拆下则不可再用。因此当卸下准备再用的地毯时要特别小心,用预溶剂(prep-sol)松动地毯胶质,然后慢慢后拉地毯,可利用刮刀帮助脱胶。拆下泡沫材料时不要损坏机体结构,用手剥离泡沫,尽量大块剥下。图 2-12 所示为机身地板位置图。

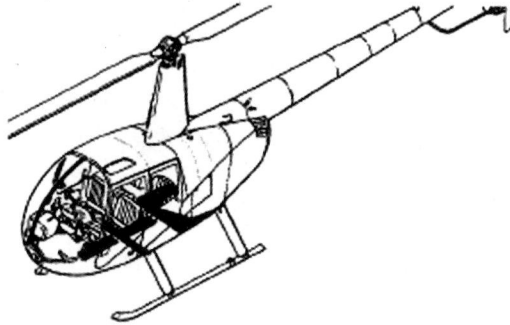

图 2-12　机身地板位置图

2.2.2　机身的中部

R44 的中部主要是发动机组件、燃油系统、传动系统和机身上部桅杆。其中,发动机组件、燃油系统和传动系统将在后面章节中重点讲解,这里只对桅杆作一个介绍。

机身上部的桅杆包括主旋翼轴和整流罩(见图 2-13)两部分。主旋翼轴将发动机的动力传给主旋翼,而整流罩一方面保护主旋翼轴,另一方面做成光滑流线形以减小飞行过程中的阻力。

桅杆上部连接的是主旋翼,主旋翼系统由两块桨叶和一个锻造铝桨毂组成,桨毂有一个中央摇摆铰链和两个锥形(桨叶)铰链。主旋翼桨叶由与 D 型不锈钢翼梁固定在一起的不锈钢蒙皮、铝制蜂窝芯材和锻造铝桨根接头组成。桨叶的变距由一只与桨根接头内的锻造钢心轴连接在一起的六轴承重叠配置完成。心轴是桨叶和桨毂的连接部件,也包含一根用于止垂系统的衔铁,衔铁与固定旋翼轴止动相连,可防止桨叶在停止或低转速转动时摆动。

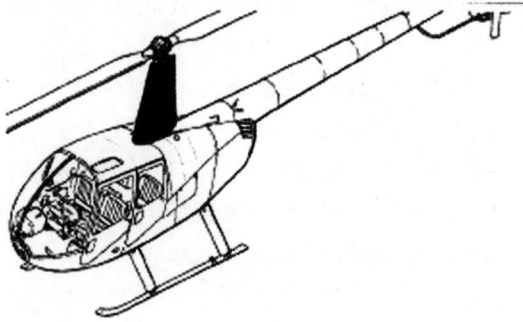

图 2-13　机身上部桅杆整流罩位置图

2.2.3　机身的尾椎

R44 尾椎(见图 2-14)有两个用途,一是用于支撑和安装尾桨,二是给尾桨传动轴和操纵钢索提供安装空间。尾椎内部是钢管焊接结构(经过消除应力处理),外部是整流罩。

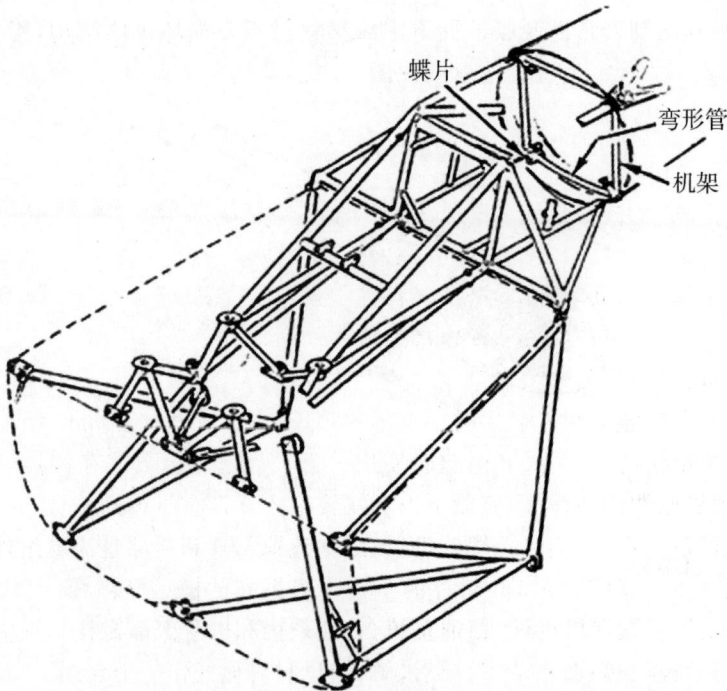

图 2-14　尾椎结构图

特别注意:R44 的机架的所有焊接钢管已作消除应力处理(无应力焊接钢管),除罗宾逊直升机公司外,不允许任何单位作焊接修理。

尾椎的后部连接尾桨,尾桨系统由一个铝桨毂和两片桨叶组成。桨毂内有两个涂衬有特氟隆材料的弹性轴承,允许尾桨摆动。桨叶内部是蜂窝铝结构,由外包铝蒙皮和一根锻造铝桨根接头构成。桨根接头内有两个不可更换的、涂衬有特氟隆的球形轴承。轴承使桨叶可以变距。桨叶固定在两块毂板之间,并具有一预置锥角。尾桨的摇摆止动是一个固定轴的聚氨脂橡胶缓冲器。当达到摆动极限时,缓冲器即接触到桨毂平面,从而制止超限摆动。

在尾椎的后部除了尾桨还有安定面、尾桨保护杆和尾橇(见图 2 - 15)。飞机的水平安定面就能够使飞机在俯仰方向上(即飞机抬头或低头)具有静稳定性。飞机的垂直安定面就能够使飞机在偏航方向上(即飞机左转或右转)提供飞机横向静稳定性;尾桨保护杆一般涂有红白相间的彩条,警示靠近人员该区域是危险区域,对尾桨和人员起保护作用。当直升机离地较低距离时,若机头过高,尾部有可能触地,尾橇在此时起保护作用。当直升机因重着陆而导致雪橇式起落架变形使得直升机重心降低时,尾橇离地高度就会下降。R44 维修手册要求当尾橇与地面的距离小于 30in 时,必须参照维修手册相关程序更换 1 根或 2 根横管。

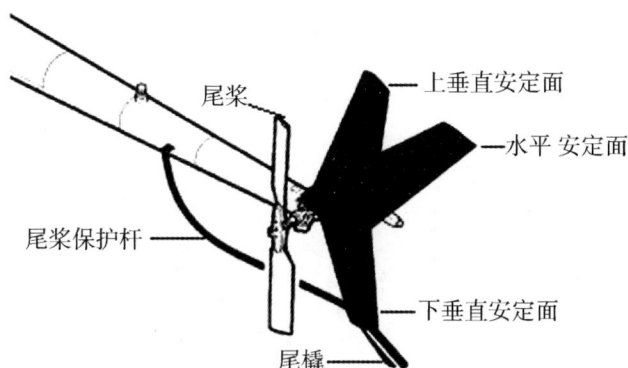

图 2 - 15　尾椎后部部件图

2.2.4　机身的整流罩、通道和检查盖板

机身表面为了保护内部结构,提高气动特性和减少阻力,加装有整流罩。R44 上的整流罩包括发动机整流罩、旋翼主轴整流罩和上部整流罩。在机身上有一些检查通道和检查口盖,以方便对某些部位进行检查。

机门的后部有 4 块整流包皮供接近旋翼齿轮箱、驱动系统和发动机使用,左侧的一块整流包皮供接近发动机滑油滤、量油尺和电瓶时使用。为了接近操纵系统和其他部件,在座垫,座椅靠背之间,发动机舱两侧和后面,座舱下方和尾锥前方都设有可拆卸盖板。

发动机整流罩包含左、右侧整流罩组件、机腹整流罩组件和后部整流罩组件。

两个发动机整流罩(见图 2 - 16)组件的下边由可拆卸的槽道支撑,进气软管固定在发动机右侧板组件上,进气软管可以拆下或通过机门内板连接。后整流罩组件的左下平板可以卸下,用以清除掉进平板的杂物。

旋翼主轴整流罩 C261 整流柱的上肋安装在倾斜盘管组处的旋翼齿轮箱上,下肋夹在旋翼齿轮箱柱上。皮托管装在旋翼主轴整流罩的前下方。

燃油箱通大气管通过下肋的减重孔接到主轴整流罩(见图 2 - 17)的中肋上,C121 - 5 传动杆的 C665 - 2 杆组件装在中肋上,此杆组件需调整使它作用在传动杆上的负荷减小到最低程度。

上部整流罩位于水平防火墙的上方,它包括副油箱后下方的 D042 门、柱管周围的 C347 门板和 C706 - 1 尾锥整流罩。

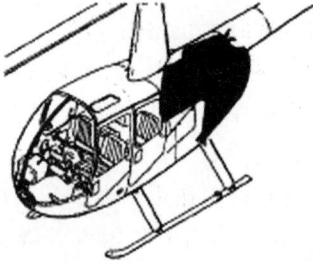

图 2-16　发动机整流罩　　　　　　图 2-17　主旋翼整流罩

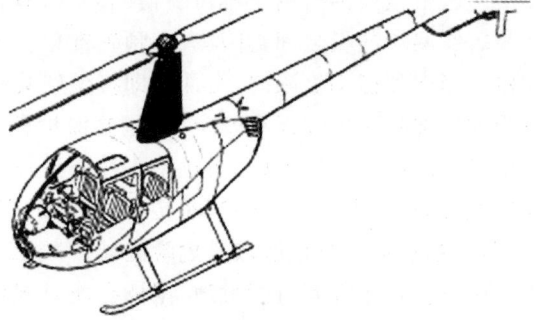

在主旋翼整流罩的左、右两侧有两个加油口盖(见图 2-18)。分别是左侧主油箱加油口盖和右侧副油箱加油口盖。在加油口盖和旁边的机身上都有一个明显的色条标记,加完油之后将口盖拧紧的标志是:口盖上色带和机身上色带标记对齐。

图 2-18　油箱加油口盖

R44 直升机在其内部和外部有通道口和检查口盖板。这些盖板用于获得至不同元件的通道和对机身构架进行检查。所有的通道/检查口盖都通过使用一串数字和字母的组合来表示特定的位置。

驾驶舱内的仪表托架设有绞链,可供向后上方开启以接近电线和仪表接头,尾锥上还有小的可卸插塞按扭,以便内部检查。

机身检查通道和盖板如图 2-19、图 2-20 所示。

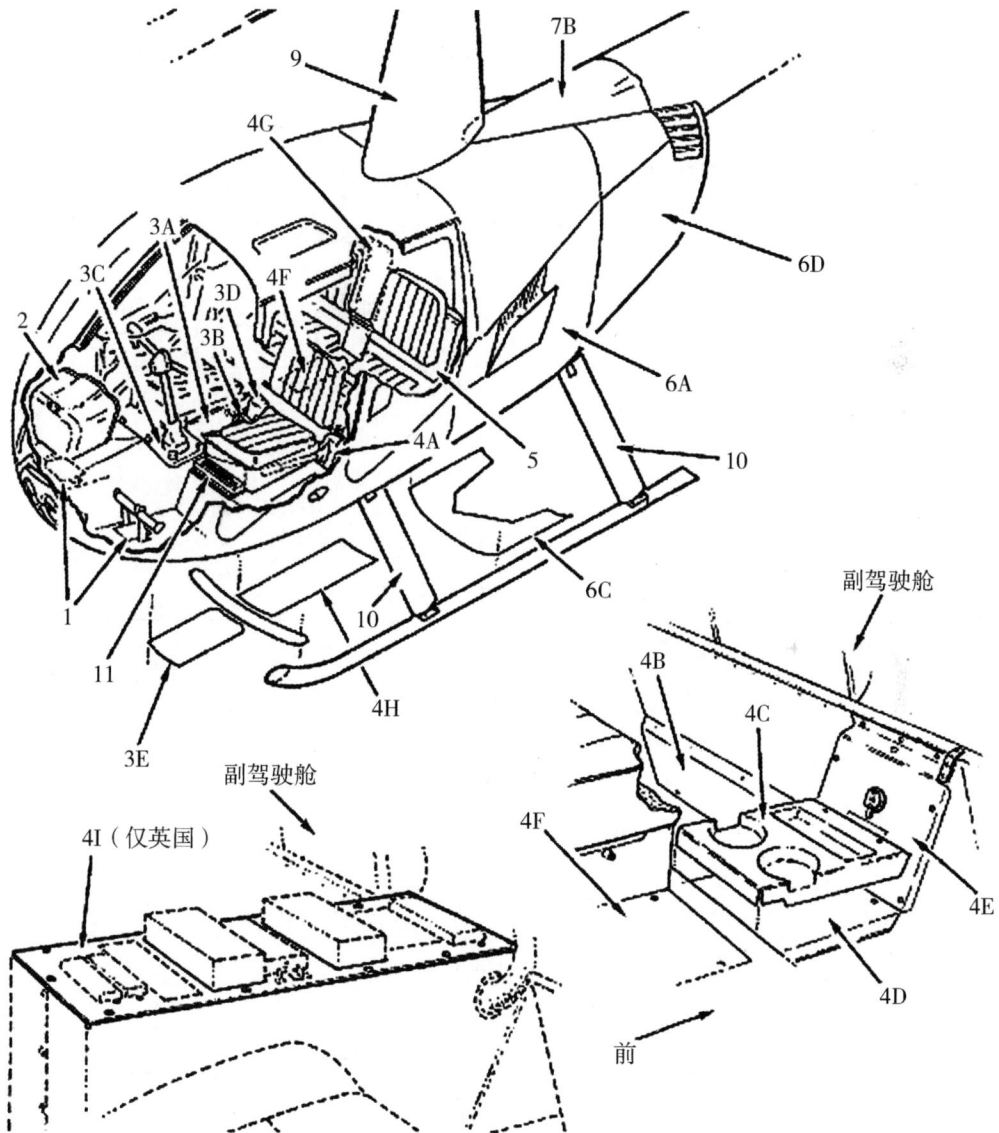

图 2 - 19　通道和检查盖板 - 1

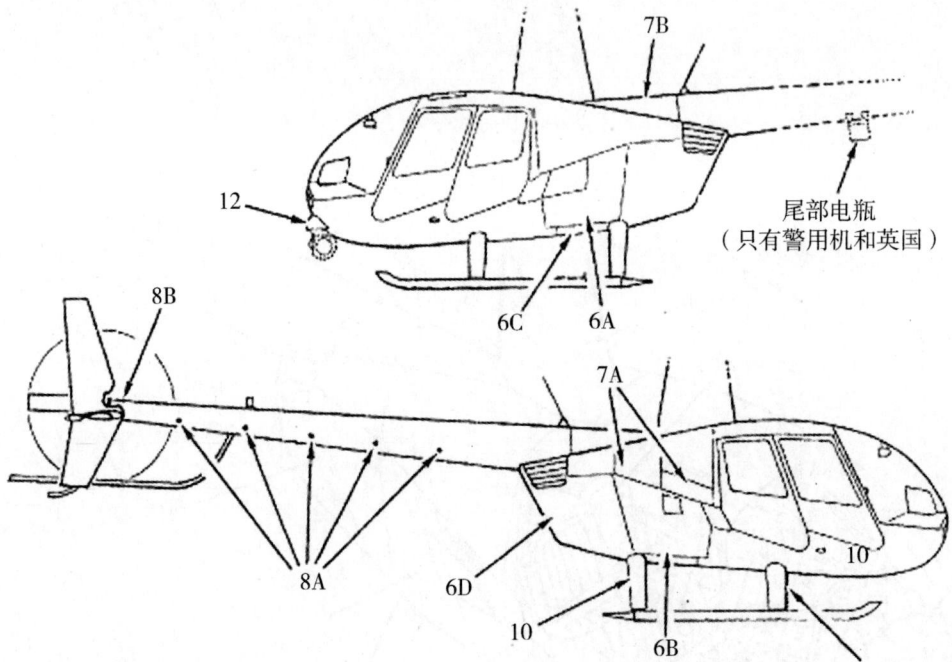

尾部电瓶
（只有警用机和英国）

图 2-20　通道和检查盖板-2

图 2-19、图 2-20 中各序号对应的件号和名称见表 2-1。

表 2-1　件号和名称

序号	件号	名称
1	B189-4	导流板（左）
	A412-2 和 B189-2	盖板和导流板（右）
2	B050	仪表板组件
3A	C445-1	盖组件
3B	C445-3	盖
3C	C444-1	盖
3D	C398-1	盖组件
3E	C794-1	盖板
4A	C680-1	盖组件
4B	C461-1	盖
4C	C464-1	盘
4D	C463-1	盖
4E	C054-1	盖组件
4F	C474-2	盖
4G	C474-1	盖

续表

序号	件号	名称
4H	C794－2	盖板(不带罩管)
	C794－3	盖组件(带罩管)
4I	D383－1	面板(仅英国)
5	C003－10	座椅靠背组件(右)
	C003－11	座椅靠背组件(左)
6A	C337－1	整流罩组件(左)
6B	C338－1	整流罩组件(右)
6C	D041－1	整流罩组件机腹
6D	D040－1	后整流罩组件
7A	D042－4	门组件
7B	C706－1	尾整流罩组件
8A	A231－1	插塞组件
8B	A558－2	盖
9	C261－1	主整流罩组件
10	C082－2	整流罩组件(前右)
	C082－3	整流罩组件(前左)
	C082－4	整流罩组件(后右)
	C082－5	整流罩组件(后左)
11	C045	电路断路器面板
12	D412－1	整流罩(远红外相机)
	D347－1	整流罩(FSI 照相机)

机身检查通道和盖板的维护注意事项：

(1)旋翼主轴整流罩必须安装好,才能飞行。

(2)所有整流包皮都要装好方可飞行。

(3)各检查门板都要装好方可飞行。除发动机两侧包皮外,其他包皮都要装好方可开车,所有门板都要装好方可飞行。

(4)所有可拆卸的整流罩和检查门板都用 MS27039C08 螺丝紧固。

2.3　机体维护注意事项

直升机出厂时,机体的强度、刚度和外形是符合要求的,然而,随着使用时间的增长,在各种因素的影响下,机体的强度和刚度将逐渐降低,外形也会起变化。但是只要采取正确的维护措施,就可以延缓机体强度、刚度和外形的变化,使它能在规定的使用期限内可靠地工作。本节介绍机体结构维护方面的几个主要问题。

2.3.1 蒙皮变形的原因、检查和预防

蒙皮不但是形成机身外形的主要构件,而且是参与机身结构受力的构件。它在使用中可能产生鼓胀和下陷等现象。

蒙皮是用铆钉固定在骨架上的,飞行中,在局部空气动力作用下,骨架之间的蒙皮将被吸起(鼓胀)或压下(下陷)(见图 2-21),使蒙皮在截面内产生拉伸应力。在正常情况下,蒙皮的这种变化比较微小,其应力不会超过材料的弹性极限,外力消除后,蒙皮能立即恢复原状。但是,如果作用在蒙皮上的局部空气动力过大,或因维护、修理不当,蒙皮的强度、刚度减弱,那么在飞行中蒙皮就可能产生显著的鼓胀和下陷,出现永久变形。

蒙皮除了可能产生鼓胀和下陷外,还常常因机务人员工作不当而产生其他变形或损伤。例如,在飞机上乱放工具。

蒙皮变形后,不仅会减弱机身结构承受载荷的能力,而且会破坏飞机的空气动力外形,以致飞行阻力增大。

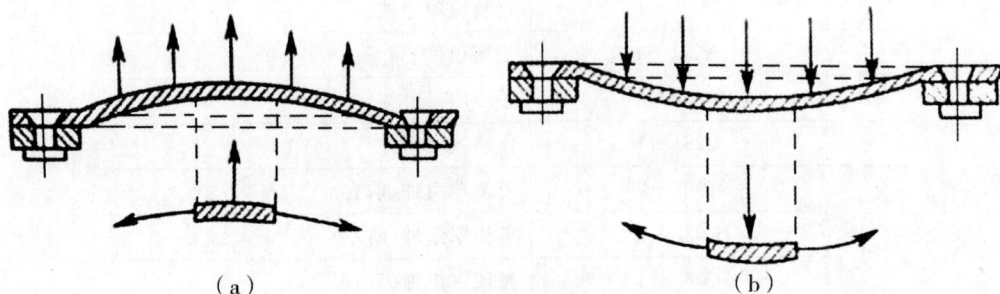

（a）　　　　　　　　　　　　（b）

图 2-21　蒙皮下陷与蒙皮鼓胀变形
(a)鼓胀;(b)下陷

一般可通过目视检查方法确认。对产生怀疑的位置,可用手按压,如果蒙皮发软或发出响声,表明变形严重,应进行修理。

在维护工作中,预防蒙皮变形的主要措施:

(1)防止蒙皮压伤变形。例如,较重的机件拆下后不要放在蒙皮上。

(2)防止蒙皮刚度下降。例如,工作中注意不要损伤蒙皮。

2.3.2 铆钉、螺钉松动的原因和检查

机体的构件大多数是用铆钉或螺钉连接的。机体受力时,各构件要通过铆钉和螺钉传力,铆钉和螺钉受到拉伸、剪切和挤压作用。机体在使用过程中,由于构件受力后变形和飞机振动的影响,铆钉和螺钉可能松动,甚至脱落。

铆钉的正常铆接情况如图 2-22(a)所示。当构件传力而使铆钉受剪时,铆钉杆与铆钉孔之间要产生挤压力,铆钉孔受挤压的面积较小,长期承受较大的挤压力,就容易扩大成椭圆形,使铆钉松动,如图 2-22(b)所示。此外,当蒙皮受到过大的吸力时,铆钉杆也会被拉长变细而松动,如图 2-22(c)所示。铆钉松动以后,如果继续使用,铆钉杆就可能在重复载荷作用下产生裂纹,就较容易松动。

总的说来,铆钉松动多发生在蒙皮受力大、构件变形大、撞击和振动剧烈的部位。凡是蒙

皮受力较大的部位,其铆钉均容易松动。

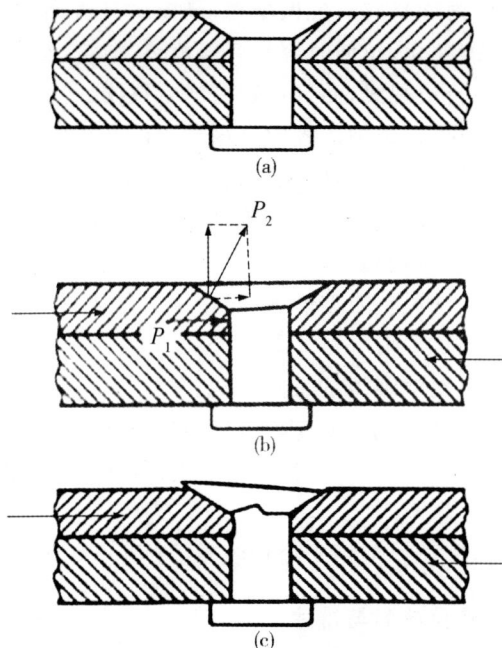

图 2-22　铆钉松动与变形

铆钉松动或脱落,会使蒙皮的固定变差,容易产生变形。此外,一部分铆钉松动或脱落,势必使其他铆钉受力增大,因而还容易引起其他铆钉松动和脱落。

检查飞机时,如果发现铆钉松动,应及时按规定更换,一般不允许把原铆钉重新打紧。因为对已产生了永久变形的铆钉进行敲打,不仅很难恢复其原形,而且会加速其损坏。

螺钉拧紧后,是靠螺纹之间的摩擦力保持在拧紧位置的。如果安装螺钉拧得不够紧,螺纹之间的摩擦力就比较小,飞机振动时,螺钉就会逐渐松动,甚至脱落。因此,螺钉必须按规定拧紧。此外,同一构件上各个螺钉的紧度必须一致,否则,紧者容易损坏,松者容易脱落。维护中,发现螺钉松动或螺钉的螺纹有损坏时,应及时拧紧或更换。

2.3.3　机体的腐蚀及预防

机体处在大气中,各构件都有可能受到腐蚀。构件腐蚀后,强度、刚度就会降低,腐蚀严重的地方,受力时还会产生应力集中现象,加速损坏。

为了防止构件腐蚀,直升机上的硬铝蒙皮表面都有一层能够隔绝空气和水分的防腐层,它包括一层由铝生成的氧化膜和涂在氧化膜外面的漆层,但这种防腐层通常都很薄。维护工作中,必须注意保护防腐层,防止对防腐层有侵蚀作用的液体(例如,洗漆水、硫酸等)洒落到直升机上,并避免因上下飞机和使用工具不当等损伤防腐层。此外,还应注意对飞机通风、除水,以免构件长时间受潮,特别是在多雨、沿海和盐湖地区,由于空气中的水分、盐分多,更要加强防潮工作。

2.3.4　有机玻璃的老化及预防

有机玻璃在受到日光的长期照射后,表面会发黄、呈雾状和变脆,这种现象称为老化。发黄是由于有机玻璃受阳光照射时,会吸收阳光中的部分紫外线,时间长了,便会慢慢变黄;发雾是由于受到某些液体(酒精、丙酮)侵蚀、机械摩擦,高温时其表面就会发雾,透明度变差;变脆是由于受空气动力作用、温度变化、拉伸时容易产生龟裂、银纹,使其强度降低。有机玻璃老化后,不仅透明度变差,影响飞行员视线,而且还容易产生裂纹。

为了延缓有机玻璃的老化,在维护过程中应该注意以下几点:

(1)将飞机停放在机库或遮阳区域,以免日光直接照射。

(2)不许用甲醇、变性酒精、汽油、苯、二甲苯、甲基酮、丙酮、四氯化碳、挥发性漆稀释剂、商用或家用的窗户清洁喷剂清洁风挡和窗户。

(3)用清洁水(流动水)冲洗风挡或玻璃表面,用手去除表面上的污物或颗粒物,手上不能带有任何首饰。

(4)用中性清洁剂或肥皂水溶液清洗表面,用洗净后的手进行轻搓。

(5)如果中性清洁剂不能清除风挡或座舱玻璃上的顽固污渍时,使用脂肪基石脑油,清洁过程中注意将脏的抹布面折叠起,使用干净面清洁表面,防止污渍再次附着和污渍划伤玻璃表面。

(6)使用清洁水彻底漂洗之后,使用干净棉绒布擦拭干。

2.3.5 油箱通气系统常见故障与排除

油箱通气不畅,可能引起以下故障:

(1)当发动机工作时,如燃油箱通气孔堵塞,发动机功率会降低,甚至可能因为燃油供应不足而停车。

(2)当发动机不工作时,如燃油箱通气孔堵塞,燃油膨胀会使油箱受到内部压力作用而造成燃油的渗漏。

排除方法是进行油箱通气检查,更换堵塞的管路及组件。

油箱通气的检查方法:

(1)在通气管路末端连上橡胶软管。

(2)用口腔向软管内吹入空气,对油箱增压。注意:如空气吹入油箱,则通气管路畅通。

(3)油箱增压后,将橡胶管吹气端头放入盛有水的容器中,观察是否有连续气泡冒出。有连续气泡冒出,表明油箱通气单向阀门体上的通气孔畅通,油箱内的压力得到了释放。

(4)如无连续气泡冒出,更换燃油箱通气单向阀门。

(5)打开另一侧机翼油箱加油口盖。

(6)再次向管内吹入空气,对油箱进行增压。

注意:如压力从加油口盖得到了释放,则通气管路畅通。

总之,机身、机翼和尾翼是由梁、桁条、蒙皮、隔框、翼肋等构成的,它们保持着飞机各部分的形状,并承受着作用在飞机上的全部载荷。飞行中,机体的各个构件往往要承受很大的载荷,特别是加强隔框、加强翼肋和各连接接头处,受力更大。随着使用时间的增长,或因维护使用不当,这些部位往往可能出现铆钉、螺钉松动或裂纹现象。飞机的这类缺陷,尤其是某些微小征候,由于一般不会立即导致事故,往往易被人们忽视。但是,应该看到,这些缺陷实际上已直接降低了飞机的性能,而且在使用过程中,如果不及时处理,任其发展和扩大,在量变到一定程度时骤然发生质变,就会严重地影响任务的完成和飞行安全。

R44 直升机机体实训工单

直升机型号	工作地点/日期	计划/实际工时	实训负责人
R44		2/	

项次	检查内容	维修手册对应章节	工作者
1	座舱内部：		
	(1)检查总距、驾驶杆、脚蹬行程，活动应自如，间隙正常	第 8 章	
	(2)自动保险电门无弹起	第 14 章	
	(3)保险带牢固可靠	15.100	
2	机体外部(从机身右侧进入检查路线)：	第 14 章	
	(1)空速管无堵塞		
	(2)机门铰链式保险已装上	4.132	
	(3)起落架(着陆橇)固定点固定牢靠，橇瓦厚度不低于 0.05in	5.110	
	(4)副油箱无渗漏，油箱盖应对齐标志拧紧	12.150	
3	发动机左侧(机身右侧)：	第 6 章	
	(1)进气道固定牢固可靠		
	(2)磁电机、电嘴及导线应固定良好	第 6 章	
	(3)发动机各系统应无渗漏、擦伤、裂纹、磨损，固定良好	第 6 章	
4	风扇固定：	11.330	
	风扇及涡管应固定良好，无裂纹，风扇紧固标志无移位		
5	尾锥：	4.310	
	(1)尾锥内部无异常声音，外部无裂纹及凹陷		
	(2)尾翼固定良好，无裂纹	4.320	
	(3)尾桨桨叶应清洁，无裂纹	4.320	
6	旋翼系统：	9.100	
	(1)旋翼系统变距装置应固定牢固无松动，间隙正常，无渗油		
	(2)目视检查旋翼前后缘及表面有无异常现象	9.100	
7	飞机右侧：	12.120	
	(1)主油箱应固定牢靠无渗漏，油箱盖对齐标志拧紧		
	(2)发动机各系统应无渗漏、擦伤、裂纹、磨损，固定牢固	第 6 章	

| 版次:1 | 制定日期:2014.7.4 | 编写:薛建海 | 审核:宋辰瑶 | 总页数:2 | 页码:1 |

R44 直升机机体实训工单

直升机型号	工作地点/日期	计划/实际工时	实训负责人	
R44		2/		

项次	检查内容	维修手册对应章节	工作者
8	机腹： (1)进气滤应固定牢固	6.400	
	(2)各种天线应固定牢固	第 14 章	
9	挡风玻璃： 按照下列标准检查挡风玻璃护条附近有无裂纹或细裂，如果裂纹超过这些极限，按照维修手册 4.122 节更换挡风玻璃	4.120	

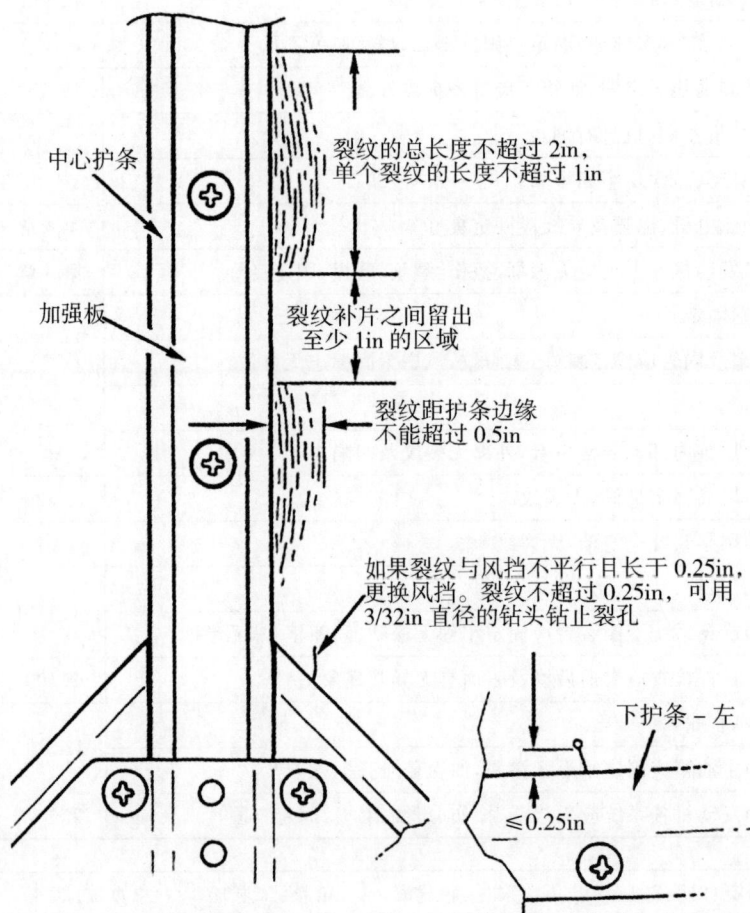

中心护条

加强板

裂纹的总长度不超过 2in，
单个裂纹的长度不超过 1in

裂纹补片之间留出
至少 1in 的区域

裂纹距护条边缘
不能超过 0.5in

如果裂纹与风挡不平行且长于 0.25in，
更换风挡。裂纹不超过 0.25in，可用
3/32in 直径的钻头钻止裂孔

下护条－左

≤0.25in

版次:1	制定日期:2014.7.4	编写:薛建海	审核:宋辰瑶	总页数:2	页码:2

复习思考题

1. 简述 R44 直升机机体的组成部分。

2. R44 直升机前部有哪些主要组成部分？

3. 简述风挡组件的维修注意事项。

4. 简述驾驶舱内的设备。

5. 简述 R44 直升机的舱门结构。

6. 简述 R44 直升机舱门打开机构的工作原理。

7. 简述 R44 直升机舱门的调节注意事项。

8. R44 直升机座椅数有几个？主驾驶员位于哪个座位？

9. 简述 R44 直升机座舱维修注意事项。

10. 简述 R44 直升机上灭火设备的使用方法。

11. R44 直升机机身中部的附件有哪些？

12. 简述 R44 直升机尾椎的作用。

13. 机身整流罩的作用是什么？R44 直升机上的整流罩有哪些？

14. 油箱加油口盖安装到位的标准是什么？为什么要保证加油口盖安装到位？

15. 熟悉 R44 直升机机身检查通道和盖板，并记住它们的位置。

16. 机身检查通道和盖板的维护注意事项有哪些？

17. 简述油箱通气系统常见故障与排除方法。

18. 风挡玻璃老化的原因有哪些？有什么预防措施？

19. 简述机体维护注意事项。

第 3 章 起 落 架

3.1 概述

　　起落架是航空器下部用于起飞、降落或地面（或水面）滑行时支撑航空器并用于地面（或水面）移动的附件装置。起落架是唯一一种支撑整架飞机的部件，因此它是飞机不可或缺的一部分；没有它，飞机便不能在地面移动。飞机起飞后，可以视飞机性能而收回起落架。

　　在过去，由于飞机的飞行速度低，对飞机气动外形的要求不十分严格，因此飞机的起落架都由固定的支架和机轮组成，这样对制造来说不需要有很高的技术。当飞机在空中飞行时，起落架仍然暴露在机身之外。随着飞机飞行速度的不断提高，飞机很快就跨越了声速的障碍，由于飞行的阻力随着飞行速度的增加而急剧增加，这时，暴露在外的起落架就严重影响了飞机的气动性能，阻碍了飞行速度的进一步提高。

　　因此，人们便设计出了可收放的起落架，当飞机在空中飞行时就将起落架收到机翼或机身之内，以获得良好的气动性能，飞机着陆时再将起落架放下来。这样做的不足之处是由于起落架增加了复杂的收放系统，使得飞机的总重增加。但总的说来是利大于弊，因此现代飞机不论是军用飞机还是民航飞机，它们的起落架绝大部分都是可以收放的，只有一小部分超轻型飞机仍然采用固定形式的起落架（如 Cessna 172 型飞机）。

　　起落架承受着飞机的最大重量，所谓"最大"是指在一次飞行活动中飞机在地面起动时的重量。随着在空中飞行燃油不断被消耗掉，飞机的重量逐渐下降。飞机落地时，起落架承受着巨大的冲击，冲击力可达到重力的 2～3 倍。因此起落架的支柱是飞机上强度最大的部位。通常使用强度很大的合金钢材制造，这样才能使其经得住最大的起飞前重量和上千次的落地冲击。飞机升天之后，如果起落架仍然挂在飞机下面将会给飞机带来极大的空气阻力。低速飞行时，作用不太明显，所以早期的飞机起落架都是伸在外面的。以后飞行速度不断提高，为了减少它带来的飞行阻力，起落架被安装了一个附属的收放装置。当飞机起飞后，起落架很快就被收入到机身或机翼的隔舱中，把门一关，飞机外表变得很光滑，阻力大幅度减少。同一架飞机，伸出起落架飞行时的最高速度如果为 170km/h，那么当它将起落架收起后速度就可以提高到 300km/h，这个变化是非常明显的。现代飞机除了少数小型的低速飞机以外，起落架都是可以被收起的。细心的乘客在飞机降落的最后阶段会听到一声沉重的轰响，随后飞机外的风声变得大起来，这就是起落架放下后被气流吹过发出的声音，时间一般仅持续 1～2min。一架大型飞机落地时，如果起落架被提前 5min 放下，燃油就会多消耗掉 1t。

　　概括起来，起落架的主要作用有以下 4 个：

(1)承受飞机在地面停放、滑行、起飞和着陆滑跑时的重力。

(2)承受、消耗和吸收飞机在着陆与地面运动时的撞击和颠簸能量。

(3)滑跑与滑行时的制动。

(4)滑跑与滑行时操纵飞机。

3.2　起落架的基本组成

为适应飞机起飞、着陆滑跑和地面滑行的需要,起落架的最下端装有带充气轮胎的机轮。为了缩短着陆滑跑距离,机轮上装有刹车或自动刹车装置。此外还包括承力支柱、减震器(常用承力支柱作为减震器外筒)、收放机构、前轮减摆器和转弯操纵机构等。承力支柱将机轮和减震器连接在机体上,并将着陆和滑行中的撞击载荷传递给机体。前轮减摆器用于消除高速滑行中前轮的摆振。前轮转弯操纵机构可以增加飞机地面转弯的灵活性。对于在雪地和冰上起落的飞机,起落架上的机轮用滑橇代替。

3.2.1　减震器

飞机在着陆接地瞬间或在不平的跑道上高速滑跑时,与地面发生剧烈的撞击,除充气轮胎可起小部分缓冲作用外,大部分撞击能量要靠减震器吸收。现代飞机上应用最广的是油液空气减震器。当减震器受撞击压缩时,空气的作用相当于弹簧,贮存能量。而油液以极高的速度穿过小孔,吸收大量撞击能量,把它们转变为热能,使飞机撞击后很快平稳下来,不致颠簸不止。

3.2.2　收放系统

收放系统(见图 3-1)一般以液压作为正常收放动力源,以冷气、电力作为备用动力源。一般前起落架向前收入前机身,而某些重型运输机的前起落架是侧向收起的。主起落架收放形式大致可分为沿翼展方向收放和翼弦方向收放两种。收放位置锁用来把起落架锁定在收上和放下位置,以防止起落架在飞行中自动放下和受到撞击时自动收起。对于收放系统,一般都有位置指示和警告系统。

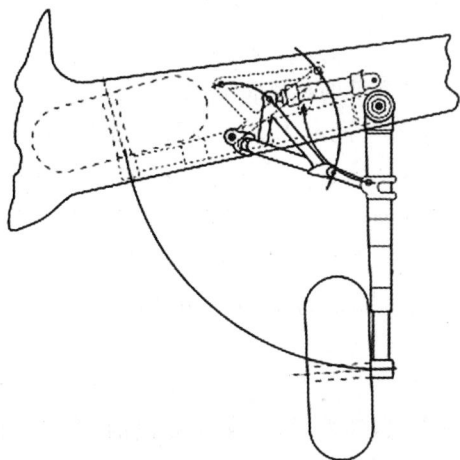

图 3-1　起落架收放系统

3.2.3　机轮和刹车系统

机轮的主要作用是在地面支撑飞机的重量,减少飞机地面运动的阻力,吸收飞机着陆和地面运动时的一部分撞击动能。主起落架上装有刹车装置,可用来缩短飞机着陆的滑跑距离,并使飞机在地面上具有良好的机动性。机轮主要由轮毂和轮胎组成。刹车装置主要有弯块式、胶囊式和圆盘式3种。应用最为广泛的是圆盘式,其主要特点是摩擦面积大,热容量大,容易维护。

3.2.4　转弯系统

操纵飞机在地面转弯有两种方式,一种是通过主轮单刹车或调整左右发动机的推力(拉力)使飞机转弯,而另一种方式是通过前轮转弯机构操纵前轮偏转使飞机转弯。轻型飞机一般采用前一种方式,而中型及以上的飞机因转弯困难,大多装有前轮转弯机构。另外,有些重型飞机在转弯操纵时,主轮也会配合前轮偏转,提高飞机的转弯性能。

3.3　常见轮式起落架的布置形式

3.3.1　前三点式起落架

飞机上使用最多的是前三点式起落架(见图3-2)。这种起落架有一个前支柱和两个主起落架,并且飞机的重心在主起落架之前。前三点式起落架目前广泛应用于高速飞机上。前轮在机头下面远离飞机重心处,可避免飞机刹车时出现"拿大顶"的危险。两个主轮左右对称地布置在重心稍后处,左右主轮有一定距离可保证飞机在地面滑行时不致倾倒。飞机在地面滑行和停放时,机身地板基本处于水平位置,便于旅客登机和货物装卸。重型飞机用增加机轮和支点数目的方法减低轮胎对跑道的压力,以改善飞机在跑道上的起降滑行能力,例如美国军用运输机C-5A,起飞质量达348t,仅主轮就有24个,采用4个并列的多轮式车架(每个车架上有6个机轮),构成4个并列主支点。加上前支点共有5个支点,但仍然具有前三点式起落架的性质。

1. 优点

(1)着陆简单,安全可靠。若着陆时的实际速度大于规定值,则在主轮接地时,作用在主轮的撞击力使迎角急剧减小,因而不可能产生像后三点式起落架那样的"跳跃"现象。

(2)具有良好的方向稳定性,侧风着陆时较安全。地面滑行时,操纵转弯较灵活。

(3)无倒立危险,因而允许强烈制动,因此,可以减小着陆后的滑跑距离。

(4)因在停机、起落、滑跑时,飞机机身处于水平或接近水平的状态,因而向下的视界较好,同时喷气式飞机上的发动机排出的燃气不会直接喷向跑道,因而对跑道的影响较小。

2. 缺点

(1)前起落架的安排较困难,尤其是对单发动机的飞机,机身前部剩余的空间很小。

(2)前起落架承受的载荷大、尺寸大、构造复杂,因而重量大。

(3)着陆滑跑时处于小迎角状态,因而不能充分利用空气阻力进行制动。在不平坦的跑道上滑行时,超越障碍(沟渠、土堆等)的能力也比较差。

（4）前轮会产生摆振现象，因此需要有防止摆振的设备和措施，这又增加了前轮的复杂程度和重量。

尽管如此，由于现代飞机的着陆速度较大，并且保证着陆时的安全成为起落架形式的首要决定因素，而前三点式在这方面与后三点式相比有着明显的优势，因而得到最广泛的应用。

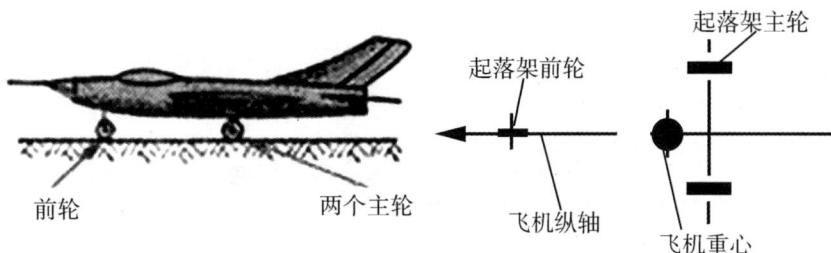

图 3-2　前三点式起落架布置形式

3.3.2　后三点式起落架

后三点式起落架（见图 3-3）有一个尾支柱和两个主起落架，并且飞机的重心在主起落架之后。后三点式起落架多用于低速飞机上。早期在螺旋桨飞机上广泛采用后三点式起落架。其特点是两个主轮在重心稍前处，尾轮在机身尾部，离重心较远。后三点起落架重量比前三点轻，但是地面转弯不够灵活，刹车过猛时飞机有"拿大顶"的危险，现代飞机已很少采用。

1. 优点

（1）后三点式起落架整体构造比较简单，重量也较轻。

（2）在螺旋桨飞机上容易配置。螺旋桨飞机要产生大的推力桨叶就很大，这不得不迫使飞机设计安装时提高螺旋桨发动机的离地高度，而正好装有后三点式起落架的飞机停留在地面时机头抬起很高，迎角很大。

（3）在飞机上易于装置尾轮。与前轮相比，尾轮结构简单，尺寸、质量都较小。

（4）正常着陆时，三个机轮同时触地，这就意味着飞机在飘落（着陆过程的第四阶段）时的姿态与地面滑跑、停机时的姿态相同。也就是说，地面滑跑时具有较大的迎角，因此，可以利用较大的飞机阻力来进行减速，从而可以减小着陆时间和滑跑距离。因此，早期的飞机大部分都是后三点式起落架布置形式。

2. 缺点

（1）在大速度滑跑时，遇到前方撞击或强烈制动，容易发生倒立现象（俗称"拿大顶"）。因此为了防止倒立，后三点式起落架不允许强烈制动，因而使着陆后的滑跑距离有所增加。

（2）如着陆时的实际速度大于规定值，则容易发生"跳跃"现象。因为在这种情况下，飞机接地时的实际迎角将小于规定值，使机尾抬起，只是主轮接地。接地瞬间，作用在主轮的撞击力将产生抬头力矩，使迎角增大，由于此时飞机的实际速度大于规定值，导致升力大于飞机重力而使飞机重新升起。以后由于速度很快地减小而使飞机再次飘落。这种飞机不断升起飘落的现象，就称为"跳跃"。如果飞机着陆时的实际速度远大于规定值，则跳跃高度可能很高，飞机从该高度下落，就有可能使飞机损坏。

（3）在起飞、降落滑跑时是不稳定的。如果在滑跑过程中，某些干扰（侧风或由于路面不平，使两边机轮的阻力不相等）使飞机相对其轴线转过一定角度，这时在支柱上形成的摩擦力将产生相对于飞机质心的力矩，它使飞机转向更大的角度。

（4）在停机、起落滑跑时，前机身仰起，因而向下的视界不佳。

基于以上缺点，后三点式起落架的主导地位便逐渐被前三点式起落架所替代，只有一小部分小型和低速飞机仍然采用后三点式起落架。

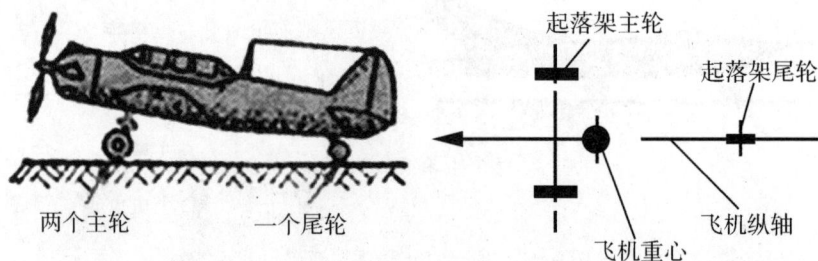

图 3-3　后三点式起落架布置形式

3.3.3　自行车式起落架

还有一种用得不多的自行车式起落架（见图 3-4），这种起落架除了在飞机重心前、后各有一个主起落架外，还具有翼下支柱，即在飞机的左、右机翼下各有一个辅助轮。它的前轮和主轮前、后布置在飞机对称面内（即在机身下部），重心距前轮与主轮几乎相等。为防止转弯时倾倒，在机翼下还布置有辅助小轮。这种布置形式由于起飞时抬头困难而较少采用。

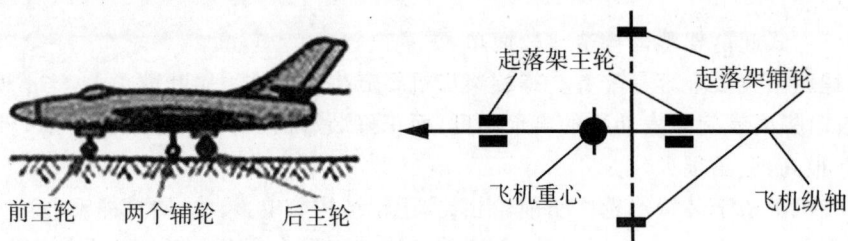

图 3-4　自行车式起落架布置形式

3.3.4　多支柱式起落架

这种起落架（见图 3-5）的布置形式与前三点式起落架类似，飞机的重心在主起落架之前，但其有多个主起落架支柱，一般用于大型飞机上。如美国的波音 747 客机、C-5A 军用运输机（起飞质量均在 350t 以上）以及苏联的伊尔 86 客机（起飞质量 206t）。显然，采用多支柱、多机轮可以减小起落架对跑道的压力，增加起飞着陆的安全性。

在这四种布置形式中，前三种是最基本的起落架形式，多支柱式可以看作是前三点式的改进形式，在现代飞机中应用最为广泛的起落架布置形式就是前三点式。

图 3-5　多支柱式起落架布置形式

3.4　常见起落架按结构分类

3.4.1　构架式起落架

构架式起落架(见图 3-6)的主要特点是:它通过承力构架将机轮与机翼或机身相连。承力构架中的杆件及减震支柱都是相互铰接的。它们只承受轴向力(沿各自的轴线方向)而不承受弯矩。因此,这种结构的起落架构造简单,质量也较小,在过去的轻型低速飞机上用得很广泛。但由于难以收放,现代高速飞机基本上不采用。

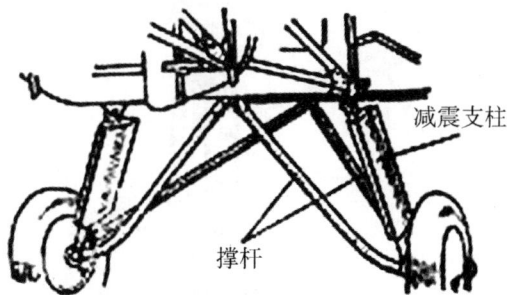

减震支柱

撑杆

图 3-6　构架式起落架结构示意图

3.4.2　支柱式起落架

支柱式起落架(见图 3-7)的主要特点是:减震器与承力支柱合而为一,机轮直接固定在减震器的活塞杆上。减震支柱上端与机翼的连接形式取决于收放要求。对收放式起落架,撑杆可兼作收放作动筒。扭矩通过扭力臂传递,亦可以通过活塞杆与减震支柱的圆筒内壁采用花键连接来传递。这种形式的起落架构造简单紧凑,易于放收,而且质量较小,是现代飞机上广泛采用的形式之一。

支柱式起落架的缺点是:活塞杆不但承受轴向力,而且承受弯矩,因而容易磨损及出现卡滞现象,使减震器的密封性能变差,不能采用较大的初压力。

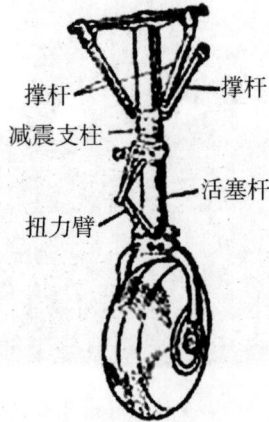

图 3-7 支柱式起落架结构示意图

3.4.3 摇臂式起落架

摇臂式起落架(见图 3-8)的主要特点是:机轮通过可转动的摇臂与减震器的活塞杆相连。减震器亦可以兼作承力支柱。这种形式的活塞只承受轴向力,不承受弯矩,因而密封性能好,可增大减震器的初压力以减小减震器的尺寸,克服了支柱式的缺点,在现代飞机上得到了广泛的应用。摇臂式起落架的缺点是构造较复杂,接头受力较大,因此它在使用过程中的磨损亦较大。

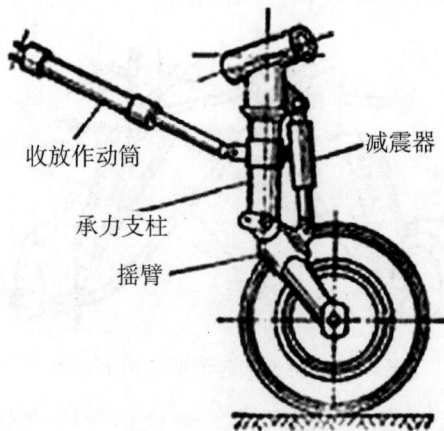

图 3-8 摇臂式起落架结构示意图

3.5 非轮式起落架

除了轮式起落架外,飞机上常见的起落架形式还有雪橇式起落架和浮筒式起落架。

3.5.1 雪橇式起落架

雪橇式起落架(见图 3-9)适用于冰雪机场、松软土质跑道和草坪,它主要用于轻型直升机。雪橇式起落架相比轮式起落架重量轻不少,尤其是可收放式轮式起落架,液压、收放和支柱等系统,要占据很大的重量,这对自重仅数吨的轻型直升机来说是相当可观的。而对大型直升机则是次要的。所以重量轻和结构简单是决定雪橇式起落架使用的根本原因。

图 3-9 雪橇式起落架布局示意图

3.5.2 浮筒式起落架

浮筒式起落架(见图 3-10)常应用于水陆两栖飞机上,由于水陆两栖飞机需要能够安全降落在水上和陆上,因此浮筒式起落架除了设有普通可收缩的机轮外,还设有专在水上降落、不能收回的浮筒。浮筒式起落架的机轮是收回在浮筒之内的,为了方便在水面转向,有些浮筒的尾端还装有尾舵。

安装于飞机上的浮筒也有两种形式。一种是不可折叠的浮筒,也称为硬式浮筒。它被称为浮筒式起落架,可以代替雪橇起落架使用,在水面和陆地起降使用。这种形式一般用于轻型直升机或固定翼飞机上。另一种是可折叠式浮筒,也称为软式浮筒或应急浮筒。在正常的飞行或起降过程中,它被折叠在一定位置(一般在起落架附近)。当飞机在水面飞行遇到紧急情况时,通过高压气瓶快速充气可以让飞机迫降在水面上等待救援。折叠式浮筒一般安装在执行水面飞行任务的中型直升机或固定翼飞机上。

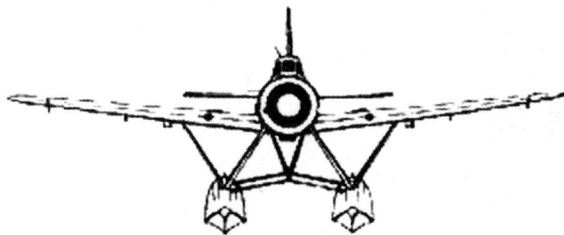

图 3-10 浮筒式起落架布局示意图

3.6 R44 直升机所装起落架形式

对于 R44 直升机而言,机上装的起落架为雪橇式起落架,也可安装浮筒式起落架。

3.6.1 雪橇式起落架的安装

R44 标准起落架由 2 根铝制撬管、4 根钢支柱、2 根铝制横管和 4 根锻造铝弯管组成。起落架的每个弯管连接机身。空气动力整流罩卡在每根支柱上。前机身右侧固定座为钩环铆合,使起落架横管具有挠性,钢管机架与右后起落架固定座也是挠性结合,使横管具有挠性。橇瓦由具有耐磨表面的 4130 钢组成,在着陆过程中,保护撬管的下部。其结构及零件图如图 3-11 所示,图中序号对应零件的件号及名称见表 3-1。

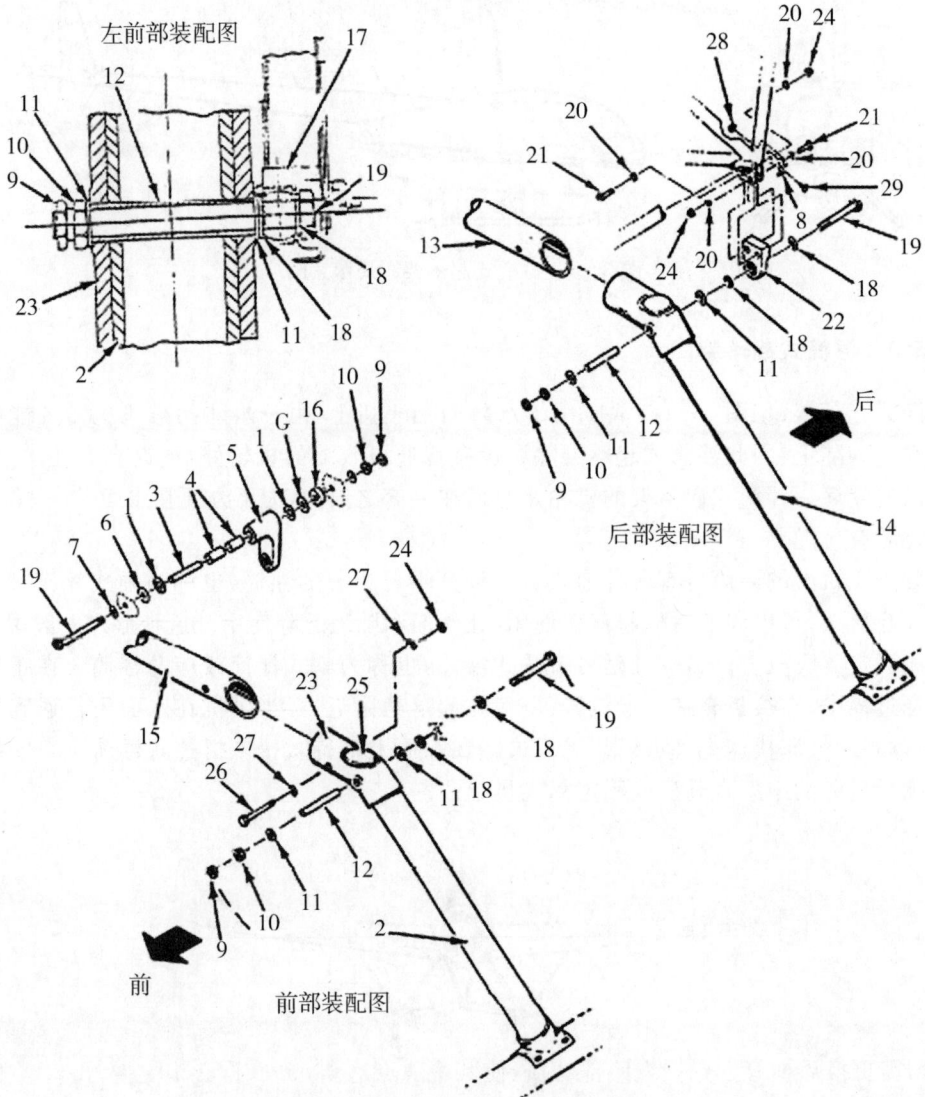

图 3-11 R44 起落架的组成及安装

表 3-1　零件的件号及名称

序号	件号	名称
1	A214—10	垫片
2	C014—10	支柱组（前）
3	C105—1	轴颈
4	LJS—1016	轴承
5	C014—5	钩环组
6	C141—5	垫片
7	AN960—716L	垫片
8	D310—5	后托架，左（图示）
	D310—6	后托架，右（未图示）
9	B330—21	薄板螺帽
10	NAS679A7	螺帽
11	AN960—716	垫片
12	C278—1	垫片
13	C241—1	横管（后）
14	C014—9	支柱组（后）
15	C241—2	横管（前）
16	C141—6	垫片
17	C294—2	轴承组
18	C141—4	垫片
19	NAS6607—53	螺栓
20	A141—11	垫片
21	NAS6604—17	螺栓
22	C014—7	支柱组
23	C240—1	弯接头
24	NAS1291—4	螺帽
25	C247—2	防雨盖
26	NAS6604—41	螺栓
27	AN960—416L	垫片
28	A31007	螺母
29	S14119	螺丝

其中,横管的高度决定了机腹距离地面的高度。如后横管发生屈服,尾橇离地距离不足30in 时,需更换后横管。当雪橇底部磨损,使其最薄点达 0.05in 时,必须更换雪橇。

3.6.2 浮筒式起落架的安装

可安装在 R44 直升机上的浮筒有两种，通用浮筒和快速充气浮筒。

3.6.2.1 通用浮筒起落架

通用浮筒可以当做起落架来使用，以方便飞机在水上或临水陆地飞行。罗宾逊 R44 Clipper直升机可以装浮筒起落架或标准起落架飞行。当要改变构件时，要全部将通用浮筒起落架拆下，要装上一个完全标准的起落架。除非必须修理，不要从起落架橇管上卸去浮筒。图 3－12 所示为通用浮筒的安装示意图。

注意：浮筒起落架只能装在 R44 Clipper 直升机上。

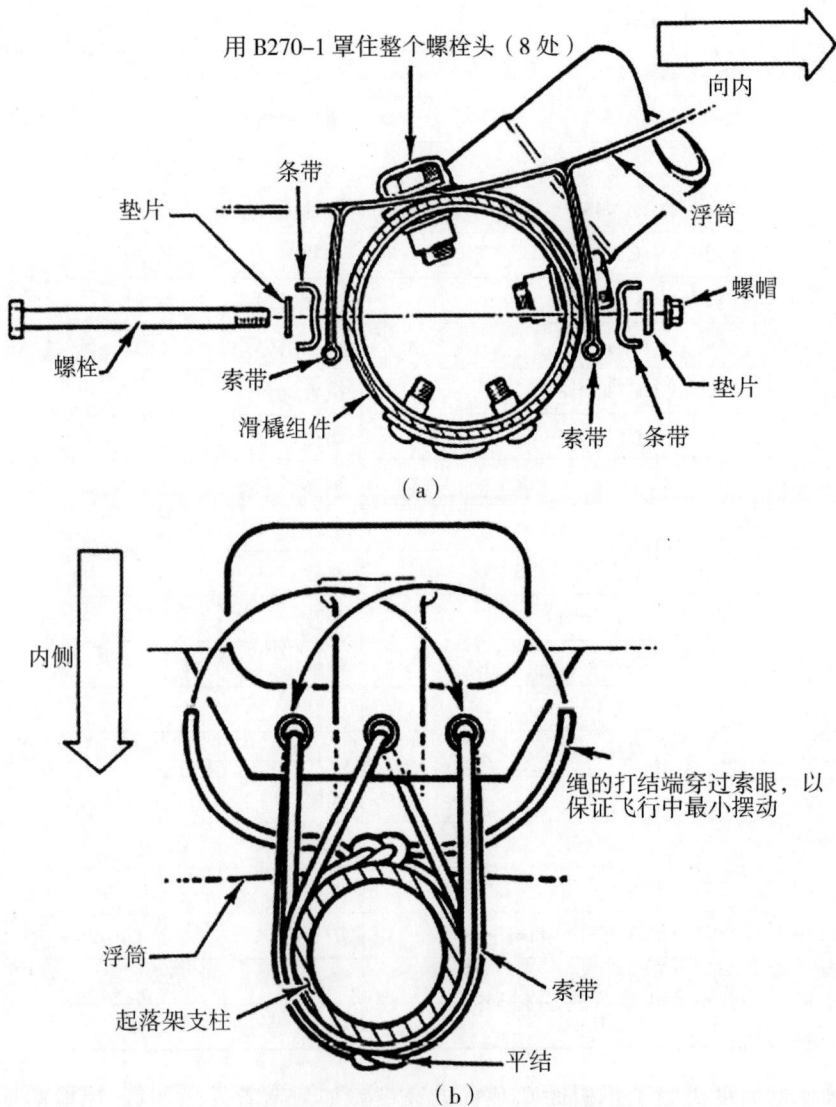

图 3－12　通用浮筒的安装示意图

维修注意事项：

(1)图中的螺栓和垫片,可以选择不同长度和厚度,以保证螺帽处露出 2～4 圈螺纹。在锁带和滑橇之间,螺栓头、螺帽下面和螺栓周围用 B270 胶密封。

(2)从橇管上、浮筒上、索带上清除旧的密封胶,然后安装浮筒。清除旧的密封胶过程中要使用塑胶刮刀。

(3)每个螺栓孔上的索带和橇管之间的密封胶,也作为黏合剂,在拆卸过程中要避免索带损坏。

通用浮筒的拆卸程序：

(1)放掉浮筒中的空气,使绑带松动。

(2)解开并拆去每个起落架斜支柱的绑带。

(3)卸下将浮筒固定在橇管和橇管延伸部分的硬件。

(4)从索带上卸下固定带,小心地从橇管和橇管延伸部分分离索带。

3.6.2.2 快速充气浮筒起落架

快速充气浮筒也称为应急浮筒或紧急快速充气浮筒。在充气前它就像一个被放了气的气球,可以被折叠放在起落架舱内。当飞机遇到紧急情况在水面迫降时,可以通过高压气瓶快速充气,让飞机在水面保持漂浮状态,以提高乘客的安全系数。图 3-13 所示为快速充气浮筒的安装示意图。

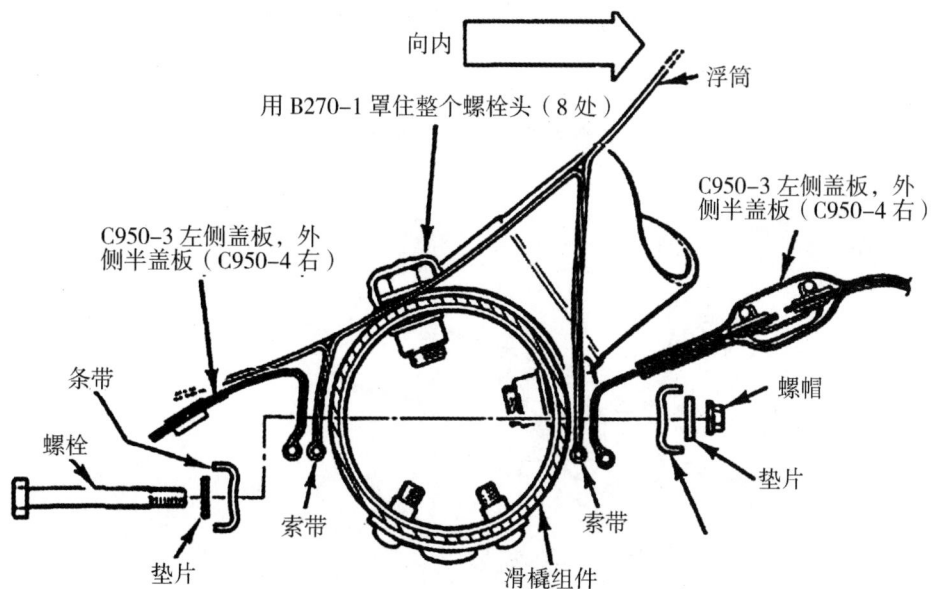

图 3-13　快速充气浮筒的安装示意图

R44 Clippers 可选装紧急快速充气浮筒和普通充气通用浮筒。它包括伸长了的斜支柱,橇延伸段,未充气的浮筒(可储藏在沿橇管的保护罩内),一只轻型的复合材料制成的压力气瓶(位于左前座椅下的行李舱内),一条充气总管,一根充气杆(位于正驾驶总距杆上),以及一个位于下垂直安定面底部的附属水平安定面。在压力气瓶上有一个阀门并有一块压力表,一个温度释放活门,在温度超过 281°F 时释放压力;一个金属密封片和一个弹簧负荷销。向浮筒充气,在正驾驶总距杆上的红色充气杆必须首先有弹簧负荷保险装置在"READY(准备)"位,然后必须有足够的力按住充气杆,切断一个铝制铆钉。按住充气杆使得弹簧负荷销刺破金属密封片,使 4 945lb/in²(正常在 20℃)的氦气经总管充入两个浮筒。总管由带金属接头的软管和每个浮筒舱处的检测阀门组成。每个浮筒有 6 个舱(早期有 5 个舱)。每个浮筒舱还有一个便于手工充气的顶部阀门和一个内部压力过大时的压力泄放阀门。充完气之后,快速充气浮筒与通用浮筒在外形、尺寸等方面是一致的。

如果将通用浮筒或标准起落架安装在快速充气浮筒的位置,要拆去压力气瓶、充气杆(包括支架和钢索)和外部管路(在前横管槽盖好压力气瓶口和 T 形接头)。另外,按维修手册 10.250 章节检查自转转速以及对空机重量和平衡更新。

快速充气浮筒的安装注意事项:

(1)浮筒处在极端压力下,当在前左行李舱工作时,在浮筒的拆卸或安装过程中,或在浮筒充气口工作时,要在压力浮筒活门中装锁销。工作完毕后,拆下锁销。

(2)除非要进行修理,不要从橇管上拆去浮筒,以避免浮筒损坏。

(3)每个螺栓孔上的索带和橇管之间是用橡胶密封的,在拆卸过程中要避免索带损坏。

(4)在安装前要从橇管上、浮筒上、索带上清除旧的密封胶,清除时可以使用塑胶刮刀。

快速充气浮筒的包装程序:

(1)放出浮筒内的空气。检查浮筒固定到橇管部分是否适当,所有管子的连接是否合适,热缩管要盖好。

(2)将放完气的浮筒在橇管外侧展开。用一台真空泵,通过每个浮筒舱顶部阀门,抽出多余的空气。

(3)用一块粘满滑石粉的布,轻涂整个浮筒(包括盖布内侧)。

(4)将浮筒的前端向下和向后折叠直到折叠线到达围线,如图 3-14 所示。

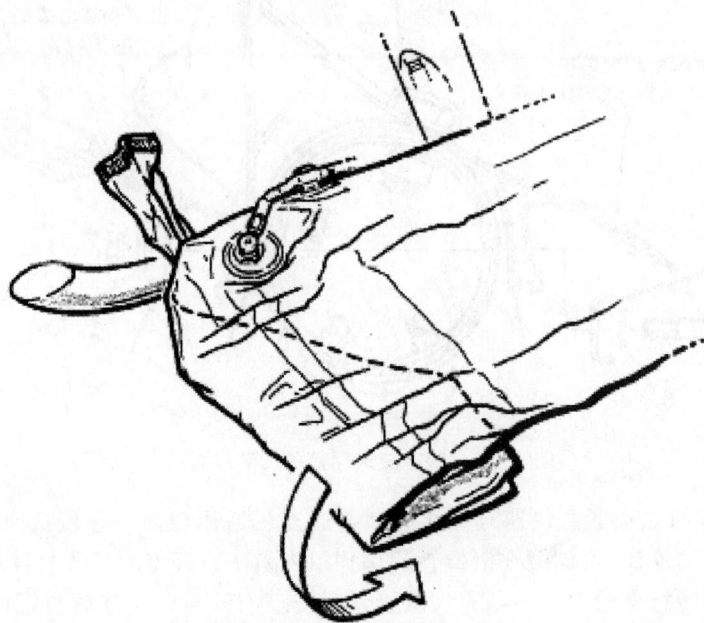

图 3-14　浮筒的折叠-1

(5)将浮筒的后端向前折叠直到折叠线到达索紧带,如图 3-15 所示。

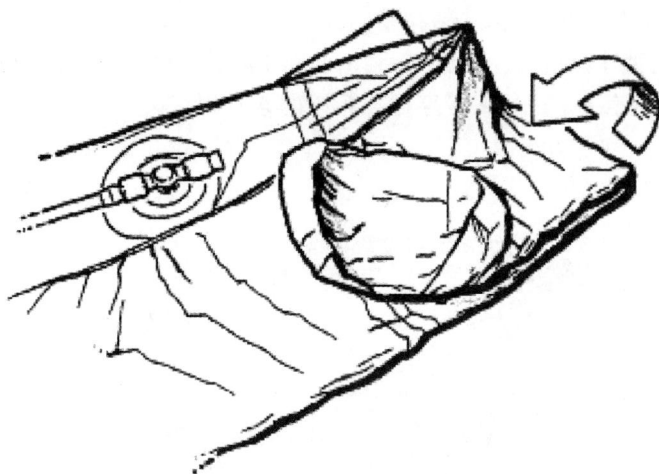

图 3-15　浮筒的折叠-2

（6）将钩和环状紧固件沿盖布的展向固定在环线的内侧，如图 3-16 所示。

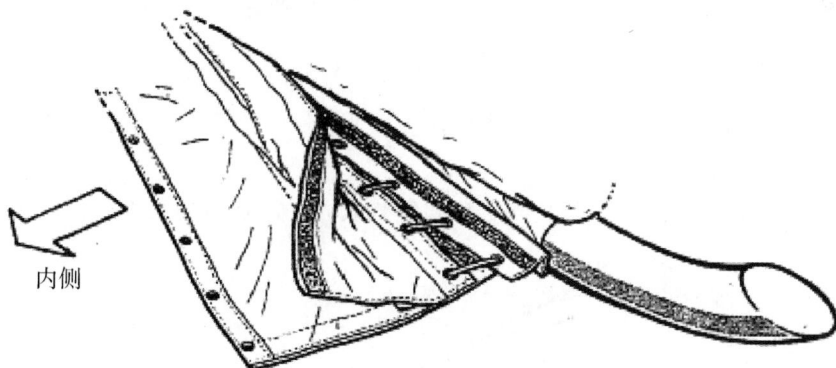

内侧

图 3-16　浮筒的折叠-3

（7）孔和阀门盖住边布，从外缘滚转浮筒将橇管尽可能地抱紧，如图 3-17 所示。

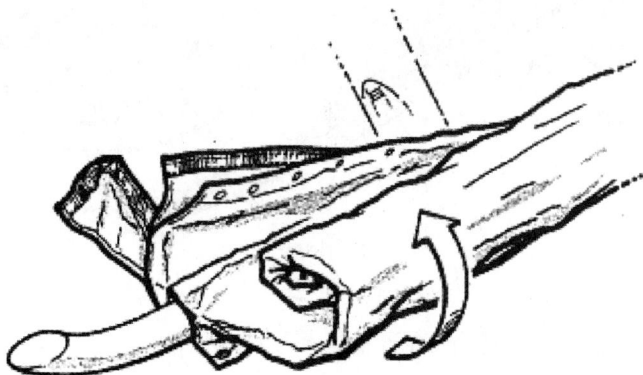

图 3-17　浮筒的折叠-4

（8）将浮筒置于橇管顶部，用罩布将浮筒包住。用一只牙签或小刷子，沾 A257-7 油脂涂到粘扣的配合面。沿外侧将钩、绳和粘扣紧固件固定好。

（9）每个浮筒有两个索带。一条索带将浮筒盖布固定到橇管的后延伸管上。另一条索带将浮筒盖布固定到橇管上。观看索带穿过盖布中的索眼用交叉（"阶梯状"索带）方法，如图 3-18 所示。

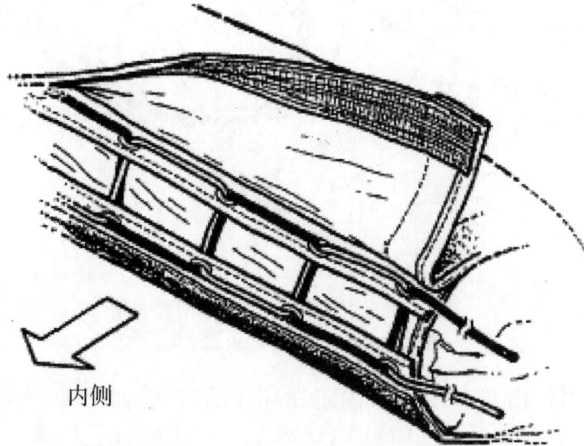

图 3-18 浮筒的折叠-5

（10）拉每段的缩带直到拉紧或直到材料的边缘收紧；不要过紧，索带端打双矩形节（4 个交叉锁边节）。

（11）索带绳的端部（见图 3-19）、固定钩和环状紧固件沿盖布的长度方向塞进，在盖端处固定钩和环状紧固件。

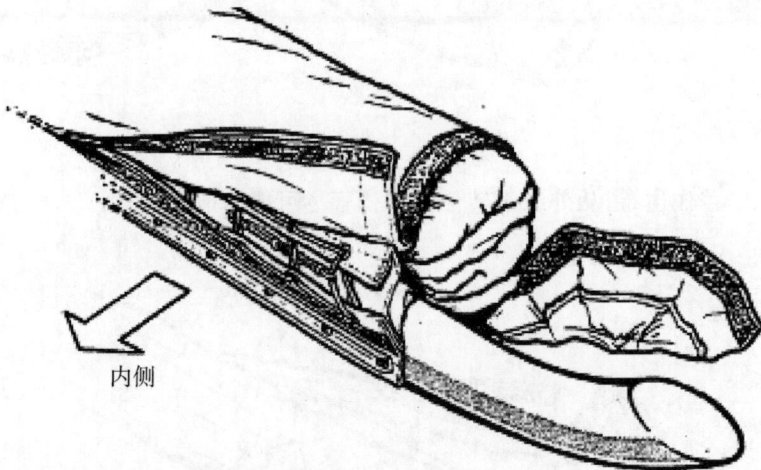

图 3-19 浮筒的折叠-6

（12）检查所有紧固件是否合适，浮筒要卷紧无凸块或松动。

3.6.3 快速充气气瓶

气瓶的最大寿命为 15 年，液压测试间隔最长为 5 年，在飞机上的检查间隔最长为 3 年，因此超过 12 年的气瓶或者液压测试超过 2 年的气瓶建议不要再使用,除非已确保没有超过其寿命或者液压测试极限。

所有充气设备(泵、软管、接头等)的工作压力不得小于 6 000lb/in²,且状况良好。

气瓶温度和压力必须在安全极限内,充气时,监视压力表,使用热电偶或其他温度探头监测热释放接头表面的温度,温度不能超过 50℃(122 ℉),压力不能超过 5500lb/in²。如果接近极限,应停止充气、等待气瓶冷却、压力降低后再充气。建议将气瓶放在有水池内,慢慢充气,使水的高度低于阀门,以免水进入阀门。外界温度和气瓶压力对应关系是表 3-2。

表 3-2　外界温度和气瓶压力对应表

外界温度/℃	压力/(lb·in⁻²)
-20	4268
-10	4 437
0	4 606
10	4 776
20	4 945
30	5 114
40	5 283

具体充气方法如下:

(1) 拆下充气口盖。

(2)按图 3-20 安装 MT546-2 转接头。

(3)将充气软管连接到 MT546-2 转接头。

(4)根据表 3-2,用至少 99.98% 的纯氮气充填。

(5)等待气瓶和阀门冷却至外界大气温度,最后用氮气以补偿冷却时损失的压力。

(6)去除充气软管,重新安装充气口盖。

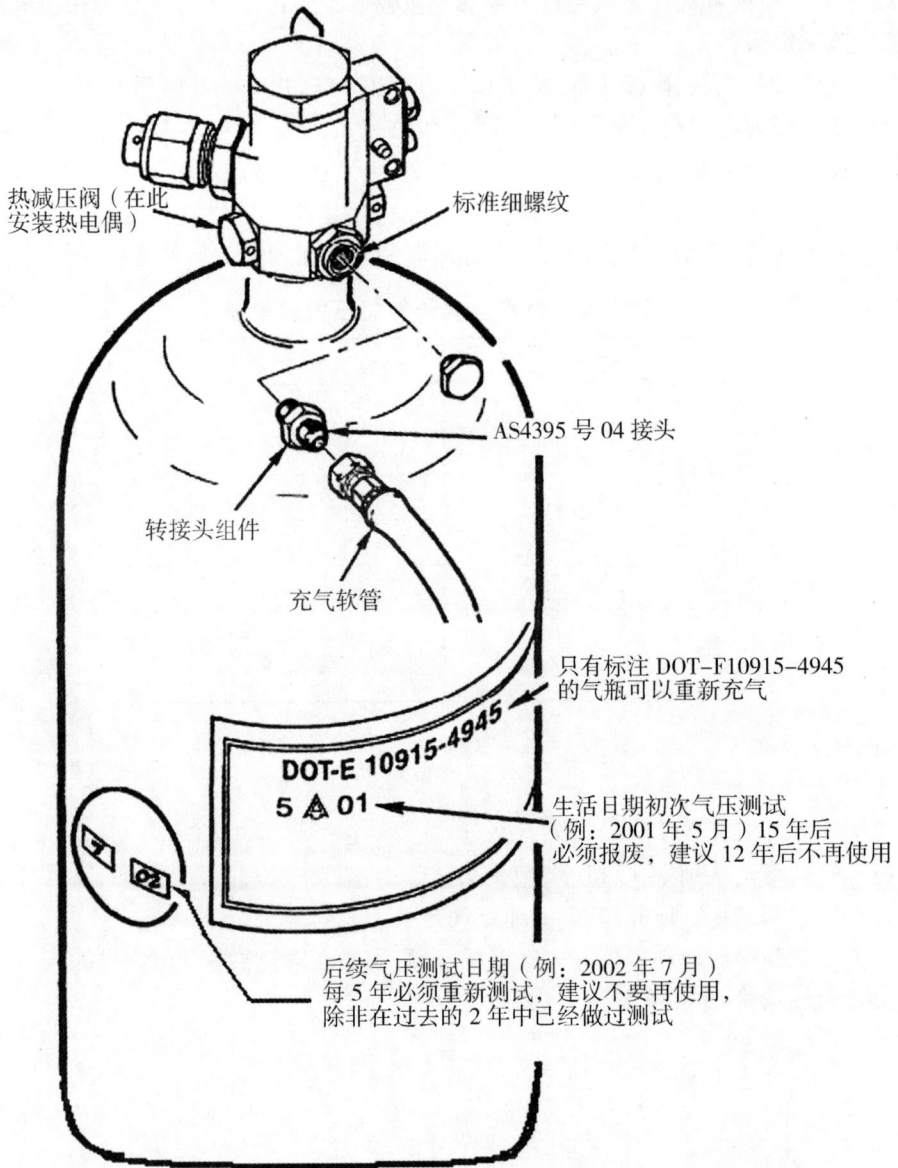

热减压阀（在此安装热电偶）

标准细螺纹

AS4395 号 04 接头

转接头组件

充气软管

只有标注 DOT-F10915-4945 的气瓶可以重新充气

DOT-E 10915-4945

5 △ 01

生活日期初次气压测试（例：2001 年 5 月）15 年后必须报废，建议 12 年后不再使用

7 02

后续气压测试日期（例：2002 年 7 月）每 5 年必须重新测试，建议不要再使用，除非在过去的 2 年中已经做过测试

图 3-20 快速充气气瓶结构图

R44 直升机起落架实训工单

直升机型号	工作地点/日期	计划/实际工时	实训负责人
R44		2/	

项次	检查内容	维修手册对应章节	工作者
1	橇和护靴: (1)检查左橇及护靴磨损情况,最小允许的靴厚度是 0.05in。确保放水口无堵塞(不适合浮筒起落架) (2)检查右橇及护靴磨损情况,最小允许的靴厚度是 0.05in。确保放水口无堵塞(不适合浮筒起落架)	5.110 5.330 5.110 5.330	
2	支柱和弯头(如装有,要打开整流罩): 检查是否有裂纹和腐蚀,特别是弯头的连接处,检查支柱下部的焊接区是否有裂纹	5.110	
3	起落架整流罩(如果装有): 检查有无裂纹,铆钉是否松动,固定良好	5.410	
4	横管: 检查弯头连接处有无裂纹和腐蚀,将直升机水平停放在地面,测量尾橇与地面的距离,如尺寸小于 30in,必须更换 1 根或 2 根横管(更换程序参见维修手册第 5 章)	5.200	
5	起落架固定点: 检查前固定点的铆钉是否松动,有无裂纹,屈曲和微动磨损,检查轴承座是否松动下陷,轴承有无磨损	5.110	
6	通用浮筒(如装有): 检查有无损伤	5.510	
7	紧急充气浮筒(如装有): (1)压力缸筒和阀门:检查其状况。确保固定良好,压力表指示外界温度的正确压力;参看缸筒铭牌上的有关极限 (2)充气总管:检查其一般状况。确保管道无擦伤或挤压,特别是穿过结构的管子 (3)检查储存浮筒的一般状况:目视检查无孔洞、割痕、撕破、磨穿,或浮筒盖撕开。如果浮筒盖损坏,充气检查浮筒。确保浮筒盖搭扣和钩子紧固件固定良好。检查浮筒到撬管的连接良好。 注意:如果装有紧急充气浮筒,在直升机上工作时,要确保驾驶员的红色充气杆在锁定位置	5.620 5.620 5.650	

版次:1	制定日期:2014.7.4	编写:薛建海	审核:宋辰瑶	总页数:2	页码:1

R44 直升机起落架实训工单

直升机型号	工作地点/日期	计划/实际工时	实训负责人
R44		2/	

项次	检查内容	维修手册对应章节	工作者
8	直升机的地面搬运： (1) 松开把手锁销,向外滑把手来伸长把手直到锁销急速进入最外的孔。握住把手和机轮,突出的心轴在最底部。将心轴插入橇管上的支撑架(见下图) 	1.210	
	(2) 确保突出的心轴的焊接端完全穿过支撑架的内侧(见下图) 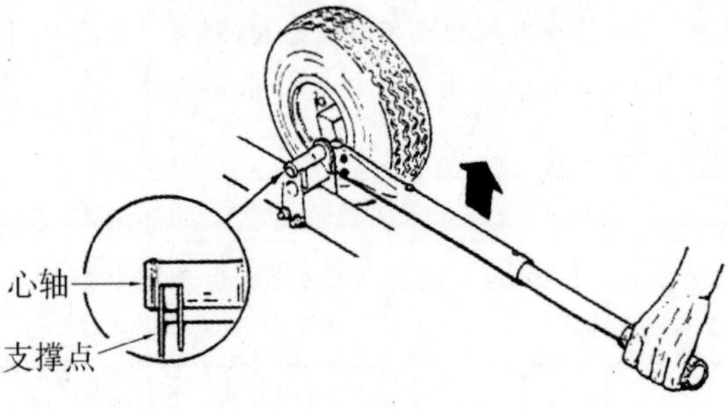 心轴 支撑点	1.210	
	(3)拉把手过中心线升起直升机,机轮锁好(见下图) 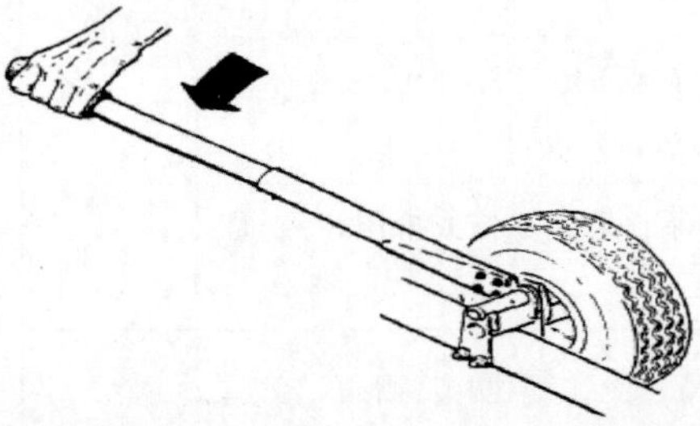 	1.210	
	(4)用同样的方法将另一侧的搬运轮安装好。一个人向下拉尾锥并抓着尾桨齿轮箱以操纵方向,另一个人推主要结构(最好有人指挥协助),慢慢将飞机搬运到目的地		

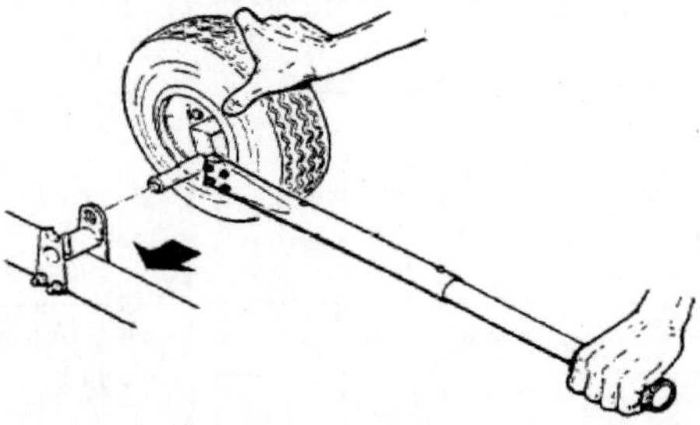

复习思考题

1. 简述起落架的用途。

2. 简述轮式起落架的基本组成。

3. 简述轮式起落架减震系统的作用。

4. 简述轮式起落架收放系统的作用。

5. 简述轮式起落架机轮的作用。

6. 简述轮式起落架刹车装置的形式有哪几种,各有什么优缺点。

7. 简述飞机转弯的方式有哪几种。

8. 什么是前三点式起落架? 它有什么优缺点?

9. 什么是后三点式起落架? 它有什么优缺点?

10. 什么是自行车式起落架?

11. 什么是多支柱式起落架? 它的用途是什么?

12. 什么是构架式起落架? 它有什么优缺点?

13. 什么是支柱式起落架? 它有什么优缺点?

14. 什么是摇臂式起落架? 它有什么优缺点?

15. R44 直升机采用什么形式的起落架? 它有什么特点?

16. 简述浮筒式起落架的用途。

17. 简述通用浮筒在 R44 直升机上的拆卸程序。

18. 简述在直升机上安装快速充气浮筒的作用。

第4章 旋翼系统

　　旋翼系统由两片桨叶和一只锻造铝合金桨毂组成,桨毂上有一个中心摆动铰链和两个锥形铰链。旋翼桨叶由D型不锈钢翼梁、不锈钢蒙皮、铝制蜂窝芯材和锻造铝合金桨根接头组成。桨叶的变距由一只与桨根接头内的心轴连接在一起的六轴承组完成。

　　尾桨系统由一只铝合金桨毂和两片桨叶组成。桨毂内有两个涂衬有特氟隆的弹性材料轴承,允许尾桨作挥舞运动。桨叶内部是蜂窝铝结构,由外包铝蒙皮和一根锻造铝合金桨根接头构成。桨根接头内有两根不可更换的、涂衬有特氟隆的球形轴承,轴承使桨叶可以变距。

　　直升机旋翼产生升力的原理:和固定翼飞机机翼产生升力的原理相似,直升机旋翼桨叶产生升力的原理也跟翼型有关,翼型的形状见图4-1。对于非对称翼型,由于翼型上、下表面的弧度不同,当前方气流经过翼型的上、下表面时,根据伯努利定理,下表面的压力大于上表面的压力,上、下表面产生压力差,从而产生升力,翼型上的压力分布见图4-2。

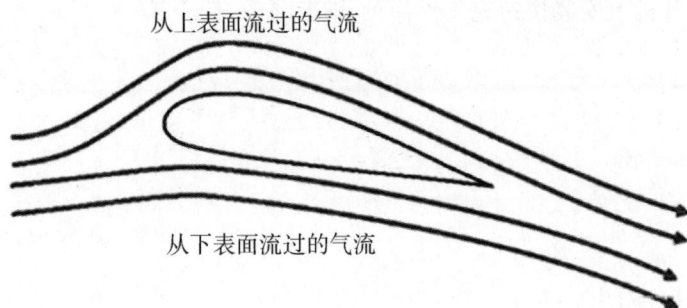

从上表面流过的气流

从下表面流过的气流

图4-1　直升机桨叶翼型

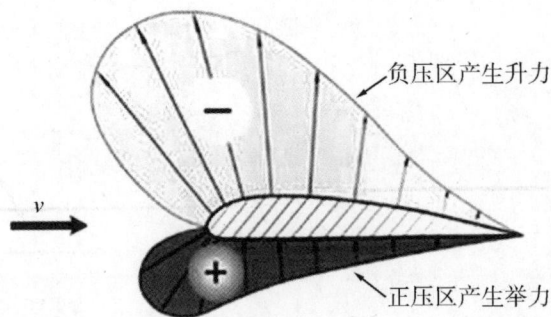

v

负压区产生升力

正压区产生举力

图4-2　翼型上的压力分布

4.1　旋翼系统的基本类型

一般地,旋翼按照桨叶和桨毂的连接形式,可分为全铰接式、半刚性以及刚性旋翼。罗宾逊 R44 直升机的旋翼系统属于半刚性旋翼,又称为跷跷板式旋翼。

图 4-3 所示为全铰接式旋翼系统。全铰接式旋翼系统,桨叶可以通过铰链自由运动。在旋翼上设置了挥舞铰(图中④),也称水平铰,桨叶可以绕着此铰作挥舞运动;绕着摆振铰(图中③,又称垂直铰),桨叶可以作自由的摆振运动。在桨叶叶片夹与桨叶之间设置了轴承,使桨叶可以作变距运动。

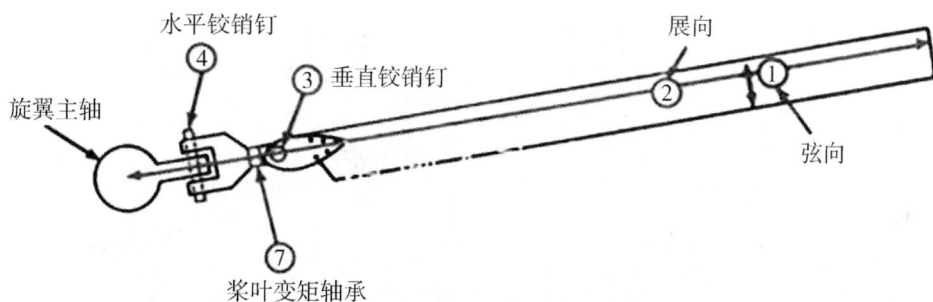

图 4-3　全铰接式旋翼系统

图 4-4 所示为半刚性旋翼系统,半刚性旋翼系统没有垂直铰和水平铰,取而代之的是在桨毂中心安装的耳轴轴承,可以允许两边的桨叶绕着耳轴像一个整体一样作跷跷板运动,即一边的桨叶向下挥舞运动,同时另一边的桨叶则向上挥舞运动。

耳轴与旋翼主轴花键连接,通过两个轴承和两边的叶片夹相连,桨叶安装在叶片夹上,可以绕着耳轴的轴承自由地作跷跷板运动。

叶片夹用于连接桨叶与桨毂,叶片夹紧固轴承允许桨叶绕着展向的变距轴线旋转以实现变距运动。

半刚性旋翼通常为两片桨叶旋翼,不含摆振铰,旋翼在旋转平面内是刚性的,因为桨叶不能自由地摆振,但半刚性旋翼在挥舞平面内不是刚性的,因为它可以作跷跷板式的挥舞,因此这种旋翼系统既不是刚性的,也不是全铰接的,因此命名为半刚性旋翼。

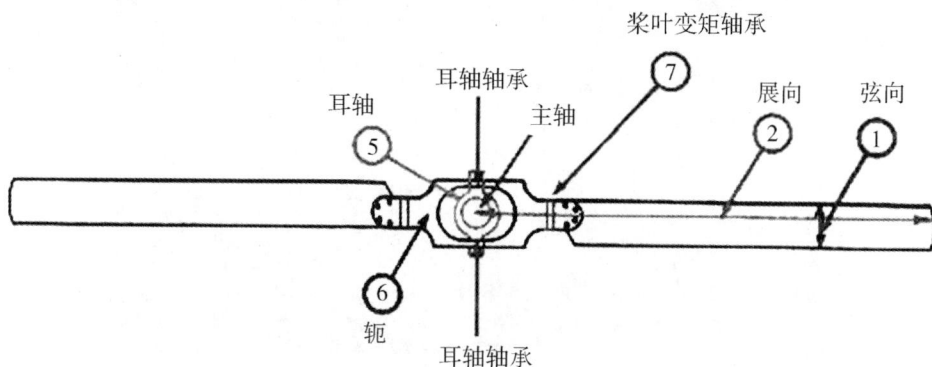

图 4-4　半刚性旋翼系统

图 4-5 所示为刚性旋翼系统。刚性旋翼系统机械形式简单,但结构复杂,因为所有的工作载荷必须由桨叶弯曲吸收,而不是通过铰链。刚性旋翼的桨叶与桨毂是刚性连接,不含挥舞铰和摆振铰,但具有变距轴承。桨叶的挥舞和摆振方向的载荷通过桨叶的弹性弯曲来承担。随着科技的发展,刚性旋翼也许会成为直升机旋翼的主流形式,因为其设计相对比较简单,能够具备全铰接式和半刚性旋翼所具备的优点,又可以回避后两者的一些缺点,但刚性旋翼系统也有缺点,其中之一就是在紊流和阵风下的乘坐质量问题。由于没有铰链来吸收大量的载荷,机舱里的震动比另外两种类型的旋翼系统要大得多。

图 4-5　刚性旋翼系统

4.2　R44 直升机旋翼桨毂

R44 直升机旋翼桨毂上有一个中心摆动铰(起跷跷板功能)和两个锥形铰。旋翼桨叶(叶片见图 4-6)由 D 型不锈钢大梁与金属蒙皮胶合而成,内里填充铝合金蜂窝核和桨根配件,见图 4-7。

图 4-6　R44 桨叶叶片

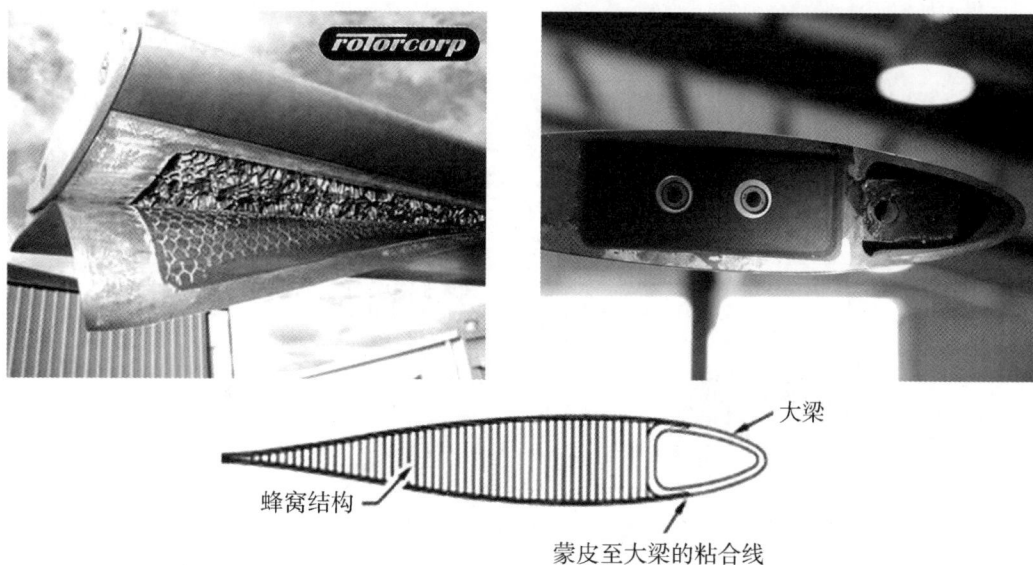

图 4-7　旋翼桨叶构造

桨叶变距通过安装在锻造不锈钢心轴(spindle)上的六轴承组来完成,见图 4-8。心轴位于桨根配件内。

图 4-8　心轴上的六轴承组

心轴的作用是连接桨叶和桨毂,且包括一段用来作为下垂限动块系统的象牙结构,下垂限动块是用来减小桨叶向下挥舞的幅度,见图 4-9。

当桨叶静止或者旋翼低转速的时候,该象牙状结构与安装在旋翼轴上的铝合金下垂限动块相碰触,阻止桨叶的过度下垂。

桨毂内的下垂限动块如图 4-10 所示,在桨毂内贴着 A158-1 件号的结构,即为心轴上的象牙状伸出部分,也是下垂限动系统部件,其与桨叶连接在一起运动。当桨叶向上挥舞,这段部件就向下运动,而当桨叶向下挥舞,这段部件就向上运动,若运动幅度过大,就会与上方的静止限动块相撞,阻止了其进一步的向上运动,因此阻止了桨叶继续向下挥舞。

4.3　R44 直升机旋翼桨毂系统组成

图 4-11 所示为 R44 直升机旋翼桨毂系统整体,由桨毂、摆动铰、锥形铰、叶片夹、变距摇臂、变距连杆、倾斜盘等组成。

心轴

下垂限动块

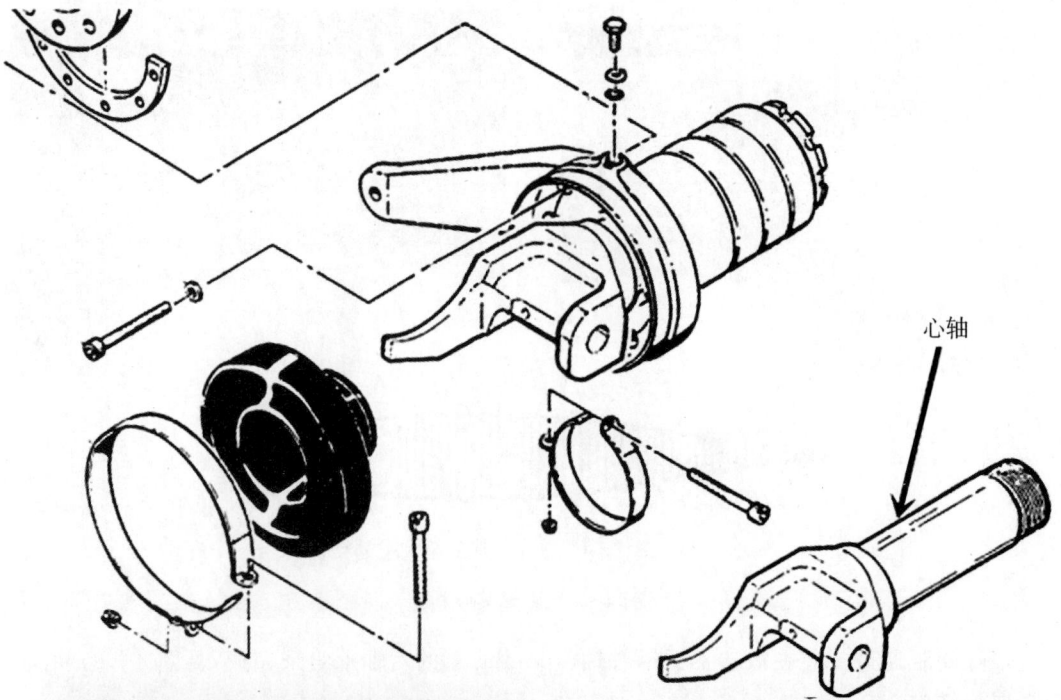

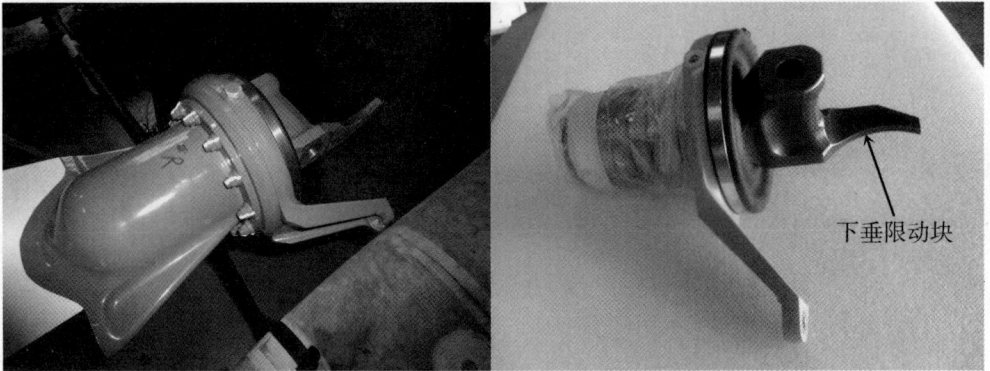

图 4-9　桨叶心轴及下垂限动块组件

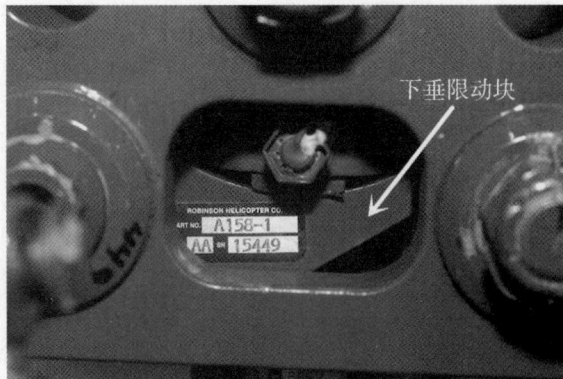

下垂限动块

图 4-10　桨毂内的下垂限动块

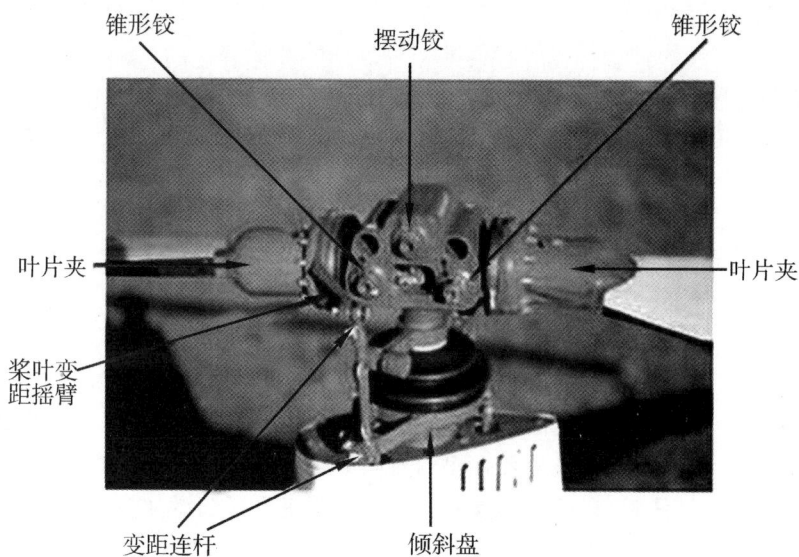

图 4 - 11　R44 旋翼桨毂系统

4.3.1　桨毂

如图 4 - 12 所示,旋翼桨毂是连接桨叶和旋翼轴的部件,R44 旋翼桨毂上安装有摆动铰和锥形铰,以满足桨叶挥舞运动的要求。

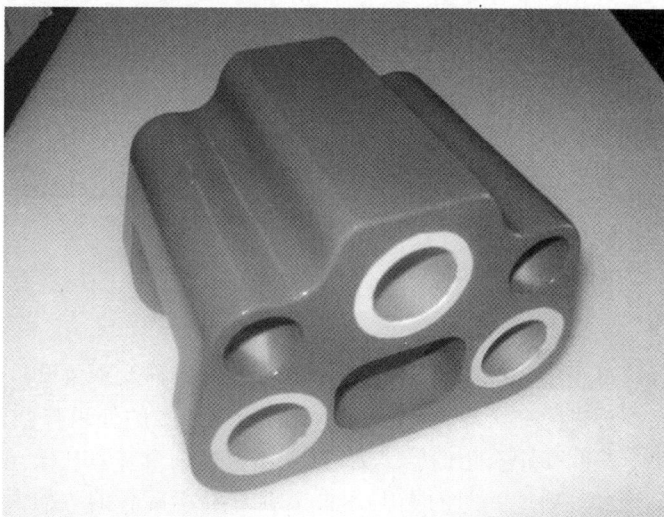

图 4 - 12　R44 旋翼桨毂

4.3.2　摆动铰

摆动铰位于桨毂中心,允许整个桨毂左右倾斜来使桨叶挥舞,当一片桨叶向上挥,另一片桨叶就向下挥,整个机构就如同跷跷板一样。

4.3.3 锥形铰

罗宾逊和其他跷跷板旋翼系统的不同在于罗宾逊直升机旋翼设置了两个锥形铰。这两个锥形铰允许桨叶绕着它们自由地上下挥舞而不受另一片桨叶运动的影响。通常用于起飞、着陆过程中转速较低时,由于旋翼桨叶旋转的离心力不够大使得桨叶上挥形成锥度角的情况。

4.3.4 叶片夹

叶片夹用于将桨叶安装到桨毂上,见图 4－13。在叶片夹上还安装了变距机构,使桨叶通过改变桨距角来改变迎角。在叶片夹内有轴承组,可使桨叶变距,轴承采用红色润滑油润滑,在叶片夹的上方有一个螺栓,取下螺栓,可以给叶片夹加润滑油。相应的,在叶片夹下方也有一个螺栓,用于给叶片夹排出润滑油。图上左边可见黑色橡胶靴,其作用是将润滑油密封在叶片夹内。航前检查中,要检查这里是否有润滑油渗漏,另外还要检查旋翼主轴保护罩,因为当两片桨叶与机身对齐停住时,有润滑油渗漏的叶片夹会正好让润滑油渗漏到主轴保护罩上。

图 4－13 桨叶叶片夹

4.3.5 变距摇臂

如图 4－14 所示,每片桨叶上都配备了一个变距摇臂(或称变距角臂),变距摇臂的作用有二,一是给桨叶的变距提供了一个操纵作用点,另外,变距摇臂的伸出长度还给变距操纵力提供了力臂,从而减小了桨叶变距需用的操纵力,其本质就是一个省力杠杆。二是由于旋翼在旋转时产生的陀螺进动效应,周期变距的操纵效果会顺着旋翼旋转的方向滞后 90°方位角才体现出来,因此为了得到一个准确的周期变距操纵,必须考虑陀螺进动效应的影响,也就是必须在相位上提前 90°加载变距操纵。所以变距操纵在变距摇臂上的作用点与桨叶之间的夹角设置为 90°。

4.3.6 变距连杆

变距连杆用于连接变距摇臂和倾斜盘。在作旋翼锥体和平衡检查的时候可以调节变距连杆的长度来修正桨叶的安装角。

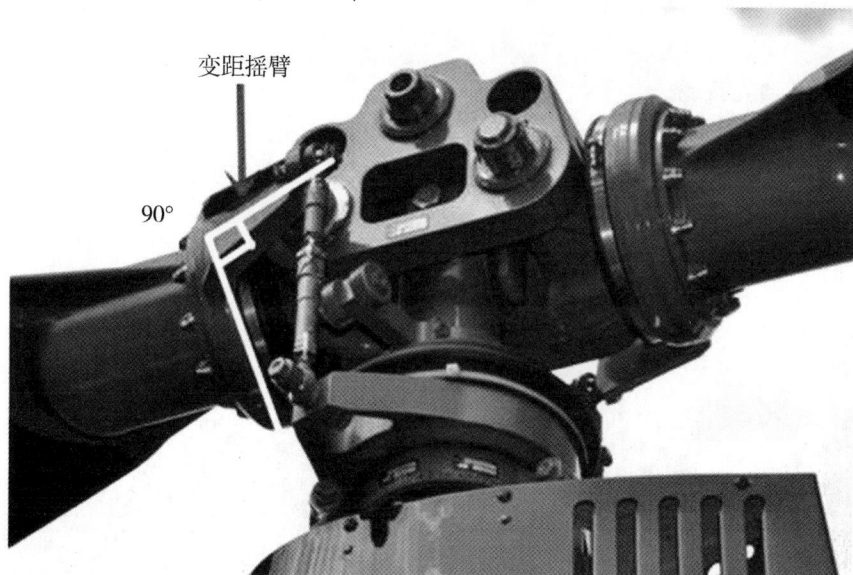

图 4 - 14　R44 变距摇臂

4.3.7　倾斜盘

倾斜盘与变距连杆相连,是用于给桨叶提供总距和周期变距操纵的控制机构。倾斜盘下方连接变距操纵杆,变距操纵杆从总距和周期变距复合摇臂机构获得操纵的输入并传递给倾斜盘,倾斜盘再把该输入操纵传递到桨叶上。

4.4　跷跷板的运动形式

桨叶在空间的位置取决于把桨叶向外拉直的离心力和把桨叶向上拉的升力之间的平衡关系。平衡后的桨叶最终维持在一个角度上。若一片桨叶的升力变大,而另一片桨叶的升力变小,则升力变大的桨叶要上升,升力变小的桨叶要下降,结果桨毂就会作跷跷板式的倾斜运动,允许一片桨叶向上挥舞,另一片桨叶向下挥舞,见图 4 - 15。

图 4 - 15　R44 跷跷板桨毂运动

这种跷跷板式的桨毂倾斜运动是自动的,是气动力和旋翼旋转离心力的共同作用结果,不是飞行员通过操纵系统来控制的。

4.5 尾桨系统

R44 尾桨系统包括铝合金尾桨桨毂和两片尾桨桨叶,见图 4-16。R44 尾桨桨毂衬有特氟隆的弹性材料轴承,该轴承可以使尾桨作跷跷板运动。尾桨桨叶内部是蜂窝铝结构,由外包铝蒙皮和一根锻造铝桨根接头构成。

图 4-16 R44 尾桨桨毂

桨根接头内有两个不可更换的、涂衬有特氟隆的球形轴承,见图 4-17。轴承使尾桨桨叶可以变距。桨叶固定在两块毂板之间,并具有一预置锥角。尾桨的摆动(跷跷板运动)限动块是一个固定轴的聚氨脂橡胶缓冲器,见图 4-18。当达到摆动极限时,缓冲器即接触到毂平面,从而制止超限摆动。

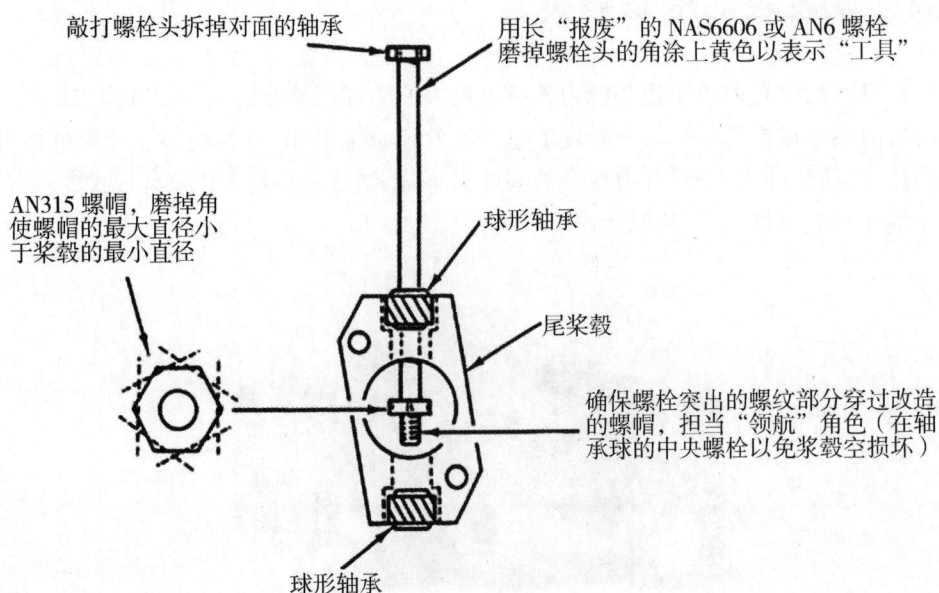

图 4-17 R44 尾桨桨毂球形轴承的拆卸图

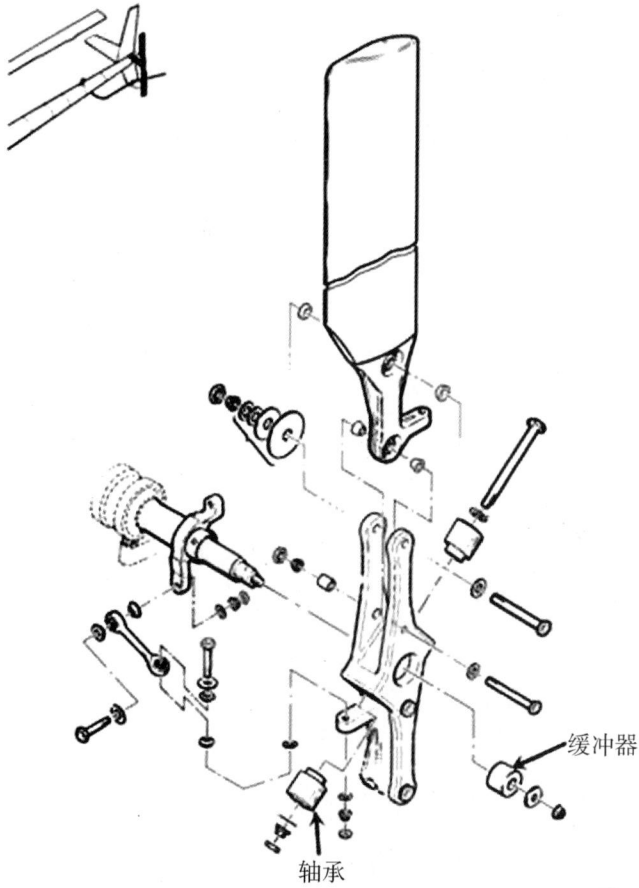

缓冲器

轴承

图 4 - 18　R44 尾桨桨毂组件

如图 4 - 19 所示,靠近尾桨桨叶桨尖的前缘附近的喷漆可能会因为空气中的灰尘或海水等腐蚀而剥落,所以应检查该部分的腐蚀情况,若腐蚀穿透了桨叶表面,就必须更换桨叶。

DANGER

图 4 - 19　R44 尾桨桨叶

4.6 反扭矩

直升机在设计之初,设计者所遇到的一个问题就是反扭矩问题。根据牛顿第三定律,单旋翼直升机的旋翼系统安装在旋翼主轴上,发动机提供旋转主轴的功率,因而旋翼可以旋转,而当直升机作用扭矩力在旋翼主轴上的同时,会产生一个方向相反、大小相等的反扭矩力来转动直升机机体。

大部分早期的直升机设计中,采用多旋翼反向旋转的方式来消除反扭矩。这类设计的优点是在消除反扭矩的同时没有功率的损失。而单旋翼单尾桨形式的直升机采用安装在直升机后部的尾桨来消除反扭矩,这是现今比较普遍的直升机形式。

4.7 旋翼桨叶的拆装注意事项

拆卸桨叶需要四人操作。其中两人分别支撑在距桨根 2/3 桨叶长度处,与此同时,另外两人支撑桨根,拆卸连接螺栓,见图 4-20。

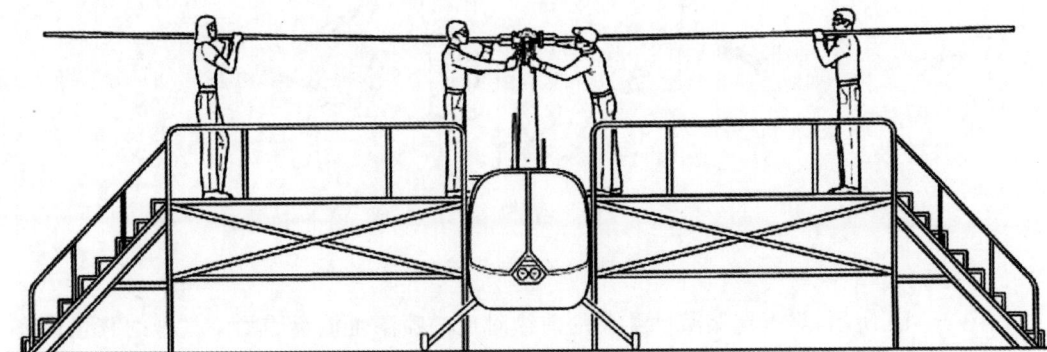

图 4-20 旋翼桨叶的安装和拆卸

用彩色记号笔在一片桨叶及其相关的铰接螺帽或螺栓、变距连杆和旋翼桨毂位置做标记,例如用油性铅笔,做"X"号标记。用另一种颜色的笔在另一片桨叶、螺帽、螺栓、变距连杆和旋翼桨毂位置上做标记,例如标记为"O"。

在一边的桨叶拆卸期间或拆卸后,要支撑着另一边的桨叶,并使其保持在水平位置。将拆卸下来的旋翼桨叶放在软垫上,以免损坏桨叶蒙皮。

安装旋翼时,确保轴颈不接触下垂限动块,并且全接触驱动轴。用 A257-9 抗黏剂涂抹在螺帽表面和螺栓螺纹上,安装并拧紧螺帽,然后松动螺帽直到两个止推垫圈能够自如转动。但抗黏剂不得涂到驱动轴、轴颈、垫片或止推垫片内侧,因为这样会阻碍接头夹紧,可能导致故障。

和拆卸桨叶一样,在安装旋翼桨叶时,在安装对面桨叶期间,必须在接近翼尖处支撑住已安装好的桨叶,并保持水平,再安装另一桨叶,以防止损坏。

4.8　桨叶检查和修理的典型工作

一片奖叶可以作不止一次的修理,但是,局部去除材料超过最大允许程度或局部凹限超过最大允许深度时绝对不允许修理。

4.8.1　检查和修理

检查装在直升机上的旋翼桨叶时,要用尽可能短的直尺测量桨叶展向损坏区。用过长的直尺可因桨叶下垂的自然弯曲导致误读。

1.后缘刻痕和切口

后缘尽头的所有刻痕和凹口从后缘起最大不超过 0.040in 的可磨平。磨平区向刻痕或切口每侧至少扩展 1.0in,半径最少 12.0in。修理后的最小弦宽见图 4-21。

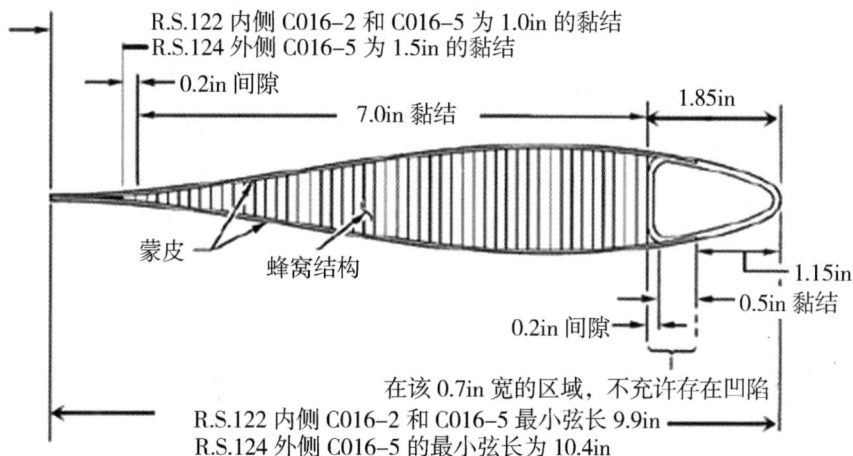

图 4-21　最小弦长

2.空洞和脱胶

必须使用 1965 年或以后的状况良好的 25 美分硬币在桨叶上做轻敲试验,空洞和脱胶限制如下:

(1)对于桨根接头,桨尖盖板,翼梁和前缘,90％区域内应胶合牢固,无大于 $0.10in^2$ 的单独空洞,空洞距离小于 0.25in 将被认为是连续的。

(2)加强板的空洞和脱胶外场不能修理,如果发现加强板上有空洞和脱胶,超过了图 4-22 中的限制,请与 RHC 技术保障部门联系。

3.返修方法

(1)参见图 4-23,可用细齿锉将桨尖修整在限制范围内。

(2)用 220 号砂纸或更细的干湿氧化铝或硅碳化物砂纸打磨所有的刮伤、凹陷和腐蚀,然后用 320 号或更细的干湿砂纸抛光,沿翼梁和后缘可用细锉修整,但最后必须用 320 号或更细的干湿砂纸抛光。要确保砂纸打磨或锉平都要在展向完成。

注意不要用电动工具或化学油漆去除剂打磨表面,打磨时的温度不得超过 175℉,要尽量把损坏区的底部和返修区必须磨掉的材料减少到最低限度。

（3）目视检查所有返修区,看刮痕、腐蚀或其他损伤是否都已去除。

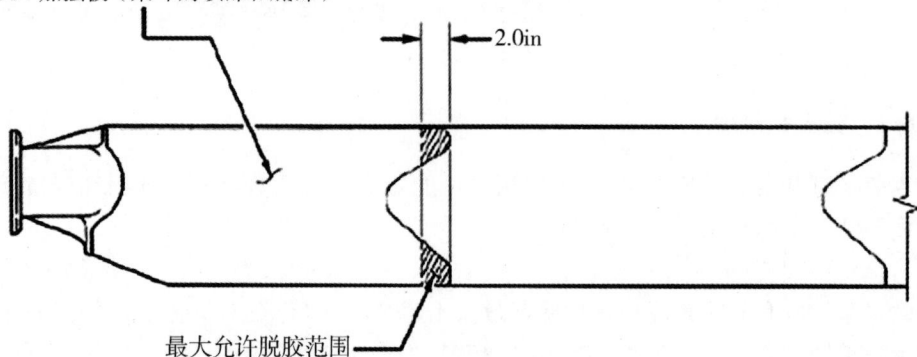

图 4 - 22　加强板的脱胶极限

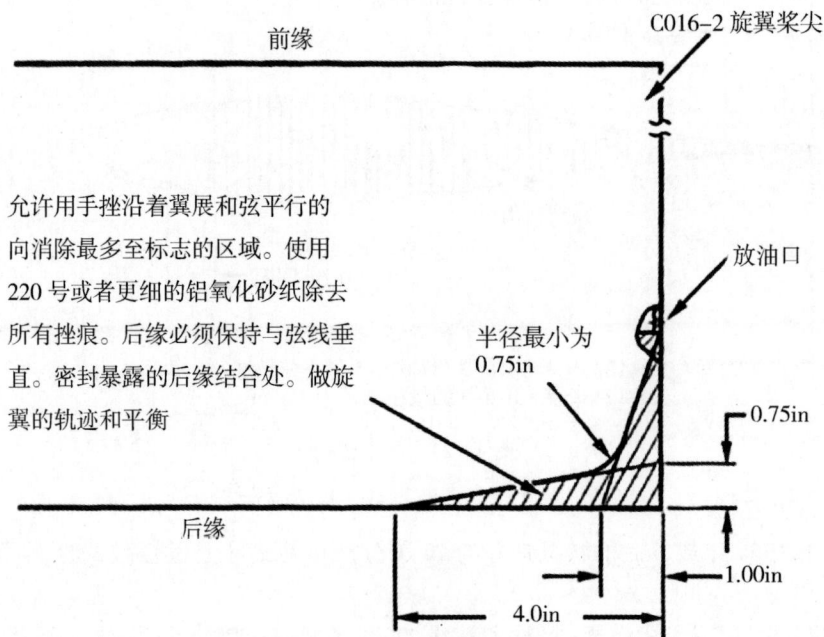

图 4 - 23　旋翼桨尖的修理极限

4. 测量去除的材料

对局部返修区,可用下列两种方法检查被磨去的材料:

（1）用卡尺或千分表对比磨平前后得到的数据。

（2）对蒙皮和翼梁返修区,横向小于 2in 时可用直尺和厚度规测量,见图 4 - 24。

密封、打腻子和整流:

（1）用 1,1,1,三氯化烷清洗所有需要密封或打腻子和整流的部位。

（2）苏格兰-焊接 2216 B/A 结构胶涂抹所有显露的销孔或其他开口的胶合搭接部位。按工厂说明混合涂料。最少固化时间为 24 小时。

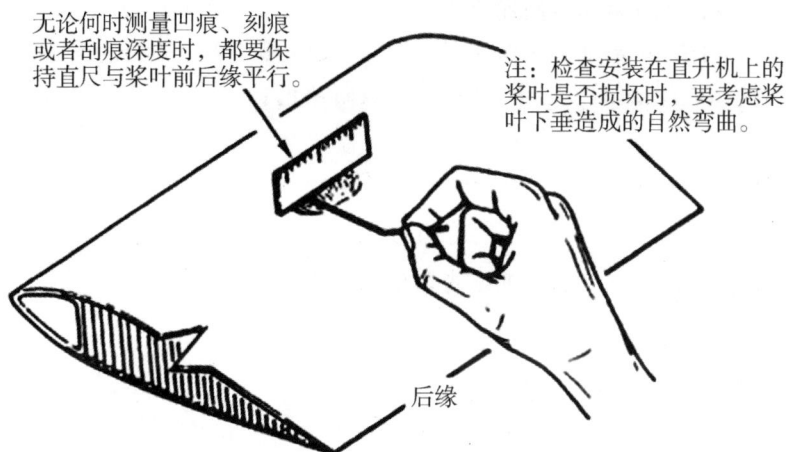

无论何时测量凹痕、刻痕或者刮痕深度时，都要保持直尺与桨叶前后缘平行。

注：检查安装在直升机上的桨叶是否损坏时，要考虑桨叶下垂造成的自然弯曲。

后缘

图 4 - 24　桨叶损坏深度的测量

（3）用砂纸打磨密封区、展向磨平、使其光泽流线，保持原有桨叶原型。用 240 号或更细的干湿氧化铝或硅炭化物砂纸。打磨时不要去除任何原有金属材料。

（4）用砂纸打磨其余的油漆表面，打到约 75％ 以下至原始底漆或金属材料。要使金属材料裸露面减小到最低程度。

油漆（见图 4 - 25）：

1）用 1,1,1 三氯乙烷和不掉毛的软擦布清洁油漆部位。

2）沿所有暴露的搭接区涂一条 2～3in 宽的环氧树脂底漆。

3）在所有外部表面涂上两层环氧树脂底漆。第一层漆干到可以接触的程度再涂第二遍漆。如果两遍漆之间已超过 8 小时，可用 320 号或更细的苏格兰 - Brite 清漆稀释剂擦抹和雾状底漆处理，然后再涂一遍涂层。注意：不论何时涂第二遍底漆，必须在空气中干燥 12 小时再涂最外层漆方可获得最佳效果。

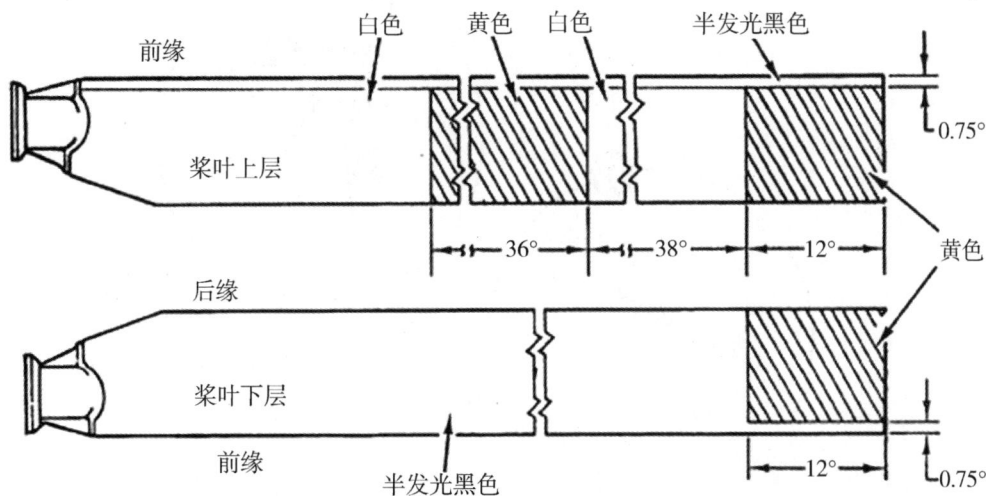

图 4 - 25　C016—1 旋翼桨叶油漆分布图

4)喷最后一道白色漆;第一遍两面都要喷。

5)罩好上表面白漆,拉毛下表面白漆,然后将下表面漆成半光泽黑色。

6)喷涂调整片和上表面的中心带,桨根处漆成暗灰色。

4.9 旋翼轨迹和平衡工作概述

4.9.1 旋翼动平衡和飞行轨迹的检查需要的设备

平衡仪,Chadwick-Helmuth 指定型号。

频闪仪,Chadwick-Helmuth 指定型号。

电线,加速表/测速仪,探头和靶标,Chadwick-Helmuth 指定型号。

罗宾逊 MT121－1 磁探头托架。

罗宾逊主旋翼图、尾桨图。

4.9.2 旋翼设备的安装

参考图 4－26,按下列步骤安装 Chadwick－Helmuth 设备:

(1)在上仪表板左侧固定螺丝下安装加速仪/测速仪,导线接头指向外。

(2)将 MT121－1 托架安装到倾斜盘右下部。

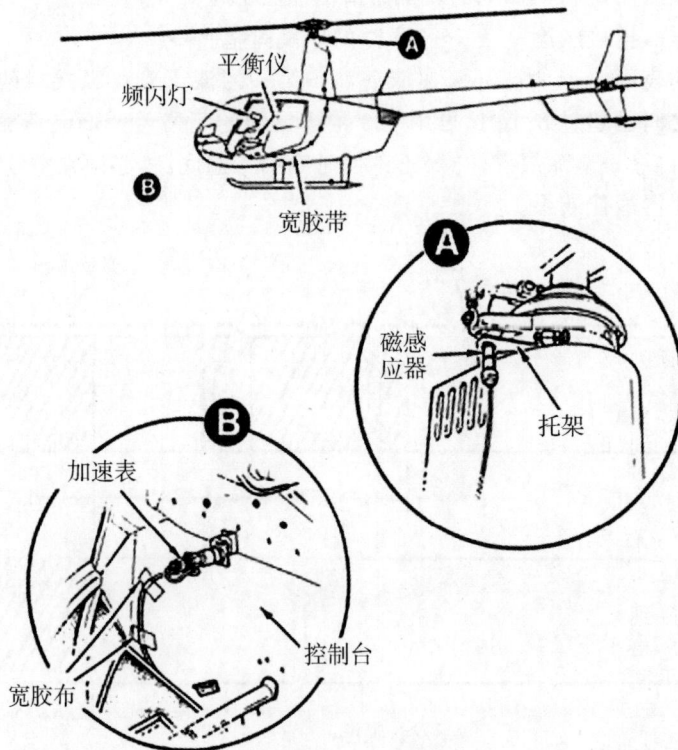

图 4－26　旋翼平衡设备的安装

(3)将 3030 磁探头装到 MT121－1 托架上,断续器探头间隙为 0.030±0.010in。

(4)连接导线至磁探头,抬起总距杆到最上位置,驾驶杆置于最左边,用胶带将导线固定到主整流罩上,导线顺到左侧舱门的前下方,每 12in 用胶带固定导线。

(5)将导线固定到由仪表板左前方螺钉固定的加速仪/测速仪上。

(6)将导线连接到平衡仪,并将多余的电线固定到左座椅前方的支架处。

(7)按图 4－27 将 4270 靶标贴到旋翼桨叶上。

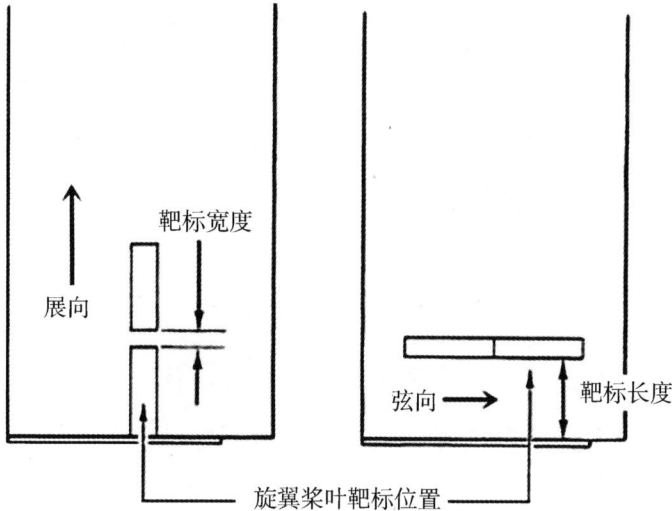

图 4－27　旋翼桨叶靶标位置

4.9.3　尾桨设备的安装

(1)将加速表/测速仪装到尾桨齿轮箱前上方输出密封垫壳体的螺栓上,加速表连接器的末端要向上指(见图 4－28)。

(2)如果使用带光电器的 Vibrex 2000 系列平衡仪,按图 4－28、图 4－29 在测速仪和测速仪支架之间安装光电器支架。

(3)如果使用频闪仪得到时钟角,在尾桨毂的一个摇臂上展向装一个靶标带,靶标朝向外,如果使用光电器工具得到时钟角,在尾桨毂的一个摇臂上展向装一个靶标带,靶标朝向内。

(4)将导线连接到加速表/测速仪和光电器(如果使用)上。导线要向前端缠绕尾锥几圈,用胶带固定导线。

(5)使用频闪仪得到时钟角,将导线放到距尾桨左侧约 20ft 的位置,用沙袋压住导线以防移动;如果使用光电器得到时钟角,需将导线放到座舱内,用导管胶带固定导线以防移动。

(6)将导线连接到平衡仪器。

4.9.4　旋翼平衡的调整

可按照平衡图增加或减少配重来调展向平衡,见图 4－30。卸下桨尖盖,更换桨尖配重可改变重量。使用 AN960－10 或 －10L 垫片或配平垫片可进行细致调整。

弦向平衡的粗调可按平衡图的指示通过偏移旋翼毂来完成。弦向平衡的精调可按平衡图的指示通过增加或减少 A255－1 或－2 弦向配重或 AN970－4 垫片来完成。

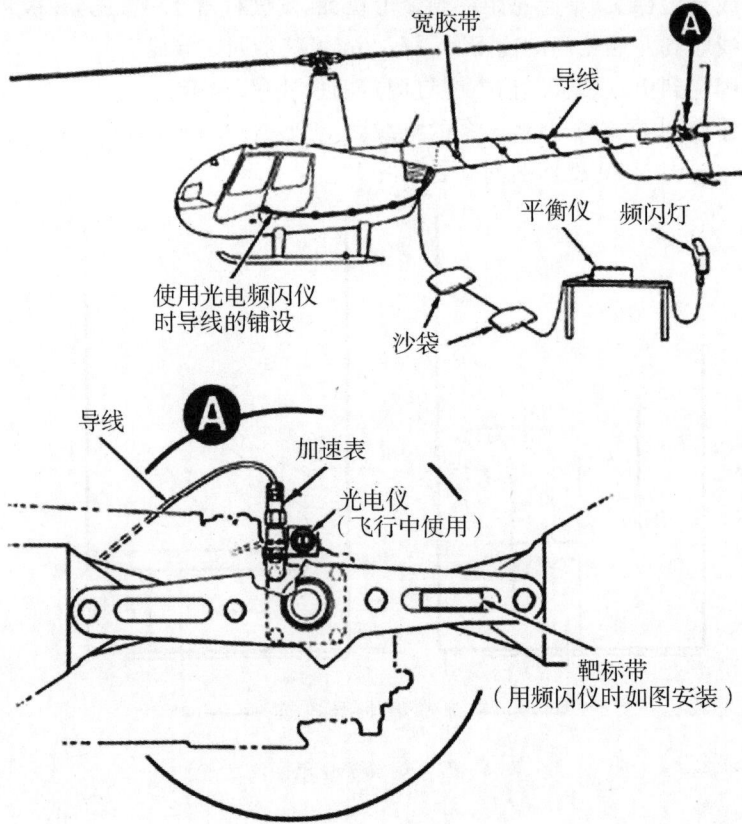

图 4-28　尾桨平衡设备的安装

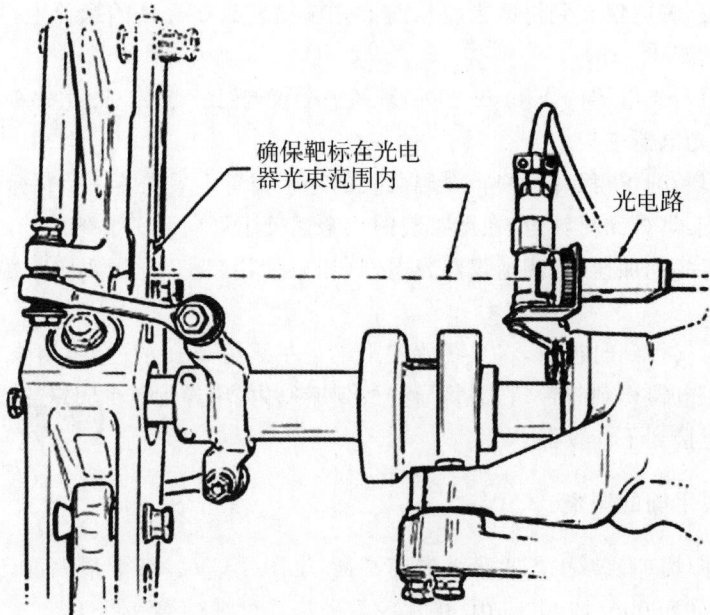

图 4-29　尾桨光电器的安装

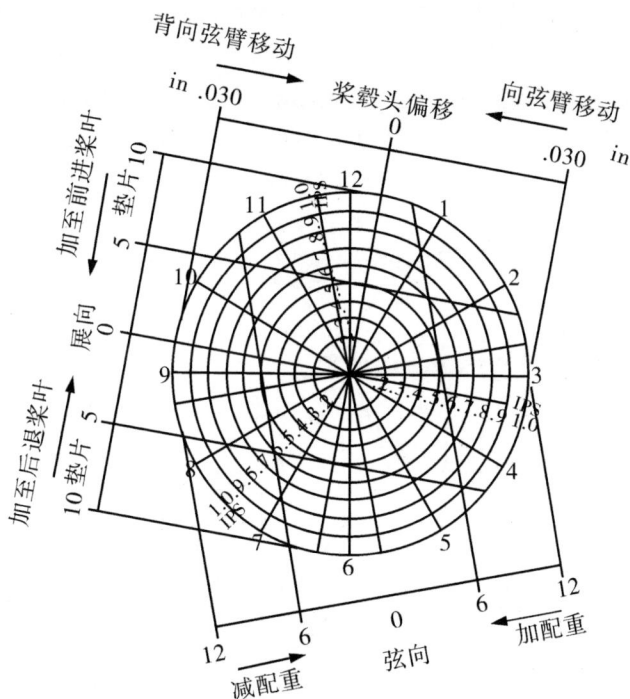

图 4 - 30　轨迹平衡简图

4.9.5　旋翼变距连杆的调整

旋翼变距连杆的调整分粗调和细调。粗调可通过松开上部连杆杆头锁紧螺帽,从桨叶变距臂处解除连杆杆头的连接,上下转动杆头来进行(杆头转半圈可改变轨迹大约 0.25in)。

作细致调整时,保持住连接变距臂杆的杆头,松开杆头和锁紧螺帽,松开杆身锁紧螺帽,上下拧杆身。杆身转一圈相当于杆头转半圈,部分调整杆身,可凭六角平面转动数来计算(见图 4 - 31)。在调整变距连杆后,确认直径为 0.020in 的保险丝不能穿过观察孔。

4.9.6　旋翼桨叶调整片的调整

旋翼桨叶调整片的调整需要用 MT526-1 调整片弯曲器和 MT352-1 调整片表,参见图 4 - 32。用记号笔穿过调整片顶部对准桨叶后缘画一条线,在这条线上标出三个等距离的测量点,将调整片测量表弦向放在桨叶上面和

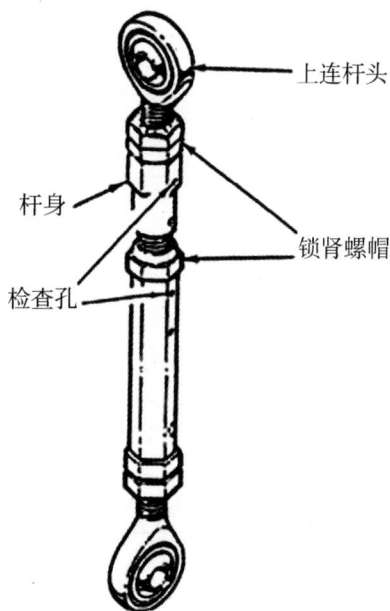

图 4 - 31　旋翼变距连杆

调整片后缘上,指针应停在测量点上,将指示设定为零。用同样的方法测量其他两个点,确保它们距第一个点的距离在 0.005in 内。

为了弯曲调整片,松开 MT526-1 调整片弯曲器上的螺栓,并将弯曲器放到调整片后缘

上,距离前缘尽可能地远。弯曲器的单肋边接触到桨叶底面,向下弯曲调整片,反之亦然。拧紧螺栓弯曲调整片。卡紧弯曲器使调整片足够弯曲,不要使用类似杆之类的工具,参看图 4-33。轻微向下弯曲调整片,除非万不得已,否则不要向上弯调整片,向上弯调整片会增加驾驶杆的抖动。调整片弯曲大约 0.015in 可移动桨尖约 0.2in。用 MT352-1 表重新测量调整片。根据需要调整弯曲度,使得三个测量点之间的距离在 0.005in 内。

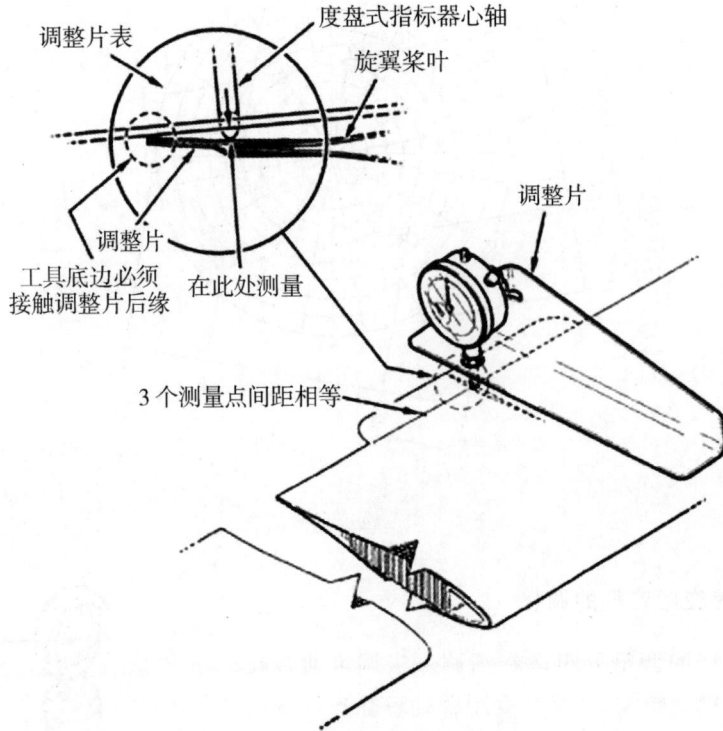

图 4-32 旋翼调整片表的使用

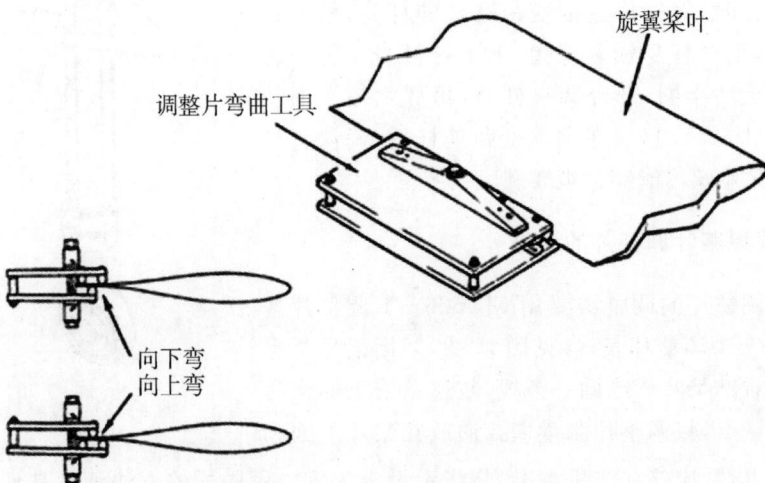

图 4-33 旋翼调整片的调整

R44 直升机旋翼系统实训工单

直升机型号	工作地点/日期	计划/实际工时	实训负责人	
R44		2/		

项次	检查内容	维修手册对应章节	工作者
1	检查桨毂： (1)检查桨毂状态,确保无刻痕、划伤、凿沟或腐蚀	9.121	
	(2)按照维修手册第 9.124 章节步骤 a)5)检查摆动铰(teeter hinge)和锥形铰(coning hinge)摩擦力,确保无棕色或黑色残余物(说明轴承磨损)	9.124	
2	铰螺栓(hinge bolt)： 检查其状况,检查开口销是否固定在位,螺栓头和螺帽与止推垫片打力矩线	9.124	
3	变距连杆和杆头(rod ends)： 检查其状况,按照维修手册第 2.120 章节检查杆头,包括中心位置,确保固定良好,锁紧螺帽拧紧,正确打保险丝	9.112	
4	紧固件和力矩线(Torque Stripes)： 检查其状况,确保所有紧固件固定良好,按照维修手册图 2-1 重新更新老化的力矩线	9.112	
5	检查旋翼桨叶： (1)心轴(Spindles)：检查可视部分,确保无腐蚀	9.111 9.113	
	(2)护套(Boots)：检查其状况,确保固定良好,无滑油渗漏。在驾驶杆到达极端行程时,全上和全下放下总距杆,检查护套和旋翼毂之间的间隙	9.113	
	(3)桨叶确保无刻痕、划伤或鼓泡,确保凹痕在极限内	9.130	
	(4)参见维修手册图 9-9 和图 9-9B。用硬币敲击测试所有关键的结合部位。确认没有沉闷或者空洞的声音,目视检查结合部位,并确认没有分离迹象。参见维修手册 9.130.h 章节有关无效的极限	9.130	
	(5)蒙皮与翼梁粘接线：用 5～10 倍的放大镜,目视检查蒙皮与翼梁的结合部位。沿着蒙皮与翼梁粘接部位确保漆面上无剥离和裂纹迹象	9.130	

版次：1	制定日期：2014.7.4	编写：宋辰瑶	审核：薛建海	总页数：2	页码：1

R44 直升机旋翼系统实训工单

直升机型号	工作地点/日期	计划/实际工时	实训负责人	
R44		2/		

项次	检查内容	维修手册对应章节	工作者
5	(6)拆卸翼尖盖板(tip covers),确保翼尖或盖板上无腐蚀和杂物。用硬币敲击测试蒙皮与翼尖盖的粘合部位。确认没有沉闷或者空洞的声音。用5~10倍的放大镜,目视检查蒙皮与翼尖盖边缘的结合部位(参见维修手册图9-9)。并确认没有分离迹象。确保翼尖盖和翼尖放水孔无堵塞	9.130	
	(7)安装翼尖盖:固定良好	9.112	
	(8)紧固件和力矩线:检查紧固件状况,确保固定良好,按照维修手册图2-1更新磨损的力矩线	9.112	
6	检查尾桨桨叶: 检查桨叶表面是否有过分的磨耗、刻痕、刮伤裂纹或腐蚀。桨根轴承接头是否有微动磨损或松动。桨根接头内轴承壳的任何松动均为不适航,必须更换桨叶。卸下翼尖盖,检查有无碎片和锈蚀,然后再装上翼尖盖	9.400	
7	检查尾桨桨毂: (1)检查桨毂是否有裂纹、锈蚀,特别要注意桨叶和桨毂的固定螺栓周围。确认桨毂摆动时摆动铰轴承的外圈和轴承球相对运动,锁紧螺栓和螺帽保持不动。桨毂在轴上自由活动而无僵硬或痉挛感。检查摆动铰轴承有无过大间隙	9.53	
	(2)紧固件和力矩线:检查其一般状况,确保所有紧固件的牢固性。按照维修手册图2-1更新磨损的力矩线	9.53	

版次:1	制定日期:2014.7.4	编写:宋辰瑶	审核:薛建海	总页数:2	页码:2

复习思考题

1. 旋翼系统和尾桨系统分别由哪些部件组成？

2. 旋翼系统的基本类型有哪些？

3. R44 直升机的旋翼系统类型有些什么特点？

4. R44 直升机旋翼桨毂由哪些部件组成？

5. 旋翼桨叶上的变距摇臂为什么做成 90°角？

6. R44 直升机的桨毂下垂限动块的限动原理是什么？

7. R44 直升机桨毂为什么设置了摆动铰还要设置锥形铰？

8. 变距连杆的作用是什么？

9. R44 直升机的尾桨的功能是什么？

10. R44 直升机尾桨系统的类型是什么？

11. 桨叶拆装需要注意的事项有哪些？

12. 如何检查旋翼桨叶上的空洞和脱胶？

13. 简述旋翼桨叶返修的方法。

14. 如何给旋翼桨叶密封、打腻子和整流？

15. 旋翼和轨迹的平衡检查需要安装哪些设备？

16. 如何调整旋翼的平衡？

17. 如何调节变距连杆来调整旋翼的平衡？

第 5 章 操 纵 系 统

5.1 简介

在 R44 上,双操纵系统是标准配置,所有的主操纵系统都由推拉管和曲柄驱动。操纵系统内所用到的轴承或者是密封的球轴承,或者是自润滑特氟龙衬套。

如图 5-1(a)所示,R44 的飞行操纵系统是传统的方式,周期变距杆有点与众不同,中心支点处有自由铰,因此手柄的运动形式和其他直升机的周期变距杆一样,周期变距手柄可以自由地垂直运动,让飞行员可以把手臂放在膝盖上休息。

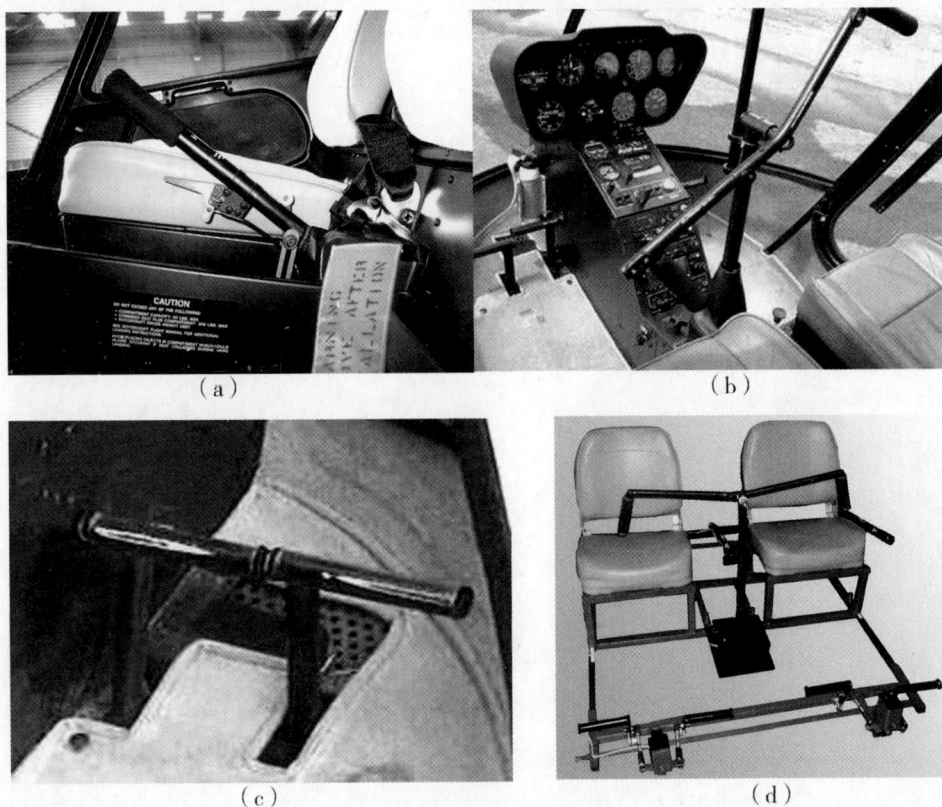

(a)   (b)

(c)   (d)

图 5-1 驾驶舱内的操纵系统

R44 的总距杆也是传统的形式,前端带有油门旋转手柄。当拉起总距杆,油门内联装置会打开油门。有一个电子调速器用来对油门进行微调来保持旋翼的转速不变。

反扭矩脚蹬位于驾驶舱地面,操纵尾桨桨叶的桨距来改变尾桨推力的大小,使直升机产生偏航运动。

5.2 操纵系统的作用

5.2.1 总距控制及其工作原理

如图 5-1(b)所示,总距操纵杆通常位于驾驶座的左边,总距杆的作用是让倾斜盘(自动倾斜器)竖直上、下运动,这使得所有桨叶的桨距同时改变相同的大小,因此总距杆的功能是改变直升机的升力。总距杆向上提,即增大升力,总距杆向下压,则减小升力。

直升机旋翼桨叶的总距,即桨叶的桨距角,见图 5-2,为旋翼桨叶弦线和旋翼旋转平面所成夹角,桨距角对旋翼桨叶升力的影响关系是,在其他条件不变的情况下,增大桨距角,迎角也会增大,所以当增大桨距角时,桨叶的升力也增大,从而整个旋翼的升力就增大。而总距操纵就是同时对每片桨叶施加相同的桨距角变化量,使旋翼的升力增大或减小。

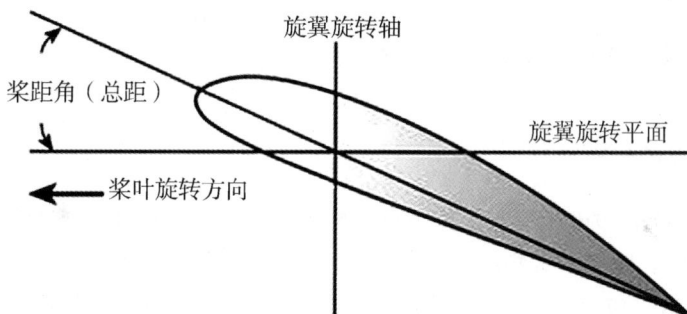

图 5-2 桨叶的总距

5.2.2 周期变距控制及其工作原理

周期变距操纵杆位于飞行员的两腿间,见图 5-1(c),它可以使倾斜盘向前、后、左、右倾斜。周期变距杆可以使桨叶的桨距周期性地改变,改变的多少取决于桨叶在桨盘内旋转到的位置。周期变距杆向前推,直升机向前飞行,向后拉,直升机向后飞行,向左或向右压,则使直升机向左或向右滚转。

不同于总距操纵,周期变距的工作原理是使每片旋翼桨叶的桨距角同时变化不同的量,并且这种变化随着旋翼每旋转一周而周期性地变化,也就是说,这种桨叶桨距角的变化不是随机无规律的,而是周期性的,体现在旋翼上,就是当周期变距操纵之后,旋翼桨盘会倾斜一个角度,并且在这个倾斜姿态下旋转,如果将周期变距杆向下一个方向推,则旋翼桨盘会倾斜另一个角度;体现在每片桨叶上,就是每片桨叶在不同的桨距角变化下,向上或向下挥舞不同的高度,而这些不同高度的桨叶合在一起就形成了旋翼桨盘的倾斜。旋翼桨盘的倾斜,使得旋翼的总升力也跟着倾斜了一个角度,因此就会在倾斜方向上产生一个水平分力,这个分力就是直升机向前、后、左、右方向飞行的动力,推动直升机向目标方向前进。

5.2.3 反扭矩脚蹬控制

由前一章可知,尾桨的作用是平衡直升机受到的反扭矩,而操纵尾桨的部件就是位于座舱飞行员脚下的两个反扭矩脚蹬,见图5-1(d)。脚蹬的作用是改变尾桨的总距,即改变尾桨的侧向力的大小,从而改变反扭矩平衡力矩的大小。反扭矩脚蹬的主要功能是平衡反扭矩,而其另一个功能则是偏航方向的操纵。当直升机稳定平飞时,踩左脚蹬,直升机机头向左偏转,踩右脚蹬,则直升机机头向右偏转。

5.2.4 调速器

调速器可以探测发动机转速的变化,通过对油门控制的正确输入来响应发动机的转速变化。当发动机转速降低,调速器就增大油门,反之,则减小油门。对油门的操纵是通过一个摩擦离合器来实现的。调速器只在发动机转速处于额定转速的80%以上时才激活,并且可以由飞行员通过按钮来打开或关闭调速器。调速器的主要功能就是帮助飞行员把旋翼转速控制在正常的工作范围内。但它可能不能阻止由于剧烈的机动飞行所导致的旋翼超转速和低转速情况发生。

5.3 倾斜盘的组成及功能

5.3.1 倾斜盘的组成

图5-3所示为R44的倾斜盘(又称为自动倾斜器)的示意图,它主要由旋转盘、不动盘、轴承、变距连杆等组成。倾斜盘实物组件如图5-4所示,倾斜盘的两个重要部件为图示的旋转盘和不动盘,因其相对位置关系,也称为上盘和下盘。总距和周期变距操纵依靠倾斜盘来实现。

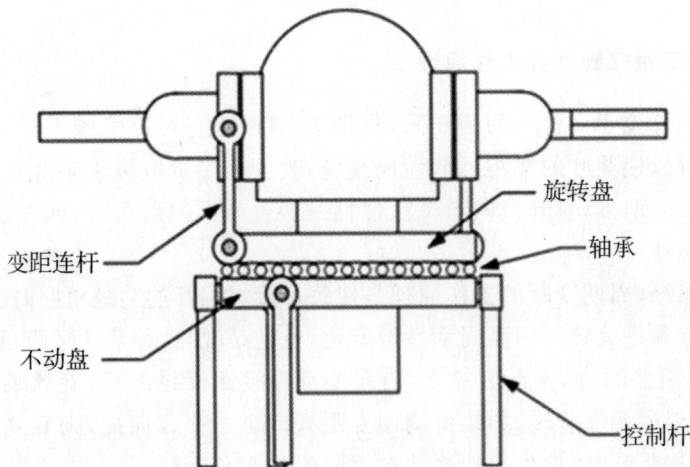

图5-3 倾斜盘示意图

图 5-4 桨毂与倾斜盘组件

图 5-5 所示为倾斜盘内的球关节示意图,球关节套在旋翼主轴上,可以沿着旋翼主轴上下滑动,也可以使倾斜盘向各个方向倾斜。图 5-6 所示为倾斜盘组件实物细节图,下盘依靠球关节可以进行向上、向下或者倾斜的运动。

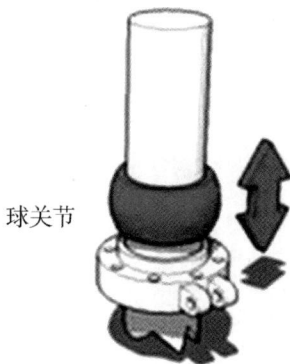

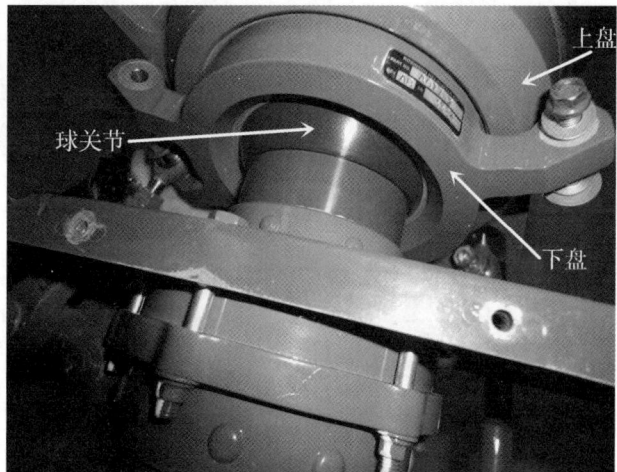

图 5-5 倾斜盘的球关节   图 5-6 倾斜盘组件

图 5-7 所示为倾斜盘的不动盘组件示意图,或者称为静盘。图 5-8 所示为倾斜盘的旋转盘组件示意图,或者称为动盘。不动盘和机体相连,不随旋翼旋转,旋转盘与旋翼相连接,和旋翼转速保持一致。旋转盘位于不动盘上面,靠两个球轴承与不动盘连接,不动盘的运动通过球轴承传递到旋转盘,通过旋转盘改变旋翼桨叶的桨距角。

图 5-7　倾斜盘的不动盘（静盘）

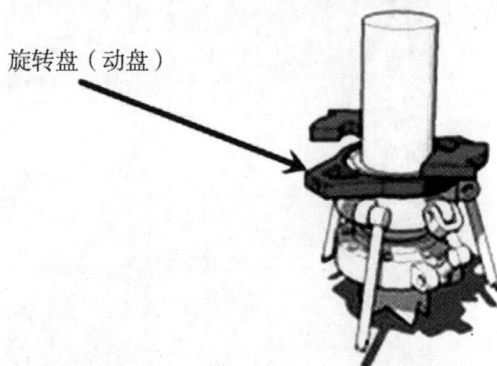

图 5-8　倾斜盘上的旋转盘（动盘）

图 5-9 所示为倾斜盘上的下扭力臂组件示意图。该扭力臂是为了避免不旋转盘被旋转盘带动，扭力臂的上端安装在不动盘上，另一端与主旋翼传动轴上的一固定安装座相连。图 5-10 所示为倾斜盘上的上扭力臂组件示意图。上扭力臂将旋转盘与旋转轴连接起来，以保证旋转盘和旋翼的转速一致，和下扭力臂一样也是由球关节连接。图 5-11 和图 5-12 所示为倾斜盘上与旋转盘相连接的扭力臂实物图。

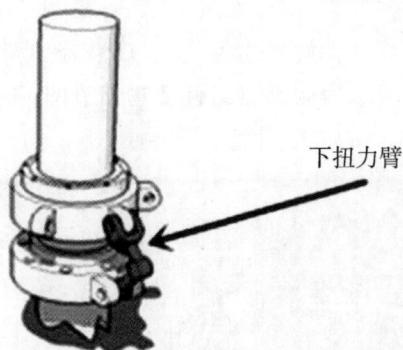

图 5-9　倾斜盘上的下扭力臂

图 5-10　倾斜盘上的上扭力臂

图 5-11　扭力臂侧视图

图 5-13 所示为倾斜盘上的下控制杆组件示意图。控制杆由飞行员通过传动系统操纵，可以控制不动盘的高低位置和倾斜，飞行员通过助力操纵系统来移动控制杆。

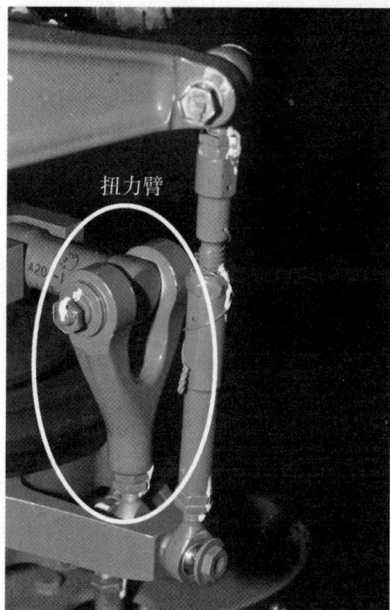

图 5-12　扭力臂

图 5-13　倾斜盘上的控制杆

如图 5-14 所示，可以通过调节变距连杆中间的套管来改变变距连杆的长度，这是对旋翼进行锥体平衡调节的一个方法。图上还可以看到打了保险丝，以确保在飞行的时候变距连杆的长度不会发生变化。

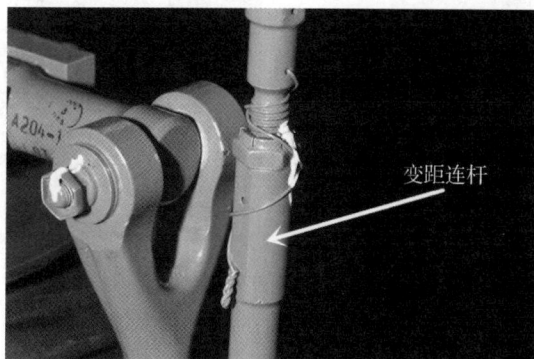

图 5-14　变距连杆

5.4　总距与周期变距操纵的实现

旋翼桨叶桨距的操纵依靠倾斜盘来实现。R44 的倾斜盘是安装在一个单球轴承上，因此整个倾斜盘可以在总距的操纵输入下上、下移动或在周期变距的操纵下前、后、左、右倾斜，总距操纵见图 5-15。从图上可以看到，在总距操纵下，倾斜盘整体沿着旋翼主轴向上移动。倾斜盘带动变距连杆,变距连杆向上顶起变距摇臂,转动桨叶,从而使桨叶变距。这是总距操纵,因而所有的变距连杆在整个旋翼旋转过程中都向上移动一个由操纵量决定的垂直距离,若是周期变距操纵,则变距连杆在旋转过程中随着倾斜盘的倾斜运动,向上或向下移动不等的距离。

图 5-15　总距操纵示意图

周期变距操纵的示意图见图 5-16。在周期变距操纵下,倾斜盘向前倾斜(假设这里机头向左),变距连杆跟着桨叶旋转到左边时,向下移动,当变距连杆跟着桨叶旋转到右边时,向上移动。随着变距连杆的向上或向下的移动,旋翼桨叶的桨距增大或者减小。

图 5-16　周期变距操纵示意图

5.5　桨叶上下摆动运动与变距的关系

对任何旋翼系统而言,桨叶的上下摆动运动即为挥舞。对于刚性旋翼系统,桨叶通过自身的弯曲来实现挥舞,对于全铰接旋翼系统,桨叶的挥舞通过旋翼上的挥舞铰来实现。而对于两片桨叶的半刚性旋翼系统来说,桨叶的挥舞,也叫做桨叶的摆动,是通过桨毂上的摆动铰来实现,并且两片桨叶的挥舞运动是如一个整体协同运动的。如图 5-17 所示,在桨叶上下挥舞时,桨叶的桨距并不发生变化,而迎角发生变化。

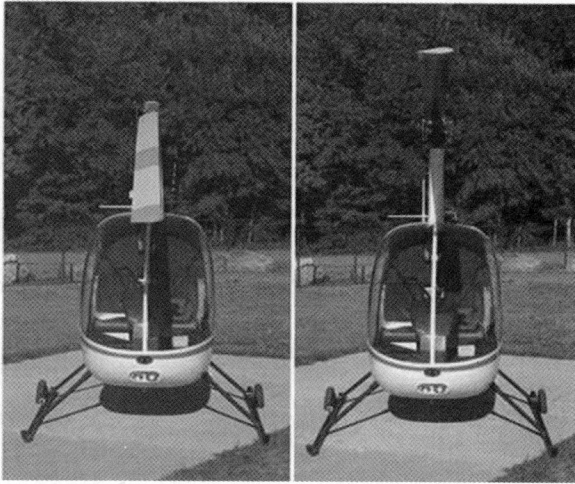

图 5-17　桨叶摆动(挥舞)示意图

图 5-18 所示为在变距操纵下的桨叶变距运动。从图中可以看出,桨叶翼型的弦线相对于水平线的角度,左右两图之间很明显有不同,可见桨叶的桨距角大小改变了。这个桨距角的改变是通过操纵总距或者周期变距,又或者是两者同时操纵下,变距连杆带动变距摇臂使桨叶绕着叶片夹旋转的结果。

图 5-18　桨叶变距运动示意图

5.6　操纵杆的功能

5.6.1　总距杆

如前所述,总距操纵是使所有桨叶的桨距角同时改变相同的大小,因此总距操纵可以增大或者减小旋翼的总拉力。在直升机悬停时,操纵总距杆可以改变直升机的离地高度,而在飞行状态,配合周期变距杆的操纵,操纵总距杆可以改变飞行高度或者飞行速度。图 5-19 所示为总距杆外观图,从图上可以看到杆身上有文字标识,提醒不要在总距杆下摆放物品,因为这会给放下总距杆带来阻碍,尤其是在发动机故障需要自转飞行,总距杆必须放到最低时。

图 5-19 总距杆标识

如图 5-20 所示为总距操纵杆示意图,②号部件为油门手柄,它的功能和摩托车的旋转把手类似。R44 还在总距杆内部安装了油门内联补偿装置,当总距杆提起或放下的时候,用来自动增大或减小油门。飞行员在操纵总距杆的时候,不会感觉到因为油门内联补偿装置的活动而产生的油门手柄的转动,因为这个装置安装在油门线路的后部,未与油门手柄直接相连接。

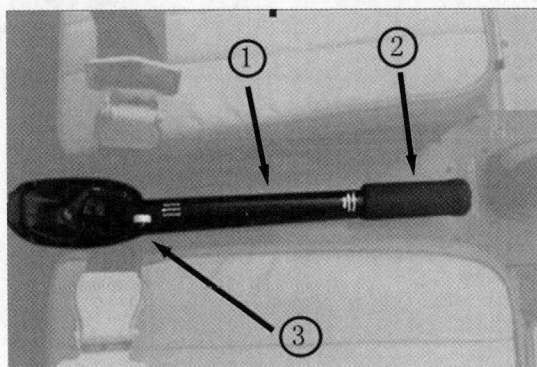

图 5-20 总距操纵杆示意图

R44 的调速器是选装的,当安装了调速器,飞行员在操纵总距杆时会感觉到由于调速器在工作而产生的油门手柄的转动。

①号部件即总距杆杆体,油门手柄安装在它的末端,总距杆通过一系列的推拉管与倾斜盘连接,提起总距杆,增大旋翼桨叶的桨距,放下总距杆,则减小旋翼桨叶的桨距。

③号部件为总距杆的摩擦杆力调节旋钮,可以调节推动总距杆所需要的力,杆力的调节可以在地面上进行,也可以在飞行中由飞行员来操作。

图 5-21 所示为油门内联补偿装置的安装图,图 5-22 所示为油门推拉管与汽化器油门臂相连接。检查这里的油门连接时,转动油门压紧超载弹簧,不断提起总距杆,当总距杆到达

最大行程时,油门应该只有一点点移动,如果油门连接系统完全不动或者移动超过一定的值,油门连接就需要调整。

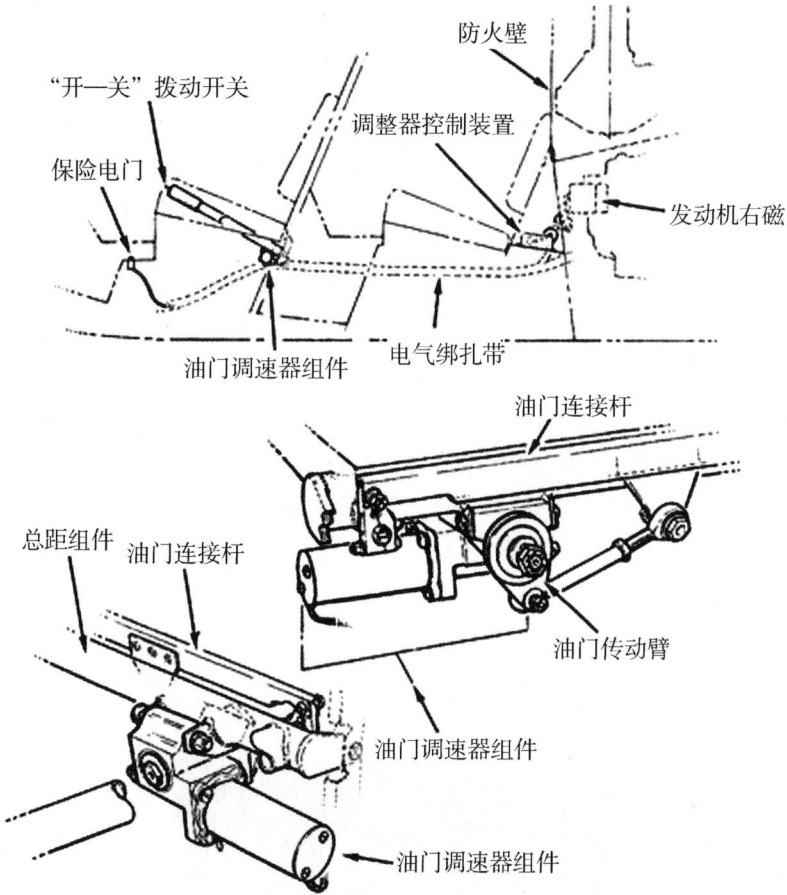

图 5－21　油门内联补偿装置安装图

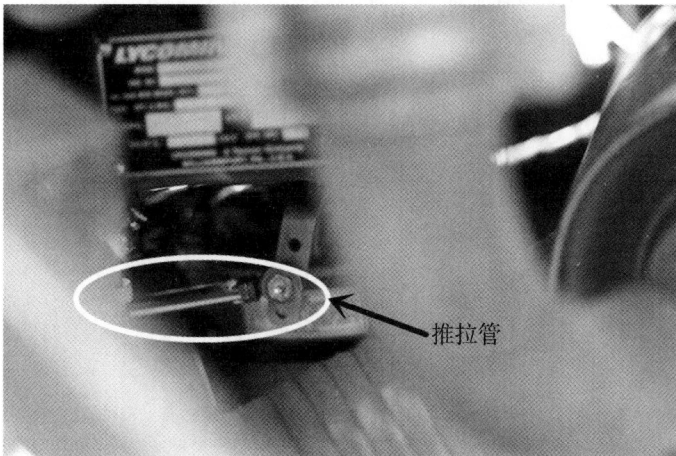

图 5－22　油门内联补偿装置推拉管

5.6.2　周期变距杆

周期变距杆可以使旋翼桨盘倾斜,从而使直升机向前、向后或向侧边飞行。R44 的周期变距杆的设计相较于其他直升机来说有些特殊。如图 5-23 所示,⑤号和⑥号部件为转动手柄,③号部件为周期变距杆的运动支点,转动手柄可以绕着这个支点上下摆动,就如同跷跷板一样。也就是说若一只手柄向上翘,另一只必须向下摆,两只手柄不能独立运动。

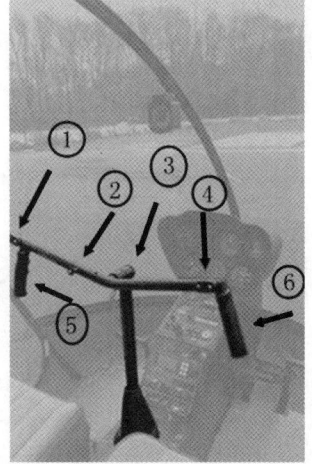

②号部件为固定手柄的销钉,取掉销钉,左手的手柄可以取下。①号和④号部件为舱内通话与发送按钮,与其他直升机不同,R44 没有通常的语音触发舱内通话功能,需要在舱内通话时,必须按下相应的按钮。

也许很多人一开始对于 R44 的周期变距杆的构型比较抗　图 5-23　周期变距操纵杆示意图
拒,但是一旦你习惯了使用它,就会发现其实这种形式的操纵杆还是有一些优点的,比如,操纵杆的支架离飞行员较远,因此不会在操纵中撞到飞行员的腿部。

5.7　旋翼主轴

如图 5-24 所示为旋翼主轴整流罩,通常旋翼主轴的整流罩挡住了观察旋翼减速器和倾斜盘的视野,图 5-24 所示是移除了一半的整流罩后的主轴图。

图 5-24　旋翼主轴整流罩

从图 5-25 上可以看到，主轴的两边有两个操纵输入杆，还有一个操纵输入杆在主轴的背后。这三个操纵输入杆都属于总距和周期变距操纵组件，当移动总距操纵杆，三个操纵输入杆一起运动，将倾斜盘沿着主轴上下移动，当移动周期变距操纵杆，三个操纵输入杆的运动是不相同的，它们一起使倾斜盘倾斜。

图 5-25　旋翼主轴

5.8　尾桨变距系统

脚蹬控制的是尾桨的变距操纵，如前所述，尾桨除了平衡反扭矩，还可以进行航向控制。脚蹬可以控制机头向左或向右偏转，因此不同于旋翼桨叶，尾桨的桨距的控制可以使尾桨桨叶的迎角为正或为负值，而旋翼桨叶的迎角只有正值。

反扭矩脚蹬与尾桨变距系统相连接的形式可以是推拉管，或者是钢索。如图 5-26 所示，尾桨操纵系统的推拉管连接在一个球轴承上，并由锁紧螺母紧固。维护时需要检查这里的锁紧螺母位置是否正确且是否紧固。尾桨只需要总距操纵，不需要周期变距操纵，因此尾桨的变距操纵系统通常较旋翼要简单得多。

尾桨的变距如图 5-27 所示，①号和②号位置为尾桨桨叶和尾桨桨毂的连接点，这两个连接点由螺栓从尾桨桨毂的一块毂板穿进，穿过桨叶，再从另一块毂板穿出。在连接处还安装有球轴承，可以使桨叶自由地绕着球轴承转动。由于①号和②号位置这两处都有球轴承连接，桨叶只能绕着这两个球轴承所决定的轴线运动。这就决定了尾桨桨叶可以变距，但不能相对毂板作其他运动。

从图 5-27 可以看出，靠近桨叶根部，也就是③号位置，和①号、②号位置连在一起，形成一个"L"的形状，这个部分，可以类比于旋翼桨叶上的变距摇臂，起着为尾桨桨叶变距提供杠杆的作用。在③号位置，有一个螺栓穿过尾桨桨叶的"变距摇臂"作用点，并且还穿过变距连杆的一个杆端，也即④号位置，该处也有一个球轴承，可以使变距连杆推拉"变距摇臂"，从而改变桨距。

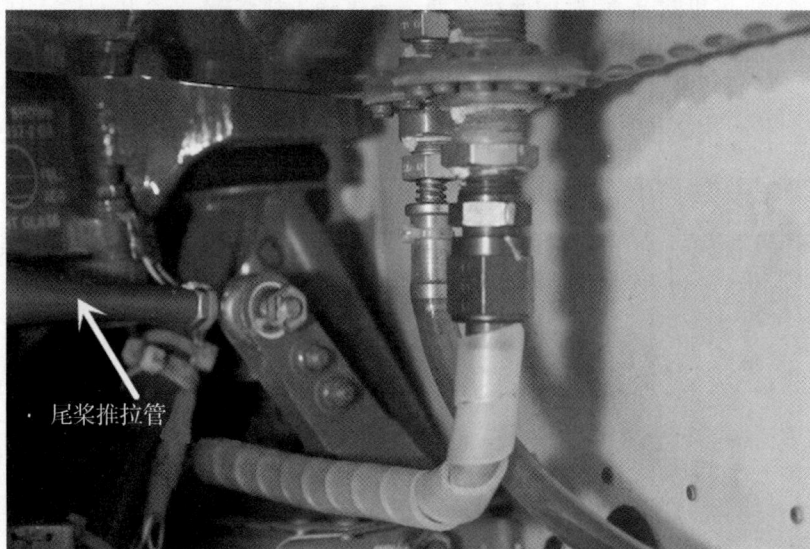

图 5-26　尾桨推拉管示意图

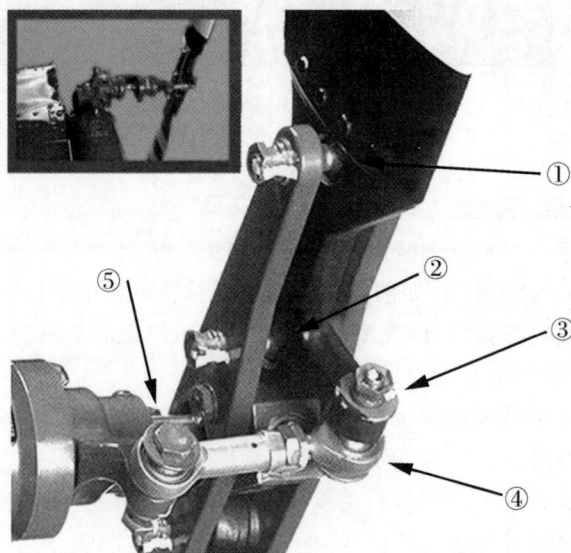

图 5-27　尾桨桨距操纵示意图

　　从图 5-28 上可以更清楚地看到桨叶 L 形"变距摇臂"，以及它与变距连杆的连接方式。

　　图 5-29 所示为另一个角度的尾桨图，此为站在直升机背后观察尾桨，而图 5-30 给出了这个角度下观察到的尾桨桨叶变距的过程。③号和④号位置变化给出了变距机构滑动件在尾桨轴上从左向右滑动的过程。变距连杆是与该滑动件相连接的，因此滑动件向右滑动，变距连杆也向右移动，同时带动尾桨桨叶的变距摇臂一起移动。从②号部件的位置移动变化可见，变距连杆和变距摇臂已经移动到了右边，而从①号的桨叶位置变化可以看出，桨叶的桨距已经发生了变化。

图 5 - 28　尾桨变距摇臂图

图 5 - 29　尾桨示意图

图 5 - 30　尾桨桨叶变距示意图

图 5 - 31 所示的直角摇臂为尾桨操纵推拉杆的一部分,维护时,可用手抓住这里,然后运行几下尾桨操纵,以确保尾桨操纵时这里无阻碍。从图上可以看到直角摇臂上方有一挠性板,若未正确调整对中,则可能在飞行操纵中撞击到直角摇臂上。

图 5 - 32 所示为尾桨变距连杆与桨叶连接的细节图,变距连杆的一端和尾桨变距系统相连,只有踩脚蹬时,这部分才会跟着运动。变距连杆的另一端与尾桨桨叶相连接,因为尾桨桨叶的挥舞运动,尾桨每旋转一周,与桨叶相连接的这部分就会周期性地运动,因此变距连杆与桨叶相连接的这部分杆端轴承比另一端磨损得更快。在杆端轴承里面含有特福隆材料,如果在轴承周围发现微量的褐色灰尘,那些是磨损掉的特福隆材料。当磨损掉一定量的特福隆材料,轴承内的球珠和托座就会变松,变距连杆的游隙就会变大,检查的时候,可以抓住杆和变距摇臂,晃动两个杆端来观察。

图 5 - 31　尾桨推拉管部分

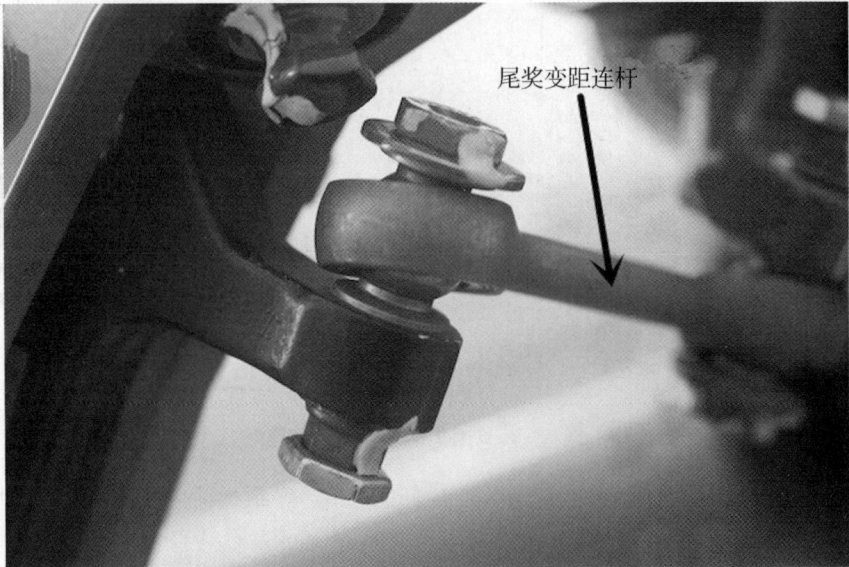

尾奖变距连杆

图 5 - 32　尾桨变距连杆杆头

　　图 5 - 33 和图 5 - 34 所示分别为尾桨和尾桨的摆动铰轴承螺栓。每个螺栓的末端都穿过一个轴承，可以使尾桨绕着螺栓挥舞，若轴承失效或卡住，整个螺栓就会随着尾桨的挥舞一起转动，这样螺栓很快就会损坏失效。在螺栓周围有一圈黑色的橡胶材料，用来防止启动和停车的时候过大的挥舞。

图 5 - 33　尾桨

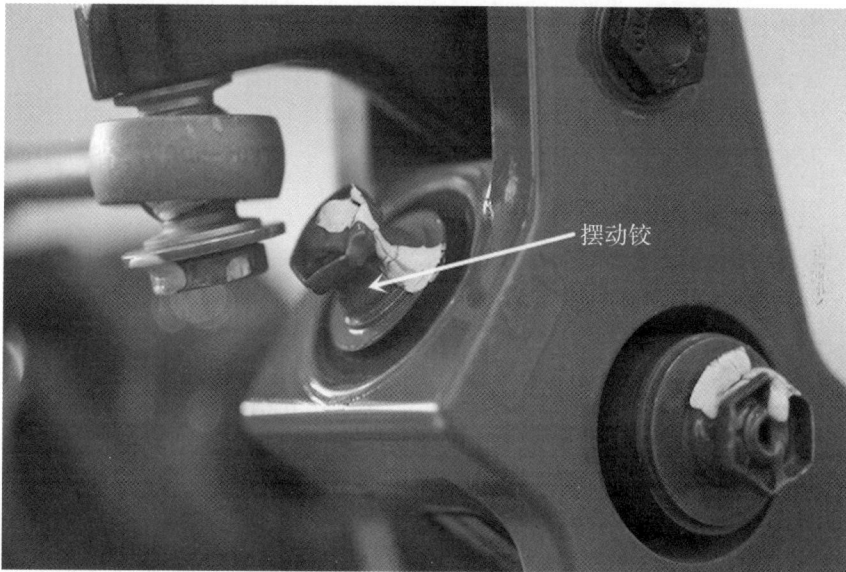

图 5 - 34　尾桨摆动铰

R44 直升机操纵系统实训工单

直升机型号	工作地点/日期	计划/实际工时	实训负责人
R44		3/	

项次	检查内容	维修手册对应章节	工作者
1	打开主轴整流罩	4.142	
2	倾斜盘下防扭臂: 检查防扭臂状况,杆头和轴承间隙是否正常,锁紧螺帽是否完好	9.410	
3	倾斜盘上扭力臂: 检查其情况,按照维修手册2.120章节检查杆头和球形轴承,测量扭力臂的间隙,让人抬起和放下总距杆,观察扭力臂的连接。确保螺栓、轴颈(或球形轴承球体和衬套)在每个连杆枢轴上一起转动,检查操作间隙	9.410	
4	倾斜盘滑管(Slider Tube): 检查其状况,确保铆钉孔无裂纹或底座无腐蚀,确保氧化的管表面无损坏或磨损	9.410	
5	取下倾斜盘护套下绑带(Ty-rap),抬起倾斜盘护套,用检查镜检查主旋翼驱动轴和滑管内部之间的区域,确保无腐蚀和碎屑,护套无损坏	9.410	
6	倾斜盘: 检查其状况,确保倾斜盘球和滑管之间的径向间隙最大为0.020in,用手转动旋翼,检查操作间隙,轴承无抖动或干燥。 实测值:_____in	9.410	
7	倾斜盘的填隙(Shimming): 从底下观察倾斜盘球,让人慢慢地上下移动总距杆,当倾斜盘反方向时,确保倾斜盘球立即随着倾斜盘移动,如果球没有随着倾斜盘移动说明有轴向间隙,按照维修手册8.416章节填隙倾斜盘	9.410	
8	安装倾斜盘护套下绑带,确保护套位置正确,固定良好,无损坏	9.410	

版次:1	制定日期:2014.7.4	编写:宋辰瑶	审核:薛建海	总页数:3	页码:1

R44 直升机操纵系统实训工单

直升机型号	工作地点/日期	计划/实际工时	实训负责人	
R44		3/		

项次	检查内容	维修手册对应章节	工作者
9	打开前通道盖板(3A 和 3B),驾驶杆止动盖板(3C),机内总距盖板(3D)和前机腹板(3E)	4.100	
10	驾驶杆盒装置: 检查驾驶杆盒装置是否有明显缺陷,止动金属板件是否有裂纹或明显的缺陷(变形、铆钉松动、锈蚀)	8.110	
11	驾驶杆装置: 检查驾驶杆装置有无缺陷,焊接部位有无裂纹	8.110	
12	驾驶杆摩擦力: 检查连杆和传动杆杆头至驾驶杆之间的连接,中间是否有过大的间隙或松动	8.150	
13	驾驶杆传动杆和扭矩杆: 检查 C319 扭矩管,特别注意挡块和扭矩管端部是否有裂纹。检查 C121－1 传动杆杆头处的薄板螺帽和锁紧螺帽应拧紧。检查传动杆上的观察孔,杆头和轴承是否间隙过大和松动。检查驾驶杆和扭矩管可接近部位是否有明显缺陷。特别注意紧挨在扭矩管下面的 C348－1 锁紧组件。检查驾驶杆操纵系统内所有螺帽和螺栓的扭矩标志有无旋转或松动迹象	8.160	
14	总距和止动装置: 检查总距滑动止动块是否牢靠,是否有刻痕、割伤或划伤。检查总距摩擦装置的固定,工作是否正常,上下活动总距杆,观察滑动止动是否弯曲和阻滞	.210	
15	拆下外侧总距盖板(4A),总距横管盖板(4B),托盘(4C),中间通道盖板(4D,4E),后通道盖板(4F,4G)和后机腹盖板(4H)	4.100	
16	左座总距杆: 检查总距杆上所有焊缝有无裂纹,检查 C328－1 连接杆头装置,特别注意连接传动杆的连接点有无裂纹,检查调速器电机和电机臂有无松动或阻滞,总距杆上微动电门有无裂纹或电线松动	8.210	

版次:1	制定日期:2014.7.4	编写:宋辰瑶	审核:薛建海	总页数:3	页码:2

R44 直升机操纵系统实训工单

直升机型号	工作地点/日期	计划/实际工时	实训负责人	
R44		3/		

项次	检查内容	维修手册对应章节	工作者
17	总距杆扭矩杆： 确保没有锈斑。为避免调速电机摩擦离合器，在未喷漆及磷化表面要涂一种防止生锈的复合材料，例如 LPS 2，ACF－50，或者 Corrosion－X（一种泡沫型的涂抹器会好一些）。要确保在机内固定点和 A205 插头连接的底部开口"盒"装置处也被涂上	8.200	
18	总距磨擦装置： 检查螺帽和薄板螺帽是否拧紧及杆头间隙。检查直角摇臂支撑上所有的焊缝和周围薄金属区域有无裂纹和锈蚀	8.210	
19	检查总距弹簧组（仅限手动控制）： 上下操纵总距杆检查有无阻滞或裂纹,总距杆全压下时弹簧不得互相磨擦。检查锁紧螺帽和薄板螺帽是否拧紧,弹簧装置的端部是否松动。确保导向杆头润滑。如果维修手册第 1.101 章有要求,按照维修手册第 8.221 章进行组件保养	8.220	
20	尾桨脚蹬轴承组： 卸下正、副驾驶员脚蹬之间的地板,用检查灯或镜子检查轴承组间隙是否正常。允许的轴向间隙为 0.05in,径向间隙为 0.02in。检查脚蹬操纵机构的焊接处有无不正常现象。 轴向间隙：_____in 径向间隙：_____in	5.110	
21	尾桨变距控制和 C121－17 传动杆： 检查变距控制组在整个范围活动应自如,输出轴是否过分松动(在变矩连杆固定螺栓头处测量最大转动间隙为 0.25in)。检查直角摇臂是否有裂纹,活动是否自如。特别要注意变距控制组下面的球形轴承。检查传动杆 C121－17 后端有无裂纹,杆头是否过分松动	8.560	
22	尾桨变距连杆： 检查杆头有无过分松动,如果有一根变矩杆,将它的两端经常进行调换,可以延长寿命	8.570	

版次:1	制定日期:2014.7.4	编写:宋辰瑶	审核:薛建海	总页数:3	页码:3

复习思考题

1. R44 直升机旋翼的操纵系统有哪些？功能是什么？

2. R44 直升机尾桨的操纵系统有哪些？功能是什么？

3. 简述旋翼桨叶总距的控制原理。

4. 简述旋翼桨叶周期变距的控制原理。

5. 简述反扭矩脚蹬的控制原理。

6. R44 直升机倾斜盘由哪些部分组成？

7. R44 直升机倾斜盘如何实现变距操纵？

8. 调速器的作用是什么？

9. 上、下扭力臂的作用是什么？

10. 简述旋翼桨叶挥舞运动与变距的关系。

11. 总距油门手柄的作用是什么？

12. R44 直升机的周期变距操纵杆与一般直升机上的周期变距杆有什么不同？

13. 旋翼主轴附近有几个操纵输入杆？具有什么功能？

14. R44 直升机的尾桨有没有周期变距操纵？

15. R44 直升机尾桨上的"L"形部分的作用是什么？

第6章 传动系统

6.1 简介

R44上的发动机是6缸活塞发动机,一个三角皮带轮直接接在发动机曲轴上,由四条加强三角皮带将动力传送到上皮带轮,如图6-1所示。上皮带轮的毂内有一只超转离合器。离合器轴将动力向前传送给旋翼齿轮箱,向后传送给尾桨齿轮箱。离合器包含一个作动器,可以升高上皮带轮使三角皮带拉紧,并将旋转动能传递给旋翼主轴和尾桨驱动轴。这里还安装了一个保险系统,在启动时若发生超转矩,可以用来保护传动轴和发动机。也就是说,当发生超转矩时,如果离合器处于啮合状态,发动机不能启动,同时驾驶舱内的警告铃会响起。一旦发动机启动,飞行员可以安全地合上离合器。当离合器在工作中时,驾驶舱内会有提示灯亮起。

在旋翼齿轮箱上有一挠性联轴器,长尾桨驱动轴的每端亦有一挠性联轴器。旋翼齿轮箱内有一套单级螺旋斜齿轮,是用泼溅润滑的,长尾桨轴不设悬吊轴承,而在约三分之一长度位置处设一组轻载阻尼轴承。尾桨齿轮箱输入和输出轴都用不锈钢制成,以防腐蚀。驱动系统的其他轴都是用合金钢制成的。

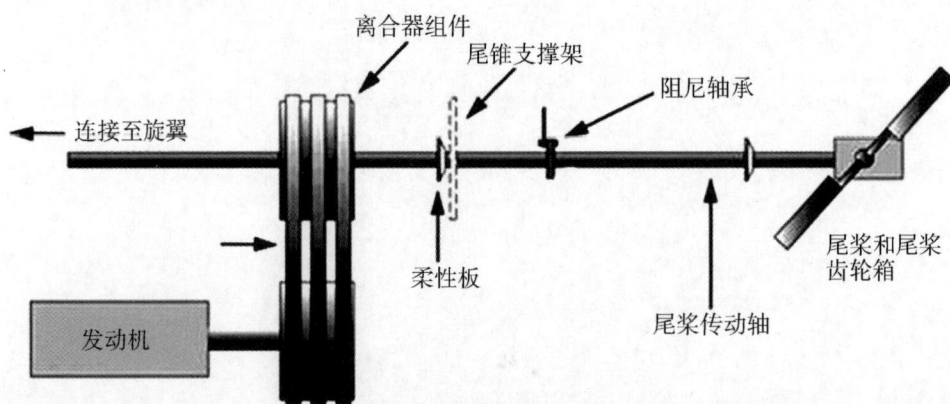

图 6-1 R44 传动系统简图

6.2 主减速器和尾减速器

R44采用的莱康明 O—540—F1B5 型发动机,其额定转速为 2 800 r/min,由于罗宾逊公司的低耗设计理念,直升机所使用的发动机功率低于其额定功率。R44 的 5min 起飞功率为 225 轴马力,最大连续功率为 205 轴马力,2718 r/min,为 R44 额定转速的 102%。主减速器和尾减速器都利用螺旋伞齿轮减速。从发动机到上皮带轮的转速比为 1∶0.778,再通过主减速器到达旋翼的转速比为 57∶11,通过尾减速器到达尾桨的转速比为 27∶31。

　　图 6-2 所示为主减速器齿轮箱,图 6-3 所示为主减速器在传动系统中的位置,图 6-4 所示为主减速器齿轮箱内部伞形齿轮。

　　图 6-5 所示为尾减速器齿轮箱在尾桨上的位置,图 6-6 所示为尾减速器齿轮箱的安装图。

图 6-2　主减速器齿轮箱

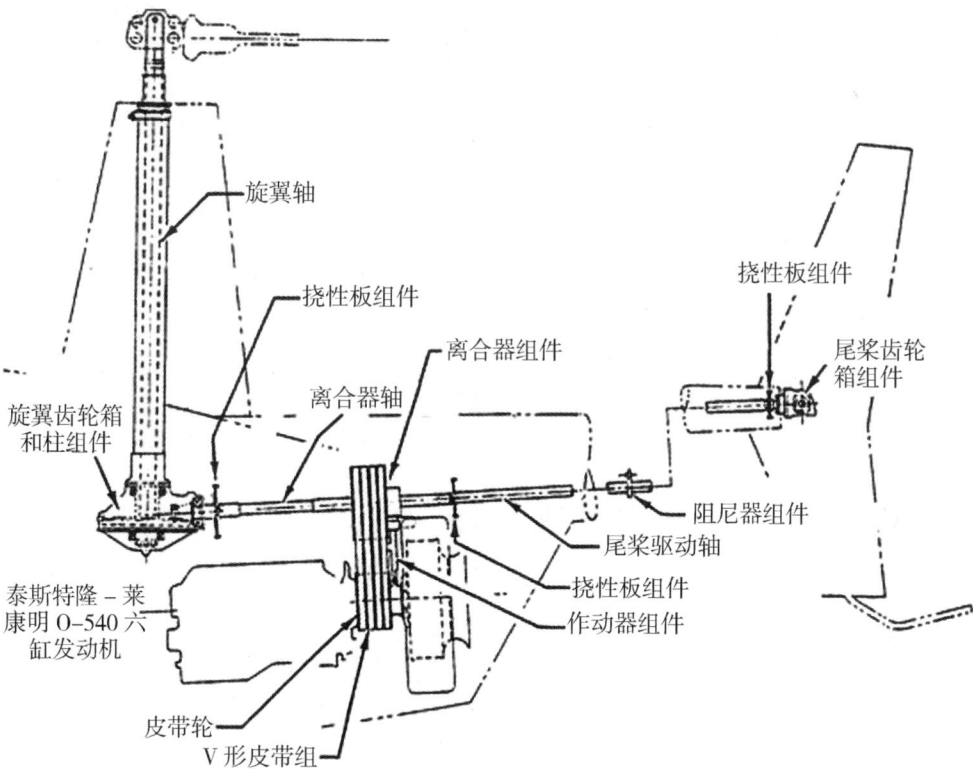

图 6-3　传动系统

图 6-4　主减速器伞形齿轮

图 6-5　尾减速器齿轮箱

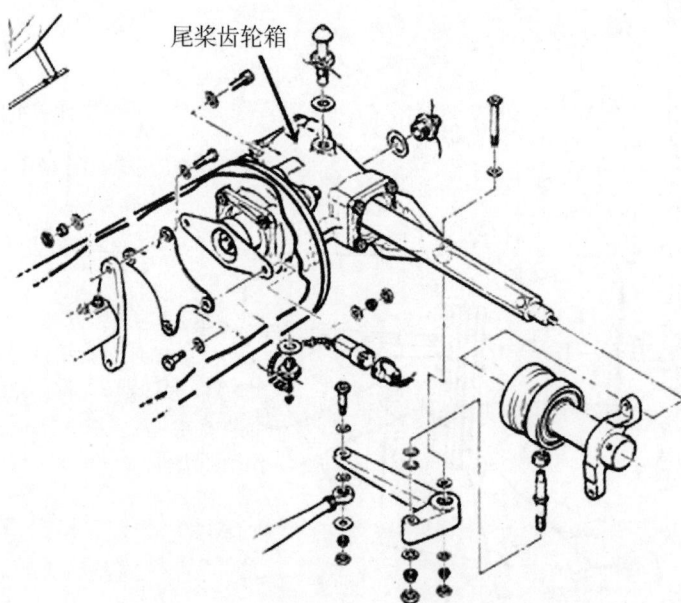

尾桨齿轮箱

图 6-6　尾减速器齿轮箱安装图

6.3　驱动轴

R44 的驱动轴和其他许多长驱动轴一样,在一些特定的驱动轴转速下,会产生所谓的"甩转"模态(Whirl Modes),这会导致驱动轴的抖动以及可能产生的驱动轴变形,从而导致驱动轴的损坏。R44 的尾桨驱动轴上安装了阻尼轴承,就是为了消除一阶和二阶的"甩转"模态,但却不能消除三阶的"甩转"抖动模态。R44 的"甩转"模态发生在如下发动机转速范围内:

一阶:发动机转速为旋翼转速的 15.2%。

二阶:发动机转速为旋翼转速的 60.6%。

三阶:发动机转速为旋翼转速的 136.4%。

前两个"甩转"模态不会在飞行状态下产生,因为它们低于旋翼的正常工作转速,第三阶模态只会在超转速情况下发生。

6.4　温度指示带

具有自黏性的温度指示带通常贴在被测部件的外表面。在温度指示带上,有若干个密封的热敏材料片作为温度指示器,当被测部件的表面温度达到热敏材料的校准温度,银色的热敏材料片就会永久地变成黑色,并且这个过程是不可逆的。这些热敏材料片的反应时间不超过 1s,且准确度误差为±2%。

标准 110 系列的温度指示带含有 6 个热敏材料片,每一个型号的温度跨度为 50℉,即每相邻两个热敏材料片之间的校准温度相差 10℉,见图 6 - 7。有一些特殊型号,如 110 - 10 - 13 型号的温度指示带是每 5℉一个校准温度,6 片热敏材料的温度跨度从 100℉到 130℉。

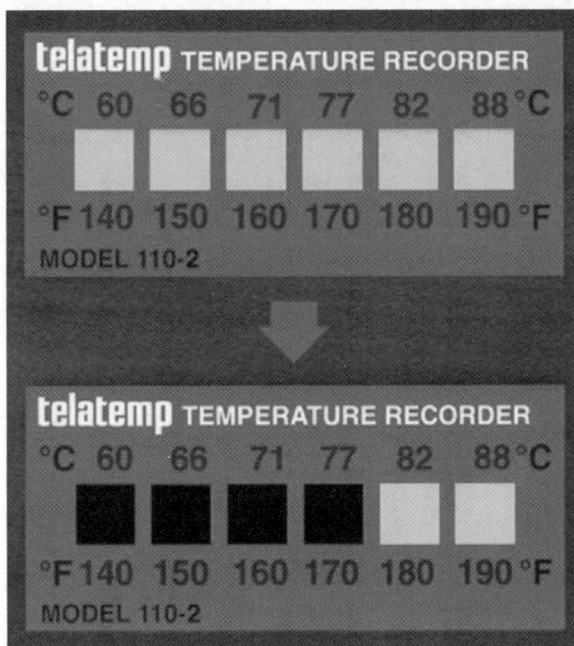

图 6 - 7　温度指示带

以下为不同型号的温度指示带所适用的部件类型：

110－4：主齿轮箱。

110－2 或 110－3：上作动器轴承（在上皮带轮后）。

110－2：尾桨齿轮箱。

110－4：液压泵（如果装有）。

以下为标准 110 系列的温度带型号和温度范围：

110－2：60℃/140℉～88℃/190℉。

110－3：82℃/180℉～110℃/230℉。

110－4：104℃/220℉～132℃/270℉。

如图 6-8 所示，在减速器上，文字标识上方可以看到一段橘红色纸带，这就是温度指示带。温度指示带的用处是记录部件能达到的最高温度，通常用来记录轴承、齿轮箱等工作温度的升高情况。不同的温度指示带用来比较不同的温度，所以不能混用。当直升机部件达到某一个温度，所有低于那个温度值的温度格会变成黑色并一直保持下去。使用温度指示带时，在正常工作中变黑的最高温度格子和下一个未变黑的格子之间画一条参照线，见图 6-9。在之后的每次检查时，确定是否有其他格子变黑。如果随后记录的增加的温度不是由工作条件的变化造成，应在下一次飞行前仔细检查怀疑的部件。比如，若直升机在炎热的夏天工作，或使用了太多的发动机功率，这可以解释为什么减速器变得更烫了，那么就可以不用太在意。但是，若没有能够合理解释温度升高的情况，那就需要去好好检查一下原因出在哪里。

图 6-8　减速器上的温度指示带

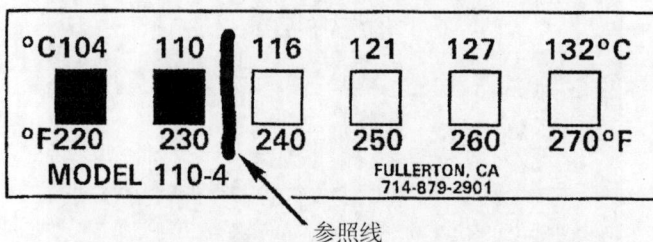

参照线

图 6-9　画了参照线的温度指示带

从图 6-10 上可见尾桨齿轮箱的温度指示带,有时候看到图示的上部温度格有变色现象是很正常的,这可能是由于暴露在太阳光的 UV 光下的结果。

图 6-10 尾桨齿轮箱的温度指示带

图 6-11 所示为上部轴承和相应的温度指示带。从图上可以看出,140℉的温度格已经发黑,而 150℉和 160℉的温度格是黄褐色。这并不表明这个部件曾经达到 160℉的温度,因为那样的话,150℉那个温度格应该发黑而不是发黄褐色才是。这个情况的发生有可能是温度带内部本身遭到了污染失效的缘故。

图 6-11 轴承上的温度指示带

6.5 离合器系统

上皮带轮在传动系统的最顶部,连接发动机和主驱动轴,上皮带轮由离合马达顶起和放下,见图 6-12。当上皮带轮在低位时,皮带是松的,发动机和旋翼系统断开,发动机自身运转的同时,不带动旋翼系统运转。当离合器系统接合、离合马达将上皮带轮向上顶起时,皮带拉紧,发动机带动旋翼系统。

离合器组件

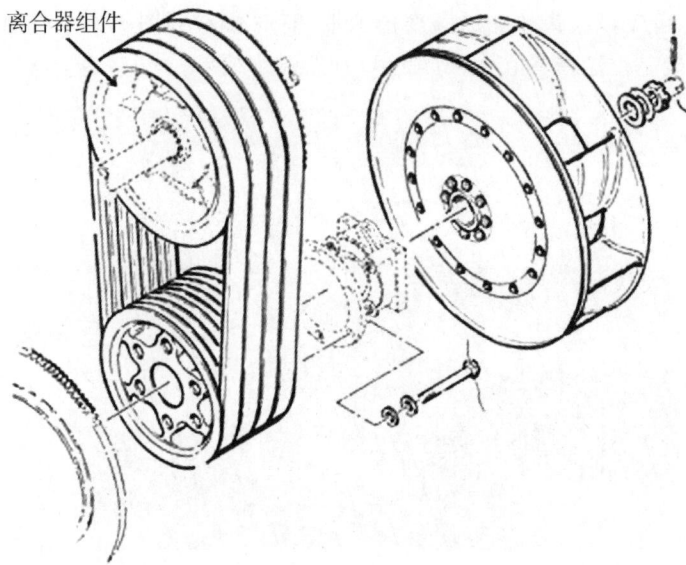

图 6 - 12　上皮带轮

6.5.1　超越离合器

如图 6 - 13 所示，是贴有温度指示带的上皮带轮轴承。轴承的右边，是包含在皮带轮轮毂里的自由轮，即超越离合器，见图 6 - 14。超越离合器内部充满润滑油，若在航前检查中发现上皮带轮轮毂表面有油液，说明密封材料有破损，漏油了。

自由轮的作用是，当发动机空中停车时，允许旋翼继续旋转而不受发动机的影响，从而实现直升机在空中飞行遇到发动机空中停车的紧急状况时，可以采取自转下滑飞行的方式着陆。R44 直升机上有两个离合系统，而且两个系统的距离也很靠近，一个就是可以使上皮带轮顶起或放下来拉紧或松弛皮带，起到驱动离合器作用的离合马达，相应在驾驶舱有对应的"clutch"按钮供操纵。而自由轮是安装在上皮带轮的轮毂里，可以自动地使旋翼脱离发动机的驱动而惯性旋转。

内含超越离合器（自由轮）

图 6 - 13　超越离合器的位置

图 6-14　R44 超越离合器

　　超越离合器的主要功能：①在运动链不脱开且主动件转速不变的条件下，从动件可在快速和慢速转动间可靠转换。②当从动件在负载转矩作用下有反转趋势时，就被楔住不动，即起防止逆转作用。

　　广泛适用于直升机的超越离合器为摩擦式超越离合器，按照楔住元件的结构又可分为斜面滚柱式超越离合器和斜撑式超越离合器，这里以斜撑式超越离合器为例，介绍一下其工作原理。

　　斜撑式超越离合器在直升机的主传动系统中是主要部件，主要依靠其楔块的摩擦力矩实现其功能，作用方式为楔块在力矩的作用下楔住内外环传递功率，图 6-15、图 6-16 所示为R44 上的超越离合器。

图 6-15　超越离合器组件　　　　　　图 6-16　拆下来的超越离合器

　　斜撑式超越离合器的外环与发动机输出端相连，内环连接旋翼的驱动轴。当发动机转动带动外环转动时，楔块挤压离合器轴承，使内环与外环卡死，一起同方向转动。当旋翼试图驱动发动机转动，例如空中单台发动机停车时，离合器轴承不受楔块影响，内环与外环独立转动，其工作原理见图 6-17。

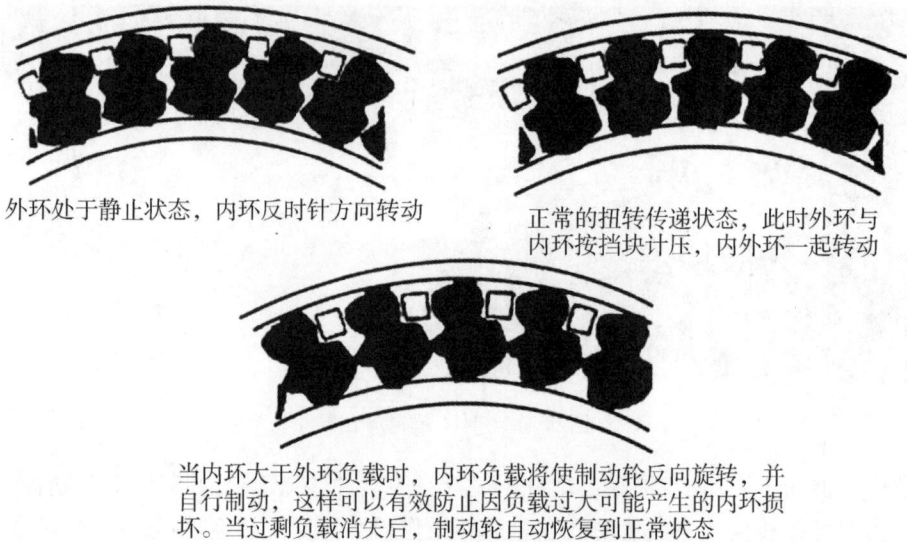

外环处于静止状态，内环反时针方向转动

正常的扭转传递状态，此时外环与
内环按挡块计压，内外环一起转动

当内环大于外环负载时，内环负载将使制动轮反向旋转，并
自行制动，这样可以有效防止因负载过大可能产生的内环损
坏。当过剩负载消失后，制动轮自动恢复到正常状态

图 6-17　斜撑式超越离合器的工作原理

　　R44 的离合马达见图 6-18，不同于有些直升机同时具备超越离合器和启动离合器，R44
上的离合器只有超越离合器。启动旋翼时起离合作用的部件为离合马达，当驾驶舱里按下
"clutch"按钮，离合马达开始运转，若按钮是在"接合"位，则离合器灯会亮起，离合马达向拉紧
皮带的方向运转。

图 6-18　离合马达

　　如图 6-19 所示为 R44 离合器的三角皮带，可以看到三角皮带的外表面，却看不到皮带的
内表面，为了检查三角皮带的内表面，通常需要使用手电筒。罗宾逊公司也会建议去检查上皮
带轮和下皮带轮的磨损情况，以确保皮带是正确安装在皮带轮上，并且没有异物进入到皮带轮
并夹在皮带和轮之间。

图 6 - 19　R44 离合器三角皮带

6.6　油面可视镜

如图 6 - 20 所示为 R44 尾桨齿轮箱的油面可视镜,要检查尾桨齿轮箱的润滑油油面高度,要站在油面可视镜侧面观察。在寒冷的季节,必须要在启动旋翼系统之前检查,否则润滑油会堆积在齿轮上,而油面可视镜则会显示是空的。若室外很冷,而润滑油又稠,可能需要很长时间润滑油才能从齿轮上流出来再次进入到油面可视镜内。

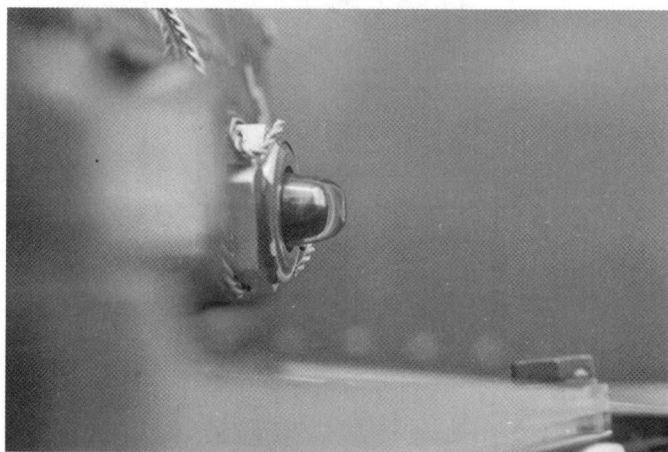

图 6 - 20　尾桨齿轮箱油面可视镜

6.7　旋翼刹车

如图 6-21 所示,R44 的旋翼刹车控制在驾驶舱飞行员座位上方,可手动拉伸和缩放来启动或者关闭旋翼刹车。旋翼刹车可以使旋转的旋翼快速地停转,以减少停车的时间和减小伤害到地面人员或乘客的风险。

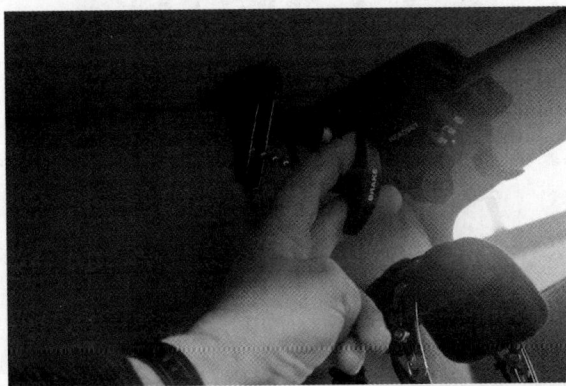

图 6-21　R44 旋翼刹车控制

图 6-22 和图 6-23 所示分别为旋翼刹车啮合与解除示意图。

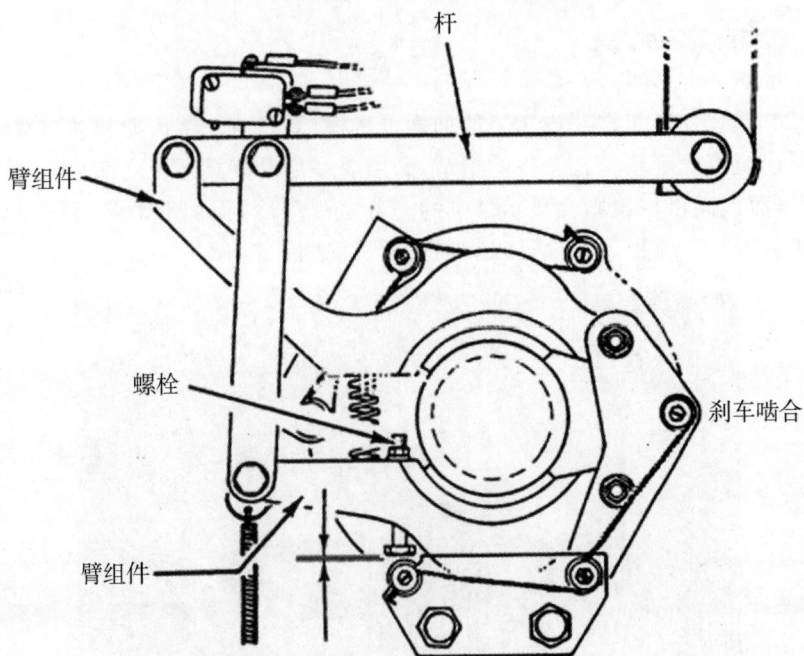

杆

臂组件

螺栓

刹车啮合

臂组件

杀虫车啮合,NSA428-3-14 螺栓和 C130-4 填隙片之间的间隙为 0.030～0.035in

图 6-22　R44 旋翼刹车啮合示意图

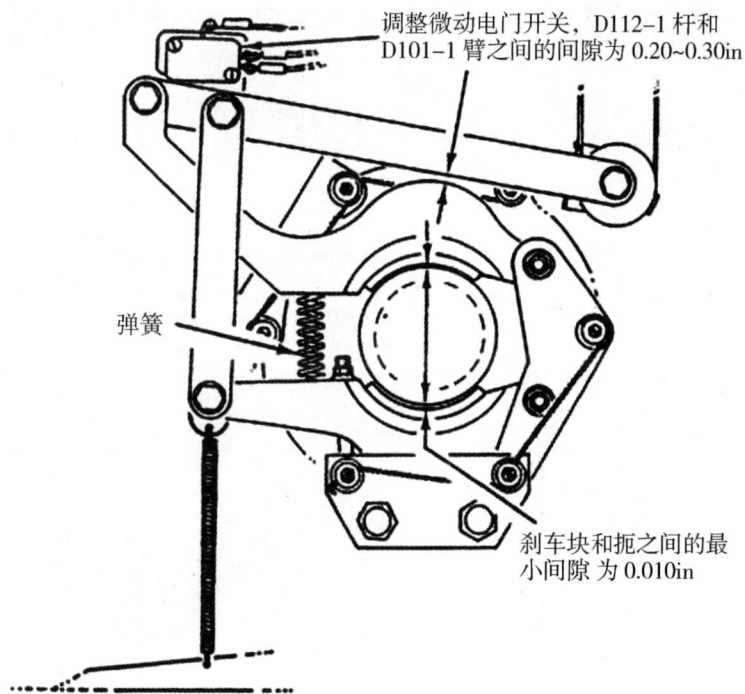

调整微动电门开关，D112-1 杆和
D101-1 臂之间的间隙为 0.20~0.30in

弹簧

刹车块和扼之间的最
小间隙 为 0.010in

图 6 - 23 R44 旋翼刹车解除示意图

6.8 挠性联轴器

连接两个传动轴的部件称为挠性联轴器(见图 6 - 24、图 6 - 25)，它的作用是在离合器接通或断开的时候，可以使传动轴有一些向上或向下的移动的自由度，就好像万向接头一样。挠性联轴器中心的薄板就是挠性板，它设计得比较有柔性，可以允许传动轴有一定程度的弯曲，挠性板两头所挨着的两片厚金属板，一片在主旋翼减速器侧，另一片在尾桨减速器侧，它们称为轭凸缘(yoke flanges)。

图 6 - 24 挠性联轴器

图 6-25 传动轴上的挠性联轴器

　　连接上皮带轮轴承和机体之间的连杆如图 6-26 所示,该连杆的作用是保持传动轴横向对中。中间轴是给传动轴定垂直的位置,但传动轴还必须保持和减速器对齐,同时还可以上下移动。由于这是个简单的连杆,当轴承上下移动时,传动轴会在横向上有一点小的移动。

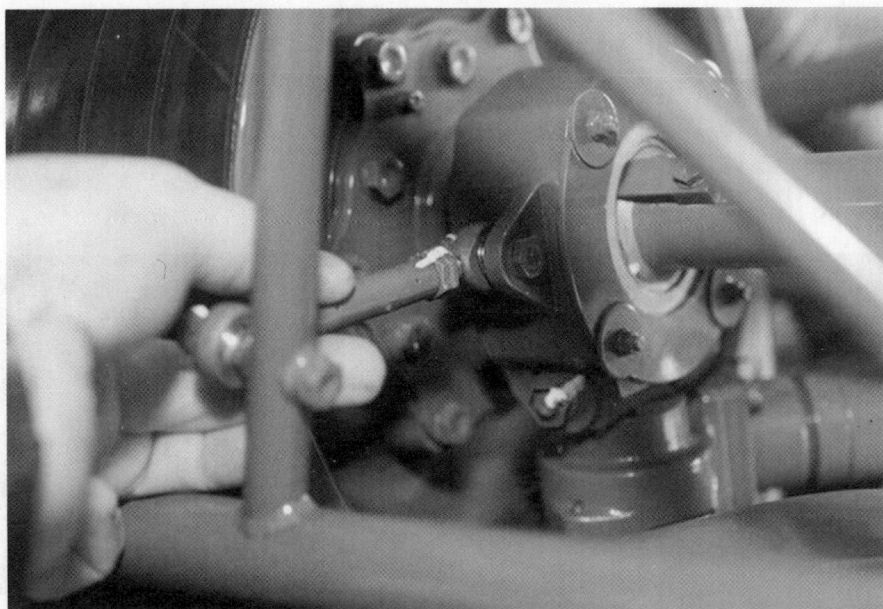

图 6-26 横向对中连杆

6.9 液压系统

图 6 - 27 所示为旋翼主轴上的液压助力器。R44 雷鸟 1 和 2 使用的液压助力系统和贝尔的 JetRanger 比较类似,整个系统没有反馈,所以从旋翼桨毂通过周期变距和总距杆都没有反馈。与倾斜盘上连接的三个输入杆每个都带有一个助力器,而尾桨操纵不带助力器。

图 6 - 27 液压助力器

图 6 - 28 所示为液压油箱,液压油储存在液压油箱内,工作时被泵出,经过液压助力器,然后再回到液压油箱内。

图 6 - 28 液压油箱

R44 直升机传动系统实训工单

直升机型号	工作地点/日期	计划/实际工时	实训负责人	
R44		3/		

项次	检查内容	维修手册对应章节	工作者
1	打开整流舱门(7A),卸下尾锥整流罩(7B)及旋翼主轴整流罩(9)	2.410	
2	旋翼减速器: 检查并确保操作间隙。确保磁铁的安全	7.100	
3	离合器轴前轭: 检查离合器轴前轭情况。确保无裂纹、生锈或摩擦。确保安全和操作间隙	7.200	
4	旋翼刹车装置: 检查旋翼刹车片情况,包括活动电线、滑轮及微动开关。确保刹车片的完整,检查旋翼刹车片有无磨损,刹车片最小厚度为0.03in。当关闭刹车时,确保刹车片到进入轭的间隙。确保牢靠及操作间隙	7.600	
5	总距中间传动轴: 检查整个焊接组件是否有裂纹或锈蚀,中间传动轴支撑支柱和支杆焊接块固定情况,有无裂纹和锈蚀	7.000	
6	主桨传动杆: 检查可观测部分的情况,确保杆头无裂痕。根据维修手册第2.120章检查杆头。确保套筒上无破裂(仅手动控制)。确保牢靠及操作间隙	7.000	
7	主旋翼传动杆轮及套管: (仅手动控制):检查其情况。确保清洁,金属部位无摩损,轮子可以自由移动	7.000	
8	尾桨传动杆和上直角摇臂: 检查C121－15传动杆,特别要检查端部是否有裂纹,锁紧螺帽应拧紧,杆头无松动。直角摇臂及其支座应无裂纹或其他明显的缺陷	7.300	

版次:1	制定日期:2014.7.4	编写:宋辰瑶	审核:薛建海	总页数:3	页码:1

R44 直升机传动系统实训工单

直升机型号	工作地点/日期	计划/实际工时	实训负责人
R44		3/	

项次	检查内容	维修手册对应章节	工作者
9	旋翼齿轮箱散热空气导管: 检查导管两端固定情况,检查导管有无撕裂、孔洞和堵塞情况	7.100	
10	旋翼(主)齿轮箱: 检查旋翼齿轮箱状况,特别是齿轮箱固定桩周围、底盖固定接耳,主管有无裂纹迹象。查看并确保橡胶固定桩无变形和污染。检查霍尔效应传感器的固定情况和磁铁的间隙,检查温度纸有无超温现象	7.100	
11	主齿轮箱滑油: 直升机地面水平放置,从窥镜处检查油量和滑油是否清洁,根据维修手册第1.101章节的需要,按照维修手册1.120章节放油和清洗	7.100	
12	主齿轮箱屑探头: 根据维修手册第1.101章节的需要,按照维修手册1.115章节清洗屑探头	7.100	
13	座舱隔板和前液压伺服器: 检查隔板和伺服器(如果装有)有无腐蚀、铆钉松动、损坏和裂纹		
14	离合器装置: 检查皮带轮上的传动轴端部和密封圈是否渗漏滑油,检查离合器轴是否有锈蚀,特别注意轴与密封圈接缝处。清除在轴与密封圈接缝处的任何轻微表面锈蚀,并用防腐剂石腊抹上	7.200	
15	检查皮带轮槽,槽内应无腐蚀、凹痕、金属表面剥落或阳极镀层被磨透变粗糙或锐突等情况时均应予以更换	7.280	
16	三角皮带(参考维修手册第2.507章): 检查三角皮带有无磨损、开裂、脱层、刮伤、擦伤,皮带上有无滑油、润滑脂或外来物	7.280	

版次:1	制定日期:2014.7.4	编写:宋辰瑶	审核:薛建海	总页数:3	页码:2

R44 直升机传动系统实训工单

直升机型号	工作地点/日期	计划/实际工时	实训负责人
R44		3/	

项次	检查内容	维修手册对应章节	工作者
17	中间扰性板和尾桨传动轴前端(参考维修手册图2-5): 检查挠性板有无裂纹和微动磨损的迹象。检查轭上所有焊缝和尾桨驱动轴是否有裂纹(钢轴)	7.330	
18	下部传动皮带轮: 检查下皮带轮结合面上有无锈蚀或阳极化涂层脱落,皮带槽有无磨损,粗糙或有锐凸现象应更换	7.290	
19	检查皮带轮对准: 按维修手册7.230章节进行调整	7.280	
20	卸下尾锥插销(8A)和后塑料罩(8B)	2.410	
21	检查尾桨传动轴: 通过检查孔检查传动轴可见部分的情况,有无明显缺陷和裂纹、变形、弯曲、腐蚀或接触尾锥内侧面按维修手册7.340章检查传动轴跳动量。检查传动轴的两端有无裂纹和锈蚀	7.300	
22	检查尾桨传动轴后轭: 利用检查孔检查轭的情况,有无裂纹、微动磨损和腐蚀	7.310	
23	尾桨齿轮箱输入轭: 检查法兰和焊缝有无裂纹和腐蚀	7.310	
24	尾桨齿轮箱输入轴密封圈: 检查密封圈是否有渗漏	7.440	
25	尾桨齿轮箱: 检查其一般状况,是否有渗漏迹象。通过窥镜检查齿轮油量和干净程度。需要时给予补充。检查齿轮箱与尾锥的固定铸件是否牢靠。输出轴有无刻痕、刮伤或锈蚀。齿轮箱上各螺栓的保险丝应完好。检查遥感温度纸的状况	7.400	

版次:1　制定日期:2014.7.4　编写:宋辰瑶　审核:薛建海　总页数:3　页码:3

复习思考题

1. R44 直升机的传动系统的组成有哪些？

2. R44 直升机上发动机是如何把转速传递到旋翼和尾桨上的？

3. 简述下 R44 直升机的传动系统的工作原理。

4. R44 直升机上有几个离合器？

5. 简述 R44 直升机上的超越离合器的功能和工作原理。

6. R44 直升机上起到启动离合作用的是什么部件？

7. 如何操作离合马达？

8. 减速器的功能是什么？

9. 温度指示带的功能是什么？

10. 如何检查尾桨齿轮减速箱的润滑油油面高度？

11. 旋翼刹车的功能是什么？

12. 挠性联轴器的功能是什么？

13. R44 直升机的液压系统有无反馈？

14. R44 直升机上的助力器有几个？ 作用是什么？

第7章 燃油系统

7.1 燃油系统的组成

R44 的燃油系统包括燃油箱(主、副各一个)、油滤、燃油阀、油量表、通气管、导管、压力电门和防火开关等。R44 的燃油系统如图 7-1 所示。

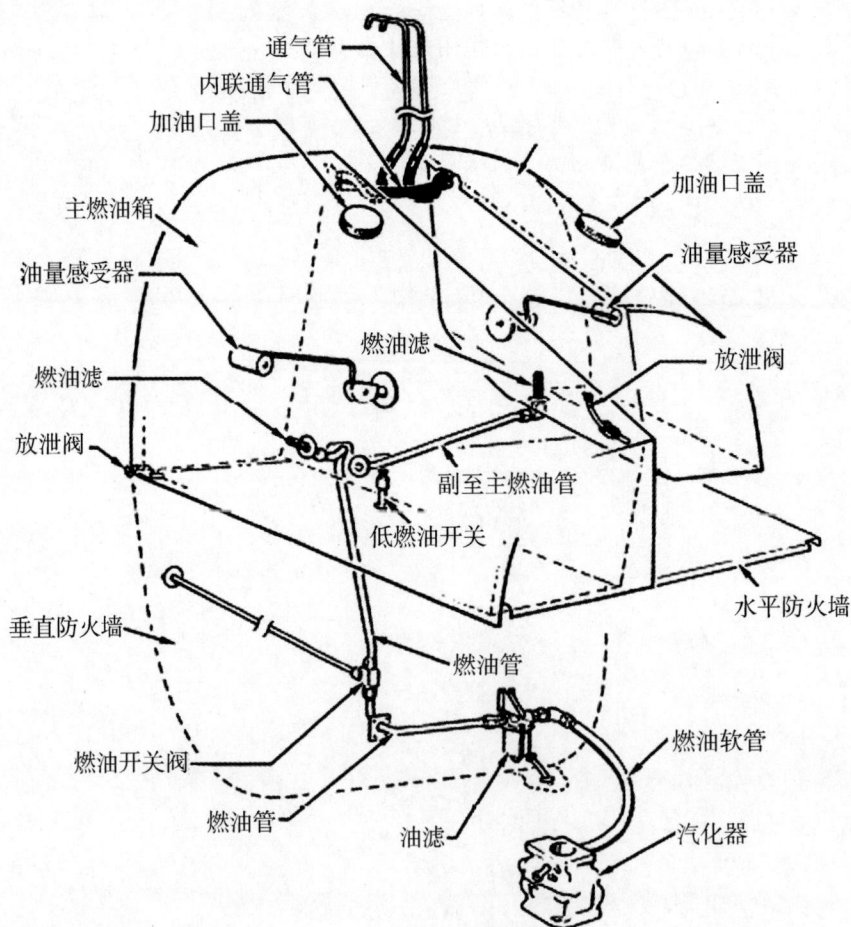

图 7-1 R44 的燃油系统

燃油系统的基本流程:燃油箱—燃油箱油滤—燃油关断活门—电动增压泵—主燃油滤—驱动油泵—燃调—油量分配器—发动机各气缸燃油喷嘴。

7.2 燃油系统的作用

(1)燃油箱内存储完成飞行任务所需要的全部燃油,包括紧急复飞和着陆用的备用燃油。

(2)燃油系统保证在各种规定的飞行状态和工作条件下安全可靠地将燃油供向发动机。

(3)燃油可作为冷却介质,冷却滑油、液压油和其他附件。R44 II型直升机没有装配相应的燃/滑油热交换器,因此,在该直升机上燃油不具备作为冷却介质的条件。

7.3 R44 和 R44 II 两机型燃油系统的差异

R44 和 R44 II两机型的燃油系统总体结构基本相同。主油箱容量为 31.6UKgal(1UKgal = 4.546 09L),其中 30.6UKgal 为可用油量。副油箱容量为 18.5UKgal,其中 18.3UKgal 为可用油量。每个油箱出口处都有一个燃油滤。副油箱燃油供给主油箱,燃油从主油箱出口通过垂直防火墙前面的开关阀,穿过防火墙进入燃油滤。开关阀由前座椅之间的旋钮控制。每个油箱的电子燃油传感器连接到仪表板的油量表。上仪表板上的低油量警告灯由主油箱内的浮动电门驱动。

在 R44 上,燃油从燃油滤出来,通过一根燃油软管至汽化器进口,进口处有一个滤网。

在 R44 II直升机上,燃油系统(见图 7-2)中增加了一个电动增压泵,燃油滤也增加一个压力开关,结构如图 7-3 所示。

7.3.1 压力开关的作用

如果滤网阻塞,油路的压力降低,压力开关作动,通过电缆激活油滤警告灯。燃油通过从油滤到达电动燃油泵,再到发动机驱动油泵-燃调-油量分配器。如果电动燃油泵输出压力低于 $23lb/in^2$,电动燃油泵的压力开关使得辅助油泵警告灯亮。电动燃油泵为 30UKgal/h,在正常工作情况下,能提供多于发动机需要的油量。从燃调进口到副油箱的回路管使得过量的燃油再循环,冷却燃调上的部件。在发动机处于慢车状态时,几乎所有电动燃油泵的输出经过再循环,使部件冷却,大大提高了慢车的性能。再循环由水平防火墙上的压力释放活门控制。释放活门控制着回油路,使得燃调至进口的压力保持在 $28lb/in^2$。在正常工作情况下,发动机驱动油泵也能供给多于发动机需要的油量,但输出压力仅为 $22lb/in^2$。因此,如果电动燃油泵不在工作状态,发动机将正常运行,但是 $28lb/in^2$ 的活门不会打开,燃油也不会再循环。

R44 II型直升机只有在发动机启动(注油)时才打开电动燃油泵,在飞行中使用电动燃油泵可提供富余的油量。在发动机启动之前,将点火开关置于注油(即时)位置开始注油。启动后,只要发动机滑油压力正常,离合器开关已啮合,电动燃油泵可连续运行。在电动燃油泵或发动机驱动油泵工作时,或两个油泵都在工作,发动机可正常运行。离合器啮合前,发动机启动后,如果发动机工作正常,说明驱动油泵在起作用;在离合器解除啮合时,发动机停车前,如果发动机工作正常,说明驱动油泵在起作用。

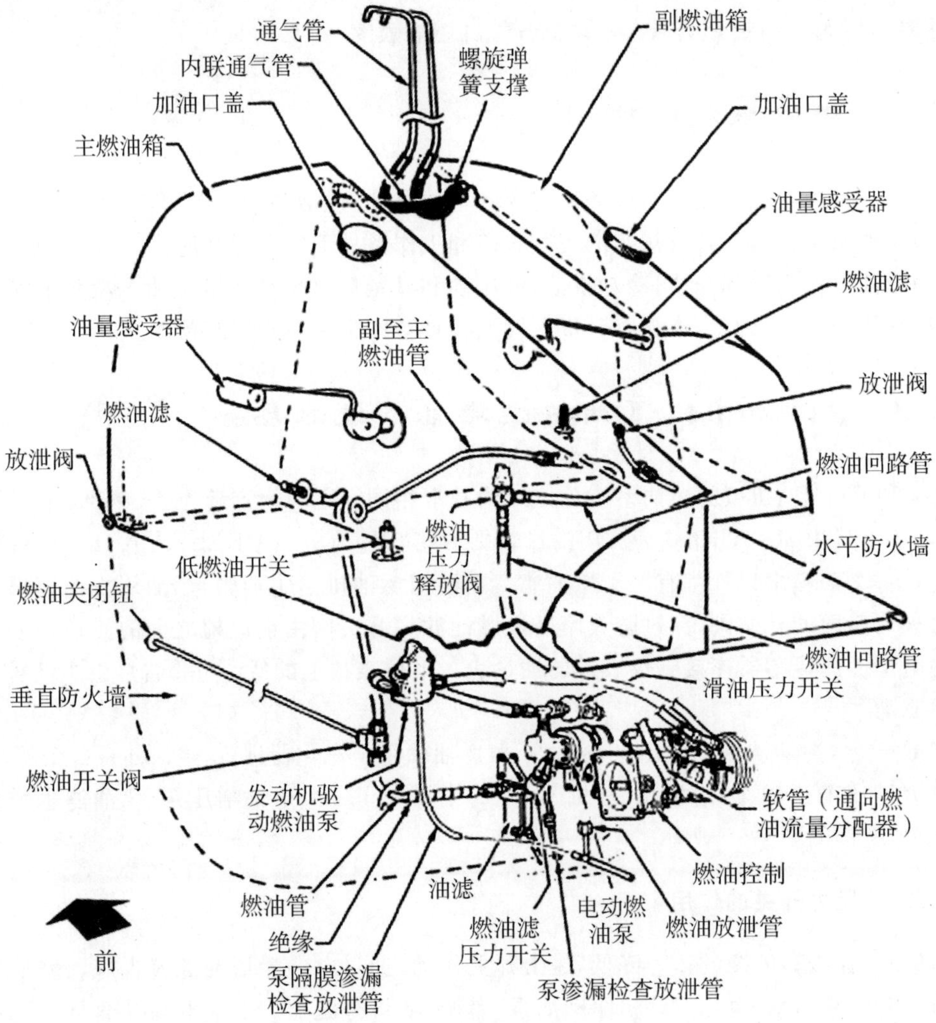

图 7-2　R44 Ⅱ 的燃油系统

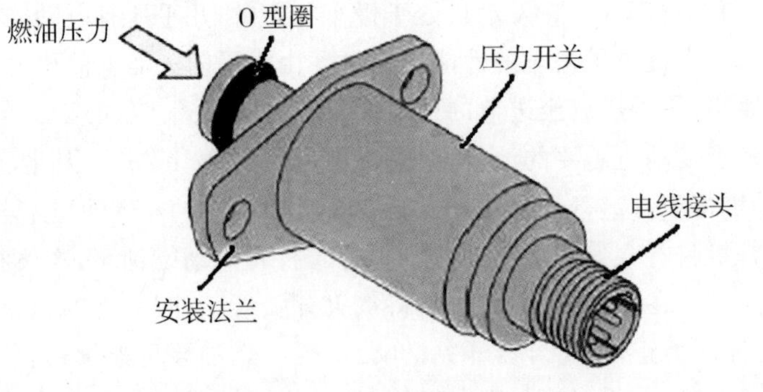

图 7-3　压力开关结构图

7.3.2　油箱油滤

油箱油滤由壳体、滤芯、上盖及旁通活门组件、托架以及管接头等组成(安装结构如图 7 - 4 所示)。油箱油滤为网状粗滤,主、副油箱各一个,主要用于过滤油箱中较大颗/片杂质。油滤中起过滤作用的元件为滤芯,是油液中的机械屏蔽层,这种机械屏蔽层是由重叠的小孔组成的。当油液流过的时候,能把油液中的固体颗粒物滞留在油滤内,保证油液在规定的清洁标准范围内。

当油滤工作一定时间后,滤网上的杂质会越来越多,供油管路近乎堵塞,导致发动机的供油量下降,严重时会导致发动机空中停车。为了提高供油可靠度,燃油滤还设置了旁通活门。当油滤堵塞时,燃油会在油滤的进、出口形成一个压力差,当压力差达到旁通活门开启所需要压力时,旁通活门打开,油液绕过滤芯,以应急方式直接供向发动机,以保证发动机的正常工作。

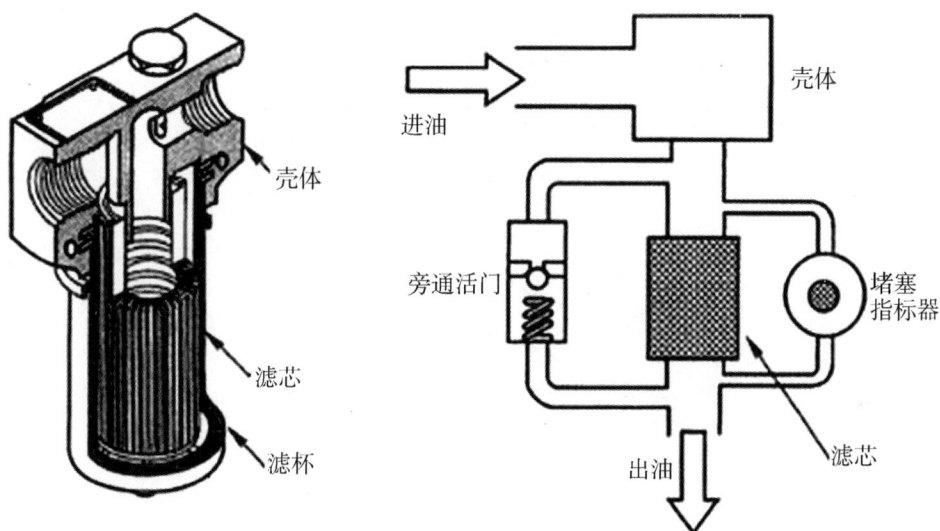

图 7 - 4　油滤结构及工作原理图

如果出现油滤阻塞,燃油旁通后,飞机应尽快落地,查明原因并进行排故。如果确认是油滤堵塞,则应按如下程序对油滤进行清洗(油滤安装如图 7 - 5 所示):

(1)卸下发动机右包皮。

(2)关油阀。

(3)剪断蝶形螺钉的保险丝(蝶形螺钉拧在细油滤杯夹上),然后拧松螺钉,将杯子夹晃动到一边,然后卸下杯子。

(4)清洗杯子去除沉淀物和附着物。

(5)卸盖内燃油滤滤网,并清洗。

(6)再装上滤网和杯子,晃动杯箍使其到杯子下面,然后拧紧蝶形螺钉。

(7)用 0.032in 保险丝保险蝶形螺钉,保险丝接到杯夹上。

(8)打开油阀,检查是否渗漏。

(9)安装整流包皮,连接吸气软管。

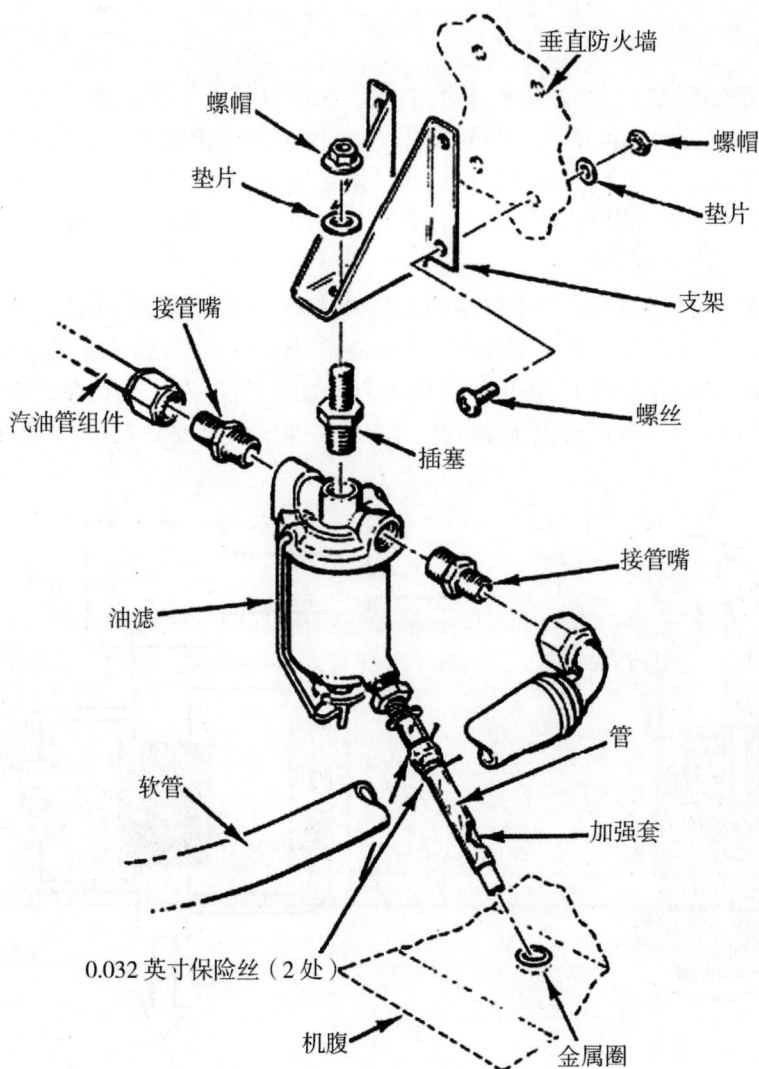

图 7 - 5　R44 直升机上油滤的安装

7.4　燃油箱

　　主油箱位于主旋翼的左下方,其位置和结构如图 7 - 6 所示。

　　副油箱位于主旋翼的右下前方,副燃油箱通过管路和阀门与主燃油箱连接。其位置和结构如图 7 - 7 所示。

7.4.1　燃油箱的通气系统

　　主、副油箱的通气孔在旋翼主轴主整流罩内,在主轴整流罩内与外界大气相通。如果通气孔堵塞,油箱内部还有扩展空间。

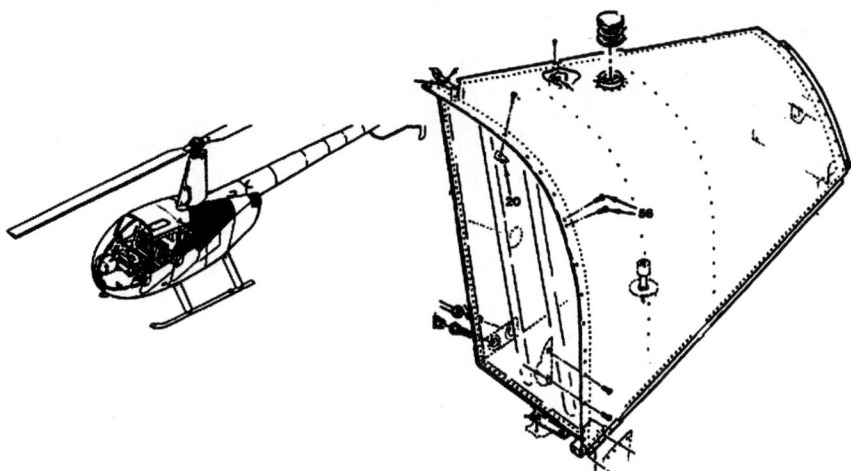

图 7 - 6　主油箱位置和结构图

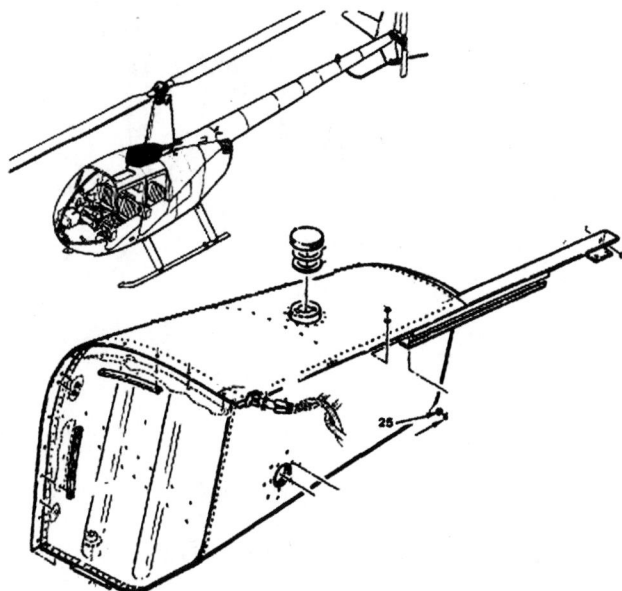

图 7 - 7　副油箱位置和结构图

　　当燃油箱向发动机供油时,燃油箱油面会随之下降,若燃油箱封闭,燃油箱内会形成负压。这种负压不仅会导致吸油困难,造成供油中断,还会造成燃油箱外部大气压力大于油箱内气压而使油箱箱体受到挤压,最终导致结构损坏。通过油箱通气系统为油箱内通气,可以避免上述现象和故障的出现。燃油通气系统不仅能将燃油与外界大气相通,还必须防止直升机因姿态改变时,燃油从通气口溢出而引起燃油泄漏问题。因此油箱通气系统应具有以下三个作用:

　　(1)平衡油箱内外气体压力,确保加油和供油工作的正常进行。

　　(2)避免油箱内外产生过大的压差造成油箱结构损坏。

　　(3)对于高空的工作环境,通过增压确保高空供油的可靠性(R44 Ⅱ型直升机没有配置增压油箱)。

7.4.2 燃油箱的检查

要检查油箱内部防晃密封材料是否有剥落的迹象。如发现有此情况,按照厂家说明将油箱用 B270—3 密封胶再次密封,要塞住所有通气孔和接头,对油箱进行压力检查,加压至 1lb/in² 进行试验。用中性肥皂水涂抹所有缝隙检查是否有渗漏。重新密封后,要保证所有通气孔都畅通。再装上低油量警告电门,然后装好油箱进行流量检查。

汽油阀是汽油管路的控制装置,其基本功能是接通或切断管路汽油的流通,改变汽油的流通,改变汽油的流动方向,调节汽油的压力和流量,保护管路设备的正常运行。

R44 油箱上汽油阀的组成如图 7 - 8 所示,图中各组件的件号及名称见表 7 - 1。

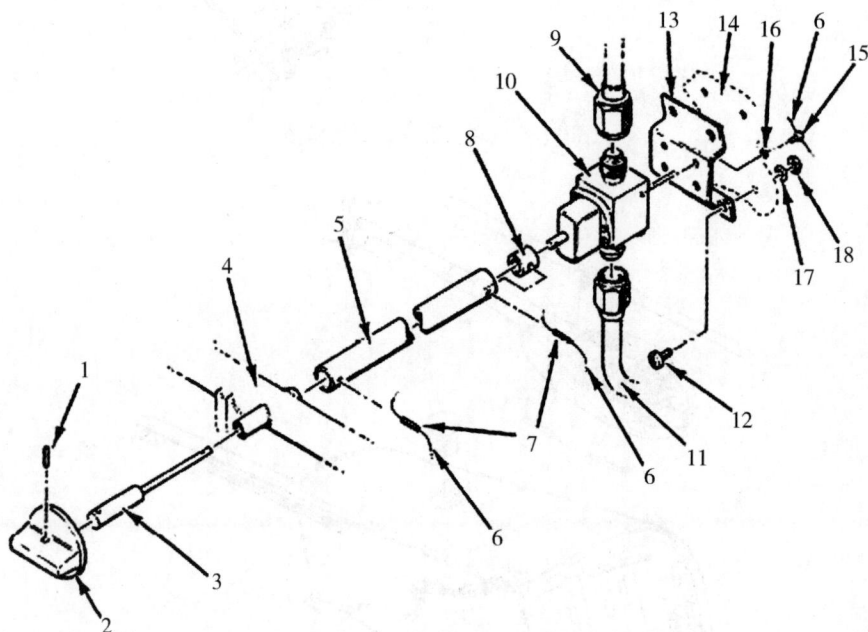

图 7 - 8 汽油阀的组成

表 7 - 1 汽油阀各组件的件号及名称

编号	件号	名称	编号	件号	名称
1	MS16562—5	滚销	10	C670—1	燃油阀
2	C449—1	旋钮	11	C741—1	燃油导管
3	C791—3	轴	12	MS27039C806	螺丝
4	C348—1	锚桩	13	C798—1	支架
5	C791—2	管	14	—	垂直防火墙
6	—	0.032in 保险丝	15	AN500A4—3	螺丝
7	MS16562—16	滚销	16	NAS620—4	垫片
8	C791—4	垫圈	17	AN960—8	垫片
9	C726—2	燃油导管组	18	NAS679A08	螺帽

7.4.3　燃油放泄阀

在主、副油箱上各有一个燃油放泄阀门。在每次飞行前,通过带顶销的油杯按压放泄阀门芯对油箱燃油进行采样,检查燃油品质;飞机长期停放后,通过此放泄阀门放泄燃油箱中水分等其他杂质;通过拆卸放泄阀门,也可以排空燃油箱内燃油。

7.5　燃油油量指示系统

7.5.1　燃油量指示系统的组成

燃油油量指示系统包括油箱传感器、低油量警告传感器(见图 7-9)及油量表。油量表指示的是主、副燃油箱内的燃油存量。它接收来自可变电阻式浮子机构的信号。共有三个浮子式传感机构,即主、副燃油箱各有一个燃油量浮子式传感器,主燃油箱底部还安装有一个最低油量浮子式传感器。油量传感器安装在油箱底部的固定座上。油量表则安装在座舱仪表面板上,一个指示主燃油箱内的存油量,一个指示副燃油箱内的存油量。

油箱内的浮子油量传感器,主要用于采集油量信号,采集来的信号经过模/数转换及量化后,通过油量表显示剩余油量(双指针分别指示左、右油箱剩余油量),或在多功能显示器发动机默认页面参数显示区,以带状方式显示剩余油量,单位为加仑(UKgal),以红线和零来表示空油箱,此时油箱内剩余大约 1.2UKgal 的不可用燃油。

图 7-9 中Ⓐ为低油量传感器,Ⓑ为油量传感器,图中各组件的件号及名称见表 7-2。

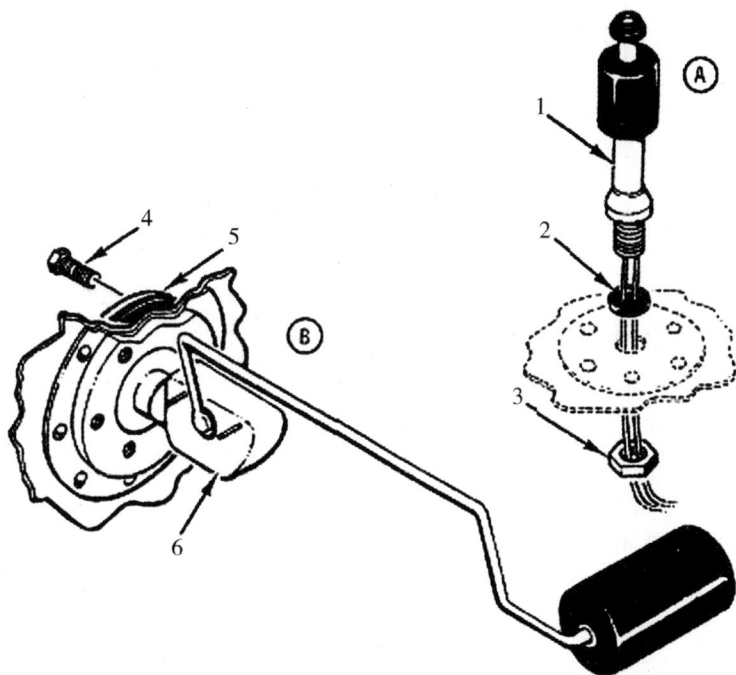

图 7-9　油量传感器和低油量传感器

表 7-2　图 7-9 中各组件件号及名称

编号	件号	名称
1	A058-9	低油量电门
2	MS29512-5	密封垫
3	AN924-5D	螺帽
4	B289-1	螺栓
5	7740-15-423	密封垫
6	C550-1	传感器(主油箱)
	A550-1	传感器(副油箱)

7.5.2　油量传感器的校正

油量传感器拆卸时必须关闭主电门。其校正方法如下：

(1)汽化器端燃油滤处解除油管连接,彻底放油。

(2)关闭燃油阀。

(3)向主油箱内加 9.25UKgal(55lb)干净油(这包括约 1UKgal 通过内连管进入副油箱的油量和放掉的无用燃油)。等待 5min 使燃油通过内连管。

(4)打开主电(瓶)门,看油量表指示。油量表应指 0.5~1 个指针宽度,低于 1/4 满半个指针宽度(见图 7-10)。

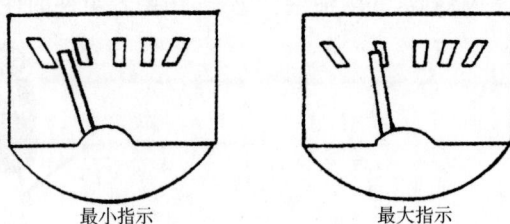

最小指示　　　　　　　　　最大指示

图 7-10　油量传感器校正

7.6　电动增压泵

电动增压泵作为辅助燃油泵,用以提高燃油的供给可靠性。其泵体依靠自身的直流电机带动。如果电动增压泵的输出压力低于 $23lb/in^2$,则增压泵上的压力电门将触发仪表板上的"辅助燃油泵警告"灯,使其闪亮。该增压泵属于阳极不可换式增压泵,可提供 30UKgal/h 的燃油量,在发动机正常工作的状态下,电动增压泵可以为发动机提供过量燃油。因此,从燃调的燃油进口处有一根回油软管,与辅助燃油箱的 T 形接头相连接,以使过量的燃油循环使用,同时,也可以为燃调上风处的部件进行冷却散热。这种细微的冷却,可以为发动机在低功率,如发动机慢车时,提高慢车性能。在辅助燃油箱 T 形接头处,安装有一个燃油油量均衡活门,以感受主燃油箱油量压力来自主均衡主、副燃油箱的燃油量。

7.7　转速调速器系统

7.7.1　调速器的功能、组成和工作原理

1.调速器的功能

调速器是用来保持发动机的转速稳定的。在发动机的负载变化的过程中,它的转速是会相应发生变化的。当转速降低时,如果调速器不调节,发动机最终将停掉;当转速升高时,如果调速器不起作用,发动机最终将无法承受过大的离心力而损坏。调速器的作用就是保持发动机的转速稳定。另外,调速器还可以保持发动机的最低转速和最高转速,防止低转速运转时熄火和高转速运转时"飞车",造成机械损坏。

发动机运转时,燃油泵的供油量应随发动机的转速不同而有所差别,即随发动机转速的升高,供油量应增大。但是,如果没有调速器加以控制,供油量会随着发动机转速的升高而增加,这种现象的持续,可以在短时间内使发动机超过额定转速而造成"飞车",致使发动机过热,冒黑烟,以致发生损坏机件的现象。反之,当发动机转速降低时,如果没有调速器,喷油量将随发动机转速的降低而减少,直至迫使发动机熄火。因此,在发动机上必须装有可靠的调速器。

2.调速器的组成

调速器由速度感受元件、控制机构、执行机构组成。

速度感受元件是分布在发动机自由端处的两个速度传感器;控制机构是分布在发动机靠近发电机一侧的本体上的两个"黑匣子",两套控制机构是互为备用的,当一套控制机构故障时,会自动切换到另一套;执行机构分布在发动机的自由端,速度传感器的上部,其内部有管线与发动机润滑油系统的一支管线相连,用作动力。

3.调速器的基本原理

调速的基本原理:改变进入气缸进行燃烧的燃油的数量(加大或者关小"油门"),就可以改变发动机的转速或者负荷。

4.调速过程

燃油的油路:燃油经过发动机驱动的泵,经过过滤器进入发动机两侧的进油管,然后由进油管进入每一个气缸对应的高压柱塞泵(该泵由发动机的曲轴经凸轮轴带动),高压油经过喷射器后进入气缸燃烧做功。发动机(曲轴)每旋转两周,凸轮轴旋转一周,即往气缸里送一次油。每一次打入气缸的油量(即柱塞泵的柱塞行程)是可以调节的,这种调节就是所谓的开大或者关小"油门"。

调速器的调速过程:先由速度探测元件感受到速度的变化,然后传递给速度控制机构,与设定的速度值进行比较,该差值的正负将决定是关小还是开大"油门"。该差值信号(电信号)传递给执行机构,在执行机构中,经过润滑油系统的压力放大后(液压调节)来驱动"油门"开大或者关小。

7.7.2　R44 直升机的调速器系统

R44 直升机的调速器系统可感受发动机转速,并给油门施加总距杆力。当转速低时,调速器加大油门,反之减小油门。给油门施加力通过摩擦离合器完成,飞行员很容易操控离合器,

调速器激活范围为发动机转速 79％～111％,飞行员使用右座椅总距杆端的开关能开启和关闭调速器。如图 7-11 和图 7-12 所示。

设计调速器系统是为了帮助飞行员将转速控制在正常的工作范围内,但是它并不能阻止强行飞行动作造成的超高速或者超低速。调速器在激活范围内,从 101％～102％转速有 1％ 的死区,此时只要转速稳定,调速器就不工作。

R44 直升机的调速器系统由以下部件组成:

(1)D278 控制盒和一个位于左座椅靠背后的固态模拟电路控制器。控制盒通过发动机右磁电机(直升机左侧)的转速表触点感受发动机转速,并提供给调速器组件一个修正的信号。所有调速器控制盒的工作电压为 14V,28V 的直升机利用 28-14V 的转换器给控制盒提供电源。

(2)14V 的 B247-5 调速器组件,它在左前座椅后连接到总距杆组件,被调速器控制盒激活后,调速器齿轮电机和蜗杆齿轮驱动与油门相连的摩擦离合器。

(3)信号和电源线。

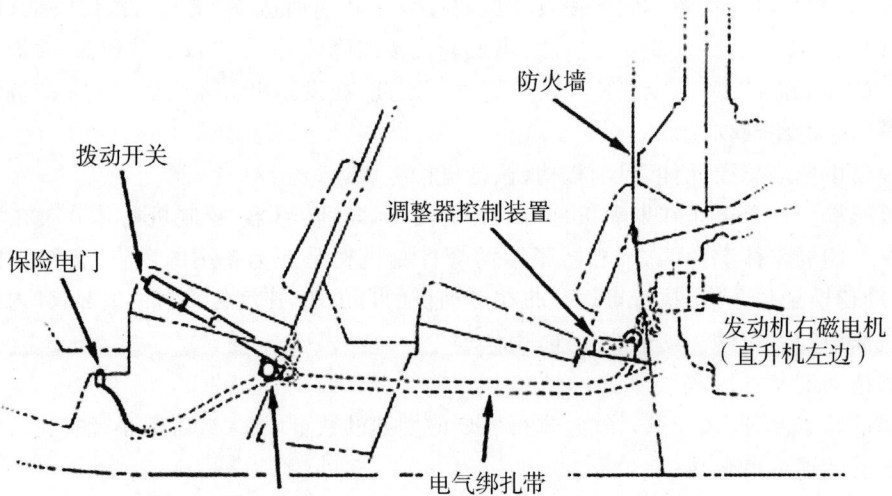

图 7-11 油门调速器控制线路图

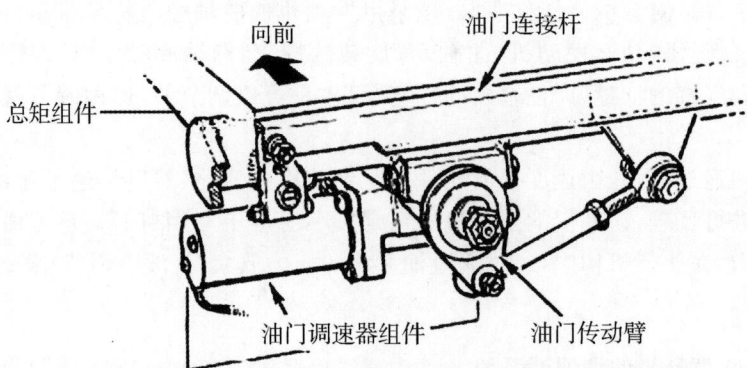

图 7-12 油门调速器安装图

7.7.3　R44 直升机调速器的故障排除

大多数的调速器故障是由发动机右(直升机左侧)磁电机触点调整不当或者出现故障导致,参见 TCM 主要维修手册有关转速表组件的安装和调整。

调速器打开时,激活范围为发动机转速从 80% 到 112%,转速低于 80% 或者高于 112%,调速器不工作。

调速器在激活范围内工作时,会尽量使转速保持在 102%±0.5%(D278-1)或者 102%±0.75%(D278-2),当直升机在稳定气流中平直飞行时,按下列方法检测调速窗的边缘,也叫"死区":

(1)轻握油门,慢慢增大转速(不要超过 104%),在调速器输入时(微弱的油门阻力),记录发动机转速指示。

(2)轻握油门,慢慢减小转速(不要低于 99%),在调速器输入时(微弱的油门阻力),记录发动机转速指示。

(3)用第一个读数减第二个读数,结果应为 1%(D278-1)或 1.5/2%(D278-2)。

如果死区的中心不在 102%,说明调速器控制盒有故障。

如果比正常的死区宽,但是仍在 102%,通常说明油门连杆摩擦过大或者调速器摩擦不足。

在 C341/C342 摇臂处断开超程弹簧组件上杆头的连接,并在杆头接一个弹簧秤,检查油门摩擦,将油门臂放到慢车位置,慢慢地用弹簧秤向上拉超程弹簧组件,在油门全开前,注意最大活动摩擦为 4lb。杆头卡滞、操纵不顺、汽化器油门轴衬套拉伸或者汽化器加速泵卡滞(一般只在一个方向卡滞)都会导致油门连杆摩擦过大。

放下总距杆,增加总距摩擦,从 C341/C342 摇臂处断开超程弹簧组件上杆头的连接,将摇臂水平放置,检查调速器摩擦。在摇臂孔内接一个弹簧秤,秤切向于摇臂,慢慢地拉秤,注意中断和活动摩擦。如果中断摩擦比活动摩擦大 1lb 或者更多,说明调速器摩擦离合器损坏或污染,活动摩擦必须最小为 8lb 直到摇臂停止移动。磨损、污染或者弹簧弹力不够都会导致活动摩擦不足。

调速器正常工作需要调速器摩擦与油门连杆摩擦比最小为 2:1。

操作不稳通常是导线损坏或者转速表触点有故障的表现。导线损坏表现为起皱、收缩或者擦伤,这些状况会导致一根或两根中心导线导体与屏蔽物或者结构接地。转速表触点故障由污染(由于磁电机凸轮随动件毡垫润滑过度引起)、氧化(例如:由于通气塞堵塞或者磁电机传动密封垫渗漏)或者触点松动引起,还有安装或组件错误导致。

在涡流中飞行时,如果发动机轻载(传动机构几乎是自由转动),则进气压力指示(MAP)不稳。

油门连接松动(包括汽化器油门轴衬套磨损)会导致转速与进气压力波动不稳。

7.8　燃油系统与操纵系统的关联

7.8.1　总距杆与节气门控制

总距杆结构如图 7-13 所示,主驾驶和副驾驶总距杆是关联的,并且在控制手柄处都有一个节气门调节旋转手柄。总距杆组件上连接一个节气门控制连杆,该节气门控制连杆通过传动杆与汽化器上的节气门调节摇臂相连接(见图 7 - 14)。节气门调节旋转手柄通过中空的总距杆上的内联装置也与节气门控制连杆相连接。

在 R44 飞行过程中,提总距杆时会相应地通过节气门控制连杆和传动杆带动节气门摇臂转动进而控制节气门的开度,依次来调整发动机进气口所进入的油气混合气的量,进而相应地调整发动机的功率。

当总距杆到达某一位置,而发动机功率不能满足飞行姿态需要时,可以通过调整节气门调节旋钮来控制节气门的开度,进而相应地调整发动机的功率。

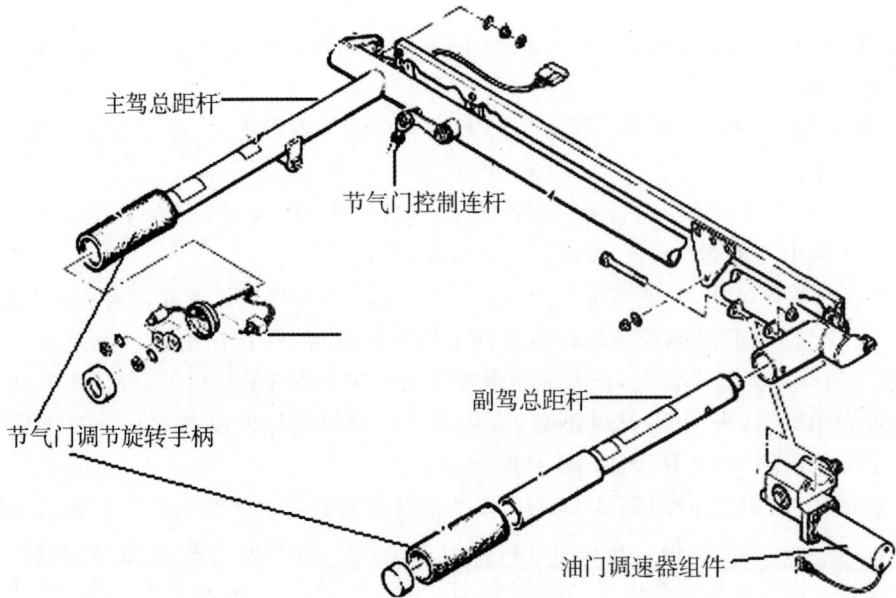

图 7 - 13　总距杆结构图

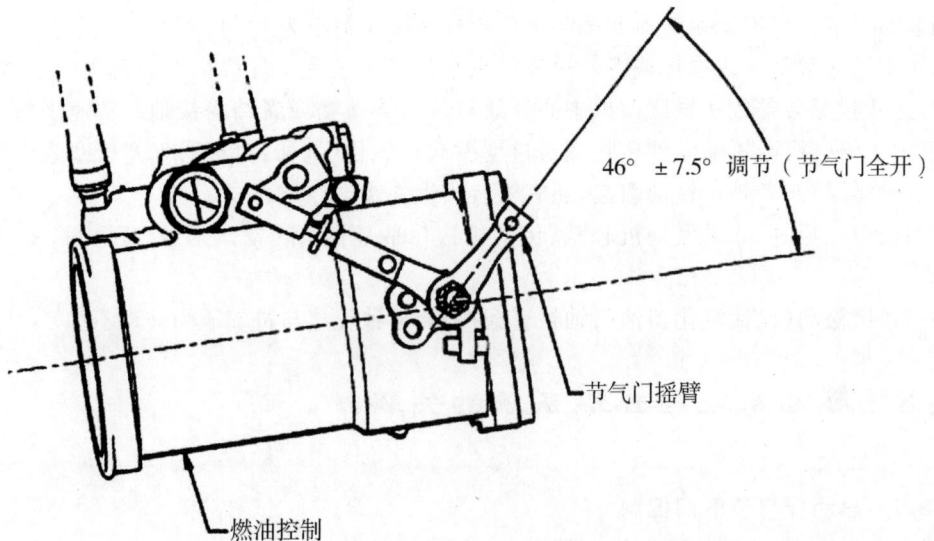

图 7 - 14　节气门调节摇臂图

7.8.2　汽化器混合比控制

在周期控制杆与中央控制台接触板上有一个红色的汽化器混合比控制推拉杆。该推拉杆通过钢索与混合比控制摇臂连接(见图 7-15 和图 7-16)。混合比控制摇臂的转动可以调节汽化器中油和气的比例。

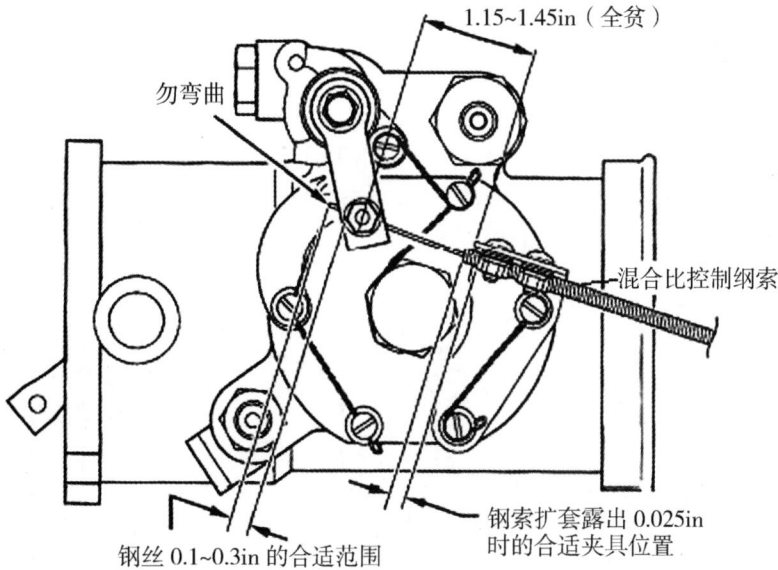

图 7-15　汽化器混合比控制钢索的安装

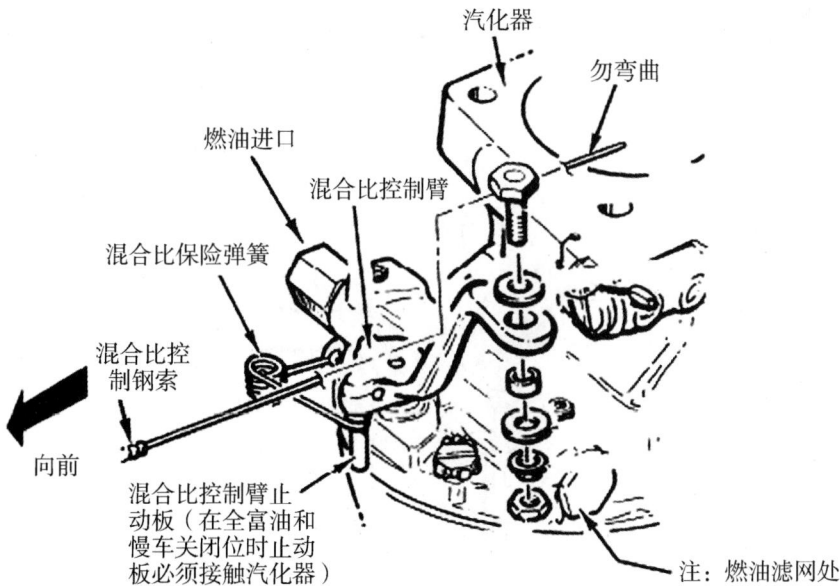

图 7-16　汽化器混合比控制钢索和保险弹簧

在发动机启动前,将红色的汽化器混合比控制推拉杆向上提起,使发动机处于贫油位置,随着发动机的启动,需要的功率增大,向下推汽化器混合比控制推拉杆增加油气混合比中的汽油含量。在飞行过程中汽化器混合比控制推拉杆推到最低,处于富油位置。为了防止飞行员的误操作,要求在汽化器混合比控制推拉杆外罩一个透明的塑料圆柱套以对其进行保护。一旦混合比控制钢索断裂,在混合比保险弹簧的作用下,使汽化器处于富油位置而保证正常的飞行。

7.8.3 汽化器

活塞发动机的燃油系统一般分为汽化器式燃油系统(见图 7 - 17)和直接喷射式燃油系统(见图 7 - 18)。汽化器式燃油系统根据发动机在各种工作情况下的进气量喷出适量的燃油与空气混合,组成混合气体,然后经分气室分配至每个气缸的进气管中。直接喷射式燃油系统则直接将燃油喷入气缸,在气缸内与空气混合。

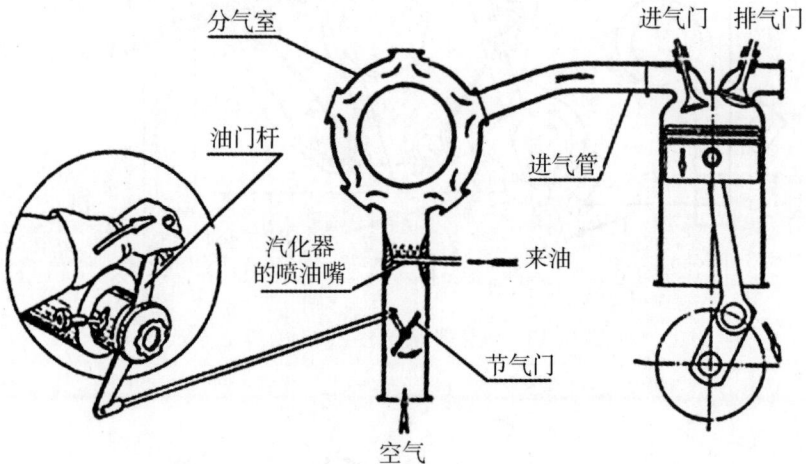

图 7 - 17 汽化器式燃油系统

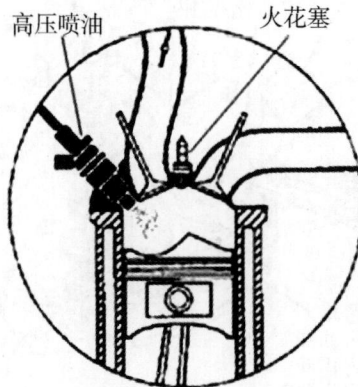

图 7 - 18 直接喷射式燃油系统

　　汽化器是汽化器式燃油系统的主要附件。汽化器的本质是一个两端粗中间细的文氏管（见图 7－19）。它的作用是将燃油喷入进气通道中，并促使燃油在气流中雾化和汽化，以便与空气组成均匀的余系数适当的混合气。汽化器的工作是否正常，对发动机在各种状态下的工作有决定意义。

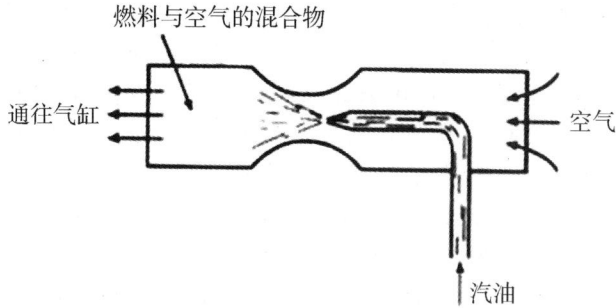

图 7－19　汽化器工作原理图

图 7－20 所示为浮子式汽化器的组成和工作原理图。

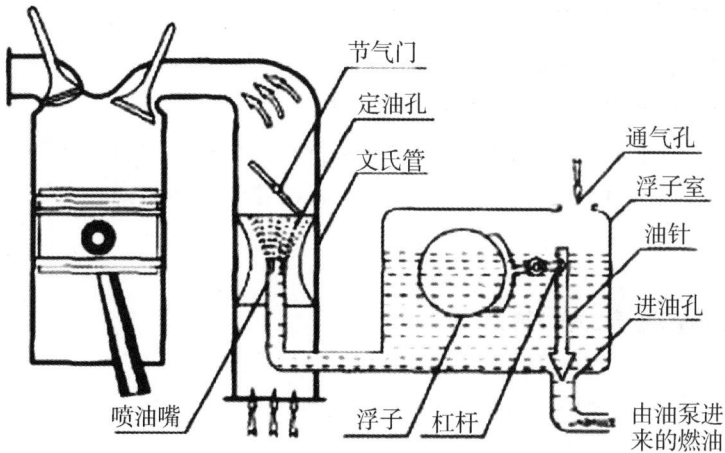

图 7－20　浮子式汽化器的组成和工作原理图

　　发动机工作时，活塞在进气行程向下死点运动的过程中，气缸内的气体压力降低，外界大气经汽化器流入气缸。空气流经汽化器的文氏管的喉部时（文氏管的最窄处），通道变窄，流速增大，压力减小，以致低于浮子室的空气压力（此处的压力等于大气压力）。这样，在浮子室与文氏管喉部的空气之间便产生了压力差（简称浮子室与文氏管喉部的压力差）。浮子室内的燃油便在这个压力差的作用下，从喷油嘴喷出，在空气动力的作用下雾化为极细微的油珠，并吸取空气的热量，逐渐汽化，然后与空气均匀地混合，组成混合气。

　　喷油嘴喷出燃油的多少，取决于浮子室与文氏管喉部的压力差和定油孔的直径的大小。浮子室与文氏管喉部的压力差和定油孔的直径越大，喷油嘴喷出的燃油越多；反之，喷出的燃油越少。对于简单浮子式汽化器来说，浮子室与文氏管喉部的压力差和定油孔前后的压力差是相等的。这是因为定油孔后的压力即为文氏管喉部空气的压力，定油孔前的压力也等于浮子室空气压力（在喷油嘴内油面高度等于浮子室内的油面高度的情况下）。所以又可以说，喷油嘴喷出燃油的多少,取决于定油孔前后的压力差和定油孔的直径的大小。

已制成的汽化器,定油孔的直径是固定不变的,而浮子室与文氏管喉部的压力差则随节气门开度的变化而变化。开大节气门,文氏管喉部的空气流速增大,压力减小,因而浮子室与文氏管喉部的压力差增大,定油孔前后的压力差随之增大,喷油量随之增多;反之,关小节气门,浮子室与文氏管喉部的压力差减小,定油孔前后的压力差随之减小,喷油嘴也随之减小。可见,操纵节气门的开度,不仅可以改变空气量;同时,还能借助于压力差的变化改变喷油量。也就是说,操纵节气门可以改变进入气缸的混合气量,从而改变发动机的转速和功率。

发动机不工作时,进气通道内的空气不流动,文氏管喉部空气的压力和浮子室内空气的压力都等于大气压力,两者之间没有压力差,燃油也就停止喷出。

还要指出的是,如果汽化器安装在增压器之后,则进入汽化器的空气是增压空气,浮子室就不应与外界大气相通。否则,文氏管喉部的空气压力显然因流速很大而小于增压空气的压力,但仍比大气压力大。文氏管喉部空气的压力反而大于浮子室内空气的压力,燃料就不可能从喷油嘴喷出。因此,对于汽化器安装在增压器之后的发动机,浮子室内应通入增压空气,以保证燃油顺利进入气缸。

7.8.4 燃油关断活门

燃油关断活门用于保证燃油的正常供给,并保证在任何特殊的情况下,燃油能被迅速地、有效地切断,同时保证在各类检查中,阻断燃油供给。

燃油关断活门手柄是位于驾驶舱正、副驾驶员座椅之间的一红色旋钮手柄,并标注有英文字符"ON"和"OFF",当"ON"位于正上方位置时,燃油处于接通状态;"OFF"位于正上方时,燃油处于关断状态。

7.9 油箱通气单向阀门

单向阀是流体只能沿进口流动,出口流体却无法回流的装置。所以液压单向阀也可以称为止回阀。

如图 7-21 所示是一个可控的单向阀,当 A 压力大于 B 时,压力推动单向阀芯克服弹簧作用力,介质可以由 A 流向 B。而当 B 压力大于 A 时,在介质压力和弹簧共同作用下,单向阀芯只会紧闭,介质无法由 B 流向 A。

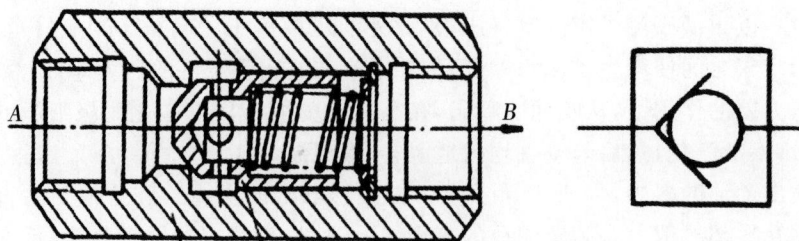

图 7-21　油箱通气单向阀门工作原理图

7.9.1 油箱通气单向阀门工作原理

当油箱内压力升高时,油箱内的压力通过单向阀门体上的 A,B 旁通孔与外界大气相通;当油箱内压力降低时,由于外界大气压力与油箱内压力存在压差,单向阀门被打开,油箱与外界大气相通,同时外界大气通过单向阀门体上的 A,B 旁通孔以及燃油箱加油口盖单向阀门进入油箱。

7.9.2 维护注意事项

(1)如果油箱通气检查显示旁通孔堵塞,必须更换油箱通气单向阀门。
(2)安装时,油箱通气单向阀门体上的旁通小孔必须朝向油箱顶部。

7.9.3 燃油流量检查

燃油管路或通气管路有障碍物时可减小流量,检查油量是否适当时,也要检查通气孔。检查通气孔时,要打开主旋翼整流罩,将一根软管接到其中的一根通气管上,盖上加油盖,向软管内吹气,然后感受气流流出其他通气管的情况(不要使用压缩空气,压力大了会损坏油箱)。如气流受限,检查通气管路或油箱中的障碍物。

满载油或最小载油时均可实施流量检查,最少载油量检查时,要向每只空油箱加 2Ukgal 燃油,按下述步骤检查油量是否适当:

(1)取一只已知容量的容器(1UKgal(美)、1UKgal(英)或 4L),还要准备一只备用油箱。
(2)关上油阀,在汽化器处解除油管连接。
(3)打开油阀放油,让油流几秒钟以消除系统中空气,然后流满容器,并记录下流满容器的时间。
(4)对照表 7-3 检查放油时间。

表 7-3 检查放油时间表

容器容积	流满容器最长时间	
	满油量	最少油量
1UKgal(美)	1min12s	1min30s
1UKgal(英)	1min24s	1min48s
4L	1min16s	1min35s

(5)如果油流量不足,应检查油滤、燃油管、燃油阀或燃油箱过滤器中的障碍物。

7.9.4 低油量检查

低油量警告灯应在低油量受感器浮子下垂时指示,试验受感器时可打开主电(瓶)门,或者放油使浮子降下,或者用一小棍通过加油口轻压浮子,压试验按钮时如果警告灯不指示,则按维修手册 12.240 章节检查更换传感器。

R44 直升机燃油系统实训工单

直升机型号	工作地点/日期	计划/实际工时	实训负责人
R44		2/	

项次	检查内容	维修手册对应章节	工作者
1	拆去外侧总距杆盖(4A),总距杆力矩管盖(4B),托盘(4C),中间通道盖(4D 和 4E),后通道盖(4F 和 4G)板,后机腹盖板(4H)和后仪表板(4I,仅对英国用机。)	2.410	
	燃油阀门和燃油导管： 检查燃油导管有无损坏,阀门接头处有无渗漏(根据所使用的燃油,渗漏表现为蓝色或绿色沉淀物,或者有燃油怪味),确保燃油导管无摩擦	2.160	
	燃油阀门至按钮扭力杆： 检查其状况,确认固定是否牢固	12.180	
2	拆卸发动机后部(6D)、机腹(6C)和两侧整流罩(6A 和 6B)	2.410	
	电动油泵(仅 IO－540)： 检查固定良好,安装正确,放泄管通畅,无渗漏	2.110	
	燃油导管和软管： 检查其状况。确保牢固、安装正确、无渗漏,以及(仅针对 IO－540)防火墙与燃油滤之间的燃油管路上的 SPIRAP 绝缘状况良好	12.110	
	燃油滤： 关闭燃油阀门,卸下并清洗燃油滤盒和滤网,确保垫圈无变形。如果燃油滤盒由带螺纹的圈和环固定,用 A257－6 润滑脂轻涂螺纹和环。然后再装上,打开燃油阀,检查无渗漏,打保险,检查放油阀的固定情况和力矩线	12.300	
	混合比控制： 确保混合比控制。移动混合比控制臂止动到止动位置。检查其状况,确认支架上的混合比控制钢索卡箍紧固;推拉钢索壳体,确保其不能在卡箍内滑动。检查其状况,确保混合比控制钢索内部导线与混合比控制臂连接紧固。当臂移动时,确保在混合比控制臂与内部导线保留接头(螺栓)之间旋转自如。确保混合比控制保险弹簧安装正确(这样,如果内部导线断裂后,弹簧压力会使混合比控制臂在全富位置)	12.110	

版次:1	制定日期:2014.7.4	编写:薛建海	审核:宋辰瑶	总页数:2	页码:1

R44 直升机燃油系统实训工单

直升机型号	工作地点/日期	计划/实际工时	实训负责人
R44		2/	

项次	检查内容	维修手册对应章节	工作者
3	打开整流罩门(7A),卸下尾锥整流罩(7B)和旋翼主轴整流罩(9)	2.410	
	燃油箱: 检查可视部位,确保无渗漏,固定良好	12.100	
	副油箱燃油管: 检查其状况,确保与机架的间隙,无渗漏,固定良好	12.140	
	燃油回路管和压力释放阀(仅限 IO－540): 检查其状况,确保无渗漏,固定良好	12.110	
	油量表传感器和导线: 检查其状况,确保无渗漏	12.220	
	燃油箱通大气管: 检查通大气管接头是否固定	12.002	
	燃油箱收油池放油: 检查两个放油阀可容易地打开,放油自如,弹簧关闭,密封完好。检查副油箱放油管上的 D663－1 切断卡箍密封完好,检查卡箍和导管有无损坏和腐蚀	12.260	
	低油量警告灯: 打开主电门,用一干净的木榫轻轻下压主油箱中的低油量传感浮子,确保低油量警告灯亮,关闭主电门	12.240	
	油箱盖: 检查其状况,包括垫圈,确保关闭良好,在盖子完全关闭时,盖子和油箱上的记号对准	12.130	
	螺帽和螺栓: 检查此区域的所有螺帽和螺栓是否移动或松动	12.110	

备注:该单中的检查项目参考第 2 章机身检查通道和盖板图。

版次:1	制定日期:2014.7.4	编写:薛建海	审核:宋辰瑶	总页数:2	页码:2

复习思考题

1. 简述燃油系统的组成。
2. 简述燃油系统的工作流程。
3. 简述燃油系统的作用。
4. 简述 R44 与 R44 Ⅱ 燃油系统的差异之处。
5. 简述压力开关的工作原理。
6. 简述油滤的作用。
7. 油滤附件的旁通活门的作用是什么？在什么时候旁通活门会打开？
8. 简述油滤的清洗程序。
9. 简述主、副燃油箱的位置、装油量及能保证正常飞行的时间。
10. 燃油系统通气孔的位置在哪里？通气系统的作用是什么？
11. 燃油箱检查工作的内容有哪些？
12. 燃油放泄阀的作用是什么？为什么在每次飞行前都要放油采样？
13. 简述燃油指示系统的作用。
14. 简述油量传感器的校正程序。
15. 简述燃油电动增压泵的作用。
16. 简述燃油关断活门的作用。
17. 简述燃油通气单向阀的工作原理。
18. 简述燃油流量检查程序。

第8章　航空仪表系统

8.1　概述

8.1.1　航空仪表的分类

在直升机的驾驶舱中可以看到许多仪表。它们用于显示、监视和控制与直升机飞行、发动机及其他系统有关的参数,为飞行和维护人员提供各种有关参数的目视指示。因此,根据所显示和控制的目的不同,航空仪表分为飞行仪表、发动机仪表和其他系统仪表。R44型直升机驾驶舱仪表如图8-1所示。

图 8-1　驾驶舱仪表

飞行仪表提供的数据,用于测量飞机的各种运动参数,帮助驾驶员驾驶飞机完成安全经济的飞行。它们位于驾驶员仪表板上。飞行仪表包括大气数据仪表、航向仪表、姿态仪表和指引仪表。其中大气数据仪表包括高度表、升降率表、指示空速表、马赫数表(M数表)、大气静温和大气总温表;航向系统仪表有磁罗盘、陀螺罗盘和陀螺磁罗盘等;指引仪表有姿态指引表、水平指引表等。姿态系统仪表有地平仪、转弯仪和侧滑仪等。R44型直升机上飞行仪表包括空速表、气压式高度表、升降速度表和磁罗盘,可以选装水平状态指示器。

发动机仪表是指发动机工作系统中的各种参数测量仪表,一般位于中央仪表板上。如转速表(螺旋桨转速表、低压涡轮和高压涡轮转速表)、进气压力表和汽缸头温度表、扭矩表和排气温度表、压力表和排气温度表、燃油压力表和滑油压力表等。R44 型直升机的发动机仪表包括双针转速表(该转速表既用于指示发动机转速也用于指示旋翼转速)、进气压力表、滑油温度表、气缸头温度表和燃油油量表(R44 型直升机的燃油油量表为航空汽油油量表,分为主燃油油箱油量表和副燃油油箱油量表两个)。

在飞机其他系统或设备中使用的测量仪表,如汽化器温度表、钟和数字外界大气温度表、安培表、发动机滑油压力计时器位于飞行员座椅右侧。R44 型直升机安装了电流表、时钟和飞行小时计。

8.1.2　航空仪表的发展历程与布局

航空仪表的发展与科学技术和飞机的发展是分不开的,在飞机刚问世时,因其本身结构简单,飞行高度和速度都很低,飞机上没有航空仪表。后来,随着飞行时间和飞行距离的增加,才开始安装时钟、航速计和指南针等简陋的仪表设备。驾驶员只能在晴朗的白天,依靠地图和地标来飞行。第一次世界大战期间,迫于军事上的需要,大力投资发展航空事业,飞机上开始安装高度表、空速表、发动机转速表、磁罗盘等。到了 20 世纪 30 年代,为使飞机能在云中或夜间飞行,又增添了升降速度表、转弯侧滑仪、陀螺地平仪和陀螺方向仪等飞行仪表。总之,随着科学技术的发展,航空仪表的发展是紧跟飞机发展而发展的。从航空仪表在各个历史时期出现的不同结构与形式看,它的发展过程大体分为以下 5 个阶段。

1. 机械仪表阶段

这个阶段是仪表的初创时期,多数仪表为单个整体直读式结构,也称为直读式仪表,即传感器和指示器组装在一起的单一参数测量仪表。表内敏感元件、信号传送和指示部分均为机械结构,例如:早期的空速表和高度表。

这种表的最大优点是结构简单、工作可靠、成本低廉。缺点是灵敏度较低,指示误差较大。随着飞机性能和要求精度的不断提高,机械式仪表早已不能满足航空发展的需要。

2. 电气仪表阶段

从 20 世纪 30 年代起,航空仪表已由机械式仪表发展为电气化仪表,此时的仪表称为远读式仪表。如远读式磁罗盘、远读式地平仪等。"远读"是指仪表的传感器和指示器没有装在同一表壳内,它们之间的控制关系是通过电信号的传递实现的。电气仪表具有指示精确度较高、灵敏度较高等优点,同时减小了仪表指示部分的体积和重量。但是由于传感器部分单独设计、制造、安装,导致整套仪表系统结构的复杂性增加,部件增多,重量增加。

3. 机电式伺服仪表阶段

20 世纪 40 年代后出现了机电伺服仪表,又称为随动系统,它是一种利用反馈原理来保证输出量和输入量相一致的信号传递装置,对仪表信号,采用伺服系统方式来传送,信号能量得到较大提高,有利于仪表的综合化和自动化。

4. 综合指示仪表阶段

20 世纪 40 年代后伴随着航空器性能的快速提升,各种设备的日益增多,航空仪表的数量也大量增加。驾驶员目不暇接,眼花缭乱,容易出错,而且驾驶舱空间有限。因此把功能相同或相关的仪表指示器有机地组合在一起,形成统一指示的综合仪表,已成为航空仪表发展的必然趋势。例如,综合罗盘指示器、组合地平仪和各种发动机仪表的相互组合等都是一表多用的结构形式。

5.电子综合显示仪表阶段

电子技术的迅速发展,对航空仪表的发展影响巨大。20 世纪 60 年代开始出现的电子显示仪表逐步取代了指针式综合仪表形式。到了 70 年代中期,电子显示仪表又进一步向综合化、数字化、标准化和多功能方向发展,并出现了高度综合又相互补充、交换显示的综合电子仪表显示系列。驾驶舱仪表、惯性导航系统、大气数据系统和自动飞行控制系统等已成为重要的航空电子设备。

80 年代出现了电子飞行仪表,应用在 747/400 和空客 320 上。此时的电子飞行仪表出现了高度综合特点,仅需要配置很少的备用仪表。

90 年代电子飞行仪表发展为液晶显示器(LCD)形式,具有重量轻、体积小和耗电量小等特点,如图 8-2 所示。

图 8-2　R66 驾驶舱仪表

总之,航空仪表的发展过程是从机械式仪表发展到电子显示,信号处理单元从纯机械到数字、计算机系统,仪表的数量高度集成化。从某种意义上讲,航空仪表系统是飞机先进程度的重要标志之一。

8.1.3　航空仪表布局

航空仪表系统大多采用基本的 T 型格式。经典的 T 型驾驶杆设置在驾驶舱的中部,左座飞行操纵装置可以拆卸,这样的设计方便乘客和飞行员进出驾驶舱。人性化设计的驾驶杆手柄上装有触发开关以控制舱内通信和信息传递。在手柄上也设置了一些方便更换电台频率的按钮。这种固定格式可以为驾驶员提供方便。

1.分离式仪表显示数据的基本 T 型格式

如图 8-3 所示,该仪表板是驾驶员的飞行仪表板。从仪表板上可以看出,左边的为空速表,中间的姿态指引仪(ADI),右边的气压式高度表,下边的水平状态指引器(HSI)或称航道罗盘,构成了 T 型格式。按照这种格式,主要飞行参数的显示为:空速、姿态、气压、高度和航向等。

图 8-3　分离式仪表显示数据的基本 T 型格式

2.电子式仪表显示数据的基本 T 型格式

如图 8-4 所示,该显示器为主飞行显示器(PFD)。从显示器上可以看出:左边的空速带,中间的姿态指示球,右边的气压式高度带,下边的航行带也构成 T 型格式。

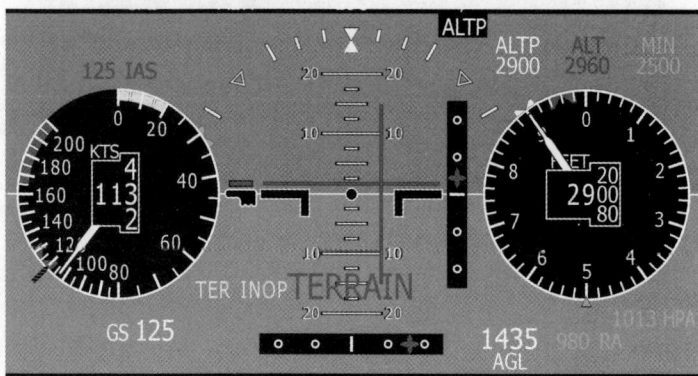

图 8-4　电子式仪表显示数据的基本 T 型格式

有些小型飞机驾驶舱中的飞行仪表参数也按照 T 型格式显示。这种固定的格式可以为驾驶员提供方便。

但是 R44 型直升机的仪表并未严格按照 T 型布局,但不影响飞行员观察。R44 型直升机提供三个型号的仪表可供用户选择:七孔仪表板、九孔仪表板和十孔仪表板。十孔仪表板为仪表飞行训练用机配备。对于七孔仪表板和十孔仪表板,罗宾逊公司给出了标准的仪表配置。

3.七孔仪表板

R44 型直升机的七孔仪表板分为上部仪表板和下部仪表板,其中上部仪表板有七个孔,下部仪表板上有三个孔。上部仪表布局如图 8-5 所示。

图 8-5　上部仪表板布局

上部仪表板的按装孔分为上、下两排，其中上排有四个安装孔，从左到右分别为升降速度表、地平仪、空速表和双针转速表；下排三个从左到右分别为高度表、航向仪和发动机进气压力表。

下部仪表板安装了外部大气温度指示器、安培表、时钟和各发动机仪表，如图 8-6(a)所示，下部中央控制台上安装了通信与导航设备和控制开关，如图 8-6(b)所示。

图 8-6　下部仪表板及中央操纵控制台
(a)下部仪表板；(b)中央操纵台

R44 型直升机的仪表多数采用模拟式测量仪表，通过指针在刻度盘上的连续指示得到测量参数值。驾驶员如果想得到仪表指示的具体值，需要连续观察一段时间，通过指针在刻度上的位置进行计算。模拟测量仪表具有获得准确数值慢、获得变化趋势快的特点。

8.1.4　R44 Ⅱ型直升机驾驶舱电子仪表系统总体布局

　　R44 型直升机的仪表及操纵台如图 8-7 所示，主飞行显示器(PFD)左侧分别是升降速度表、速度表、航迹偏离指示器、高度表、时钟；主飞行显示器(PFD)右侧分别是发动机-旋翼转速表即双针转速表、进气压力表。下部操纵台的布局如下：上部左侧是温度仪表，右侧是发动机仪表，主要包括滑油压力表、滑油温度表、气缸头温度表、燃油油量表；中间是转换开关；下部电子系统面板依次为音频控制板、通信控制板、应答机面板。

　　上述仪表和控制面板共同完成飞机安全飞行的指示和通信引导。飞机通信系统主要用于飞机与地面之间、飞机与飞机之间的相互通信，也用于进行机内通话、旅客广播、记录话音信号以及向旅客提供视听娱乐信号，第 9 章中进行详细叙述。航空仪表系统用于监视和控制航空器的飞行、发动机及其他系统的有关参数，为飞行和维护人员提供目视指示。下面详细介绍主要航空仪表。

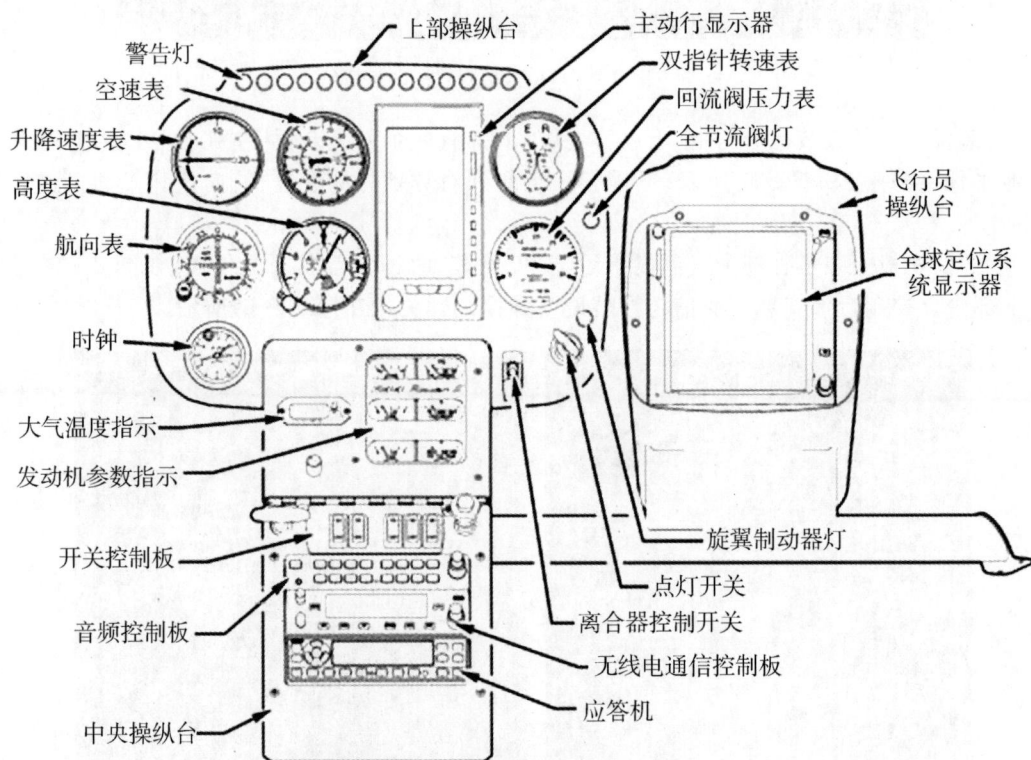

图 8-7　驾驶舱仪表及操纵台

8.2　大气数据仪表

　　飞行高度、速度、升降速度和马赫数等，都是重要的飞行参数。各飞行参数之间，各飞行参数与大气参数之间，有着密切的联系。测量这些参数，对于准确判定飞行状态，正确操纵飞机，有十分重要的意义。

8.2.1　国际标准大气

为了提供大气压力和温度的通用参照标准,国际标准化组织规定了国际标准大气(ISA),作为某些飞行仪表和飞机大部分性能数据的参照基础。

在海平面,国际标准大气压力为 29.92inHg(1013.2hPa),温度为 15℃(59 ℉)。高度增加,压力和温度一般都会降低。例如,在海拔高度 2000ft 处,标准压力约为 27.92(29.92－2.00)inHg,标准温度约为 11℃(15℃－4℃)。

根据标准大气条件可以推导出气压与高度的关系。无论在任何高度上,高度与气压都存在一一对应的关系。如果测出某高度处的气压,就可以计算出该处的标准气压高度,如图 8-8 所示,大气压力随高度升高逐渐减小。

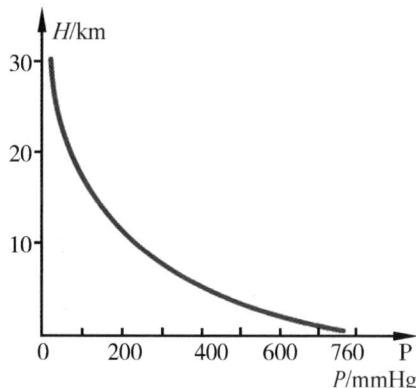

图 8-8　大气的压力与高度的关系
注:1mmHg＝133.322Pa。

8.2.2　气压式高度表

气压式高度表实际上是一种气压计,它通过测量航空器所在高度的大气压力,间接测量出飞行高度。

1.飞行高度的种类

根据所选基准面的不同,飞行中使用如下几种定义的高度:标准气压高度、相对高度、真实高度和绝对高度。如图 8-9 所示为飞行高度种类,高度类型的定义标准如下:

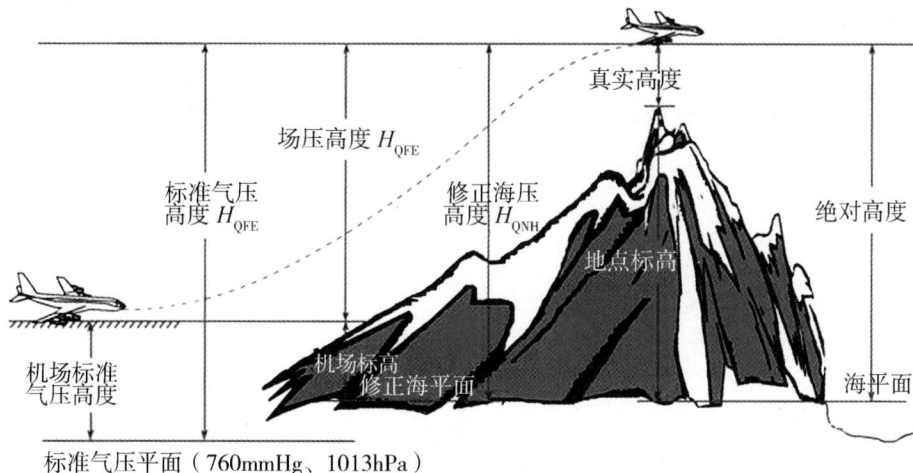

图 8-9　飞行高度种类

(1)标准气压高度:飞机从空中到标准大气压海平面的垂直距离,称为标准气压高度。其气压高度是国际上通用的高度,飞机在加入航线时使用的高度。主要防止同一空域、同一航线上的飞机在同一气压面上飞行时两机发生相撞。

(2)相对高度:飞机从空中到某一既定机场地面的垂直距离。

（3）真实高度：飞机从空中到正下方的地面目标上顶的垂直距离。

（4）绝对高度：飞机从空中到海平面的垂直距离。

测量飞机的飞行高度均采用间接方法，就是通过测量与高度有单值函数关系，又便于准确测量的另一物理量，而间接得到高度的数值。根据所选用的物理量及测量的方法不同，形成了不同的高度测量装置。

2.气压式高度表

根据大气层的组成及特点，我们知道大气的静压 P_s 随着高度增加而减小。通过测量气压 P_s，间接测量高度，就是气压式高度表的工作原理，这种高度表实质上是测量绝对压力的压力表。图 8-10 所示是气压式高度表，是一种典型的气压高度表，其指示刻度盘为均匀刻度。

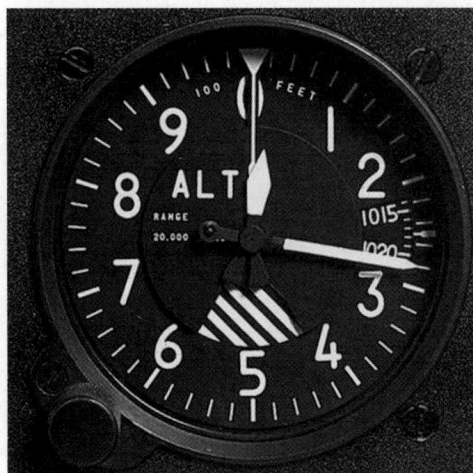

图 8-10　R44 型直升机气压式高度表

当气压基准被正确设定时，高度表提供航空器相对于基准面的高度信息。通过检查高度表读数是否对准机场标高，可校准高度表的指示，其误差应该在 70ft 范围内。

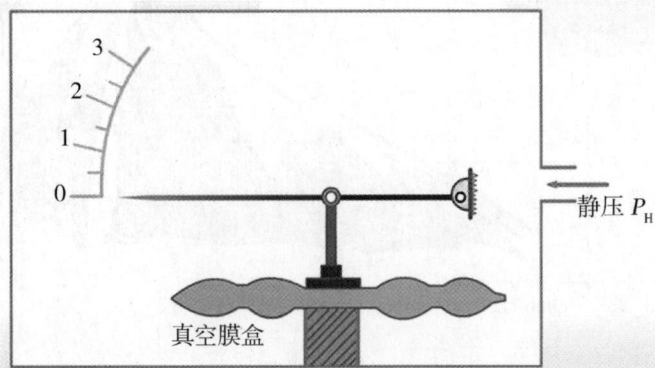

图 8-11　气压式高度表原理图

如图 8-11 所示，将高度表壳密封，空气压力 P_H（静压）由传压管送入高度表内腔。高度增加，表内压力减小，置于表壳内的真空膜盒（内腔抽真空后密封）随之膨胀而产生变形，膜盒中心的位移经传动机构传送、变换和放大后，带动指针沿刻度面移动，指示出与气压 P_H 相对应的气压高度数值。

在盘面的下部,有个小窗口,其示数是基准面的气压值,可通过调整旋钮调节。测量标准气压高度时,窗口内的示值应为 760(mmHg)。当测量与机场的相对高度时,其示数是机场地面的气压值。

3.高度表指示

图 8-10 所示的气压式高度表是一种典型的气压高度表,其指示刻度盘为均匀刻度,细指针代表万单位、短指针代表千单位、长指针代表百单位。高度表的指示高度为:280ft。

另一种类型的高度表如图 8-12 所示,指示飞机的气压高度,高度表显示高度为 24635ft。高度表是椭圆形的,以数字(显示窗)和模拟(指针)显示气压高度。在高度表上有气压基准的调节旋钮及高度基准游标和调节旋钮。

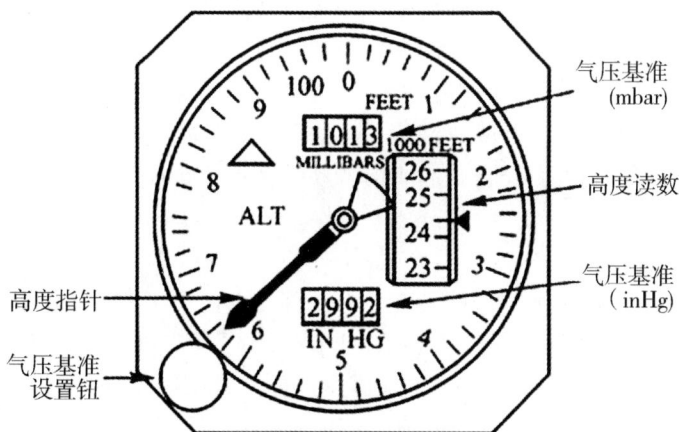

图 8-12　高度表指示

8.2.3　升降速率表

升降速率表用来测量飞机爬升和下降时的升降速度,辅助地平仪判断飞机是否平飞。飞机在飞行中,高度会发生变化,例如飞机爬升或下降。高度的变化率是单位时间内飞机高度的变化量,也可称为"升降速度""垂直速度"或"升降率"。测量高度变化率的方法很多,这里只讨论通过测量气压变化来反映高度变化率的升降速度表。

1.升降速率表原理

我们知道,飞机高度变化时,气压也随着变化;气压变化的快慢,可以表示飞机高度变化的快慢,即升降速度的大小。因此,只要测量出气压变化的快慢,就能表示飞机的升降速度。这就是升降速率表的基本工作原理,如图 8-13 所示。

在密封表壳内,装有一个压力膜盒(又称开口膜盒),用一根内径较大的导管使膜盒内部与静压源连通,而用内径较小的玻璃毛细管把静压源和表壳接通。当飞机水平飞行时,膜盒内外压力和大气静压相等,膜盒没有膨胀和压缩,仪表指示为零。飞机爬高时,随着高度的增加,膜盒内部的压力也随之减小,毛细管内径很小,对空气的阻滞作用较大,表壳内的压力(即膜盒外部压力)大于膜盒内部压力而形成压力差,膜盒压缩,经过传动放大机构带动仪表指针转动,指示出飞机的上升速度。

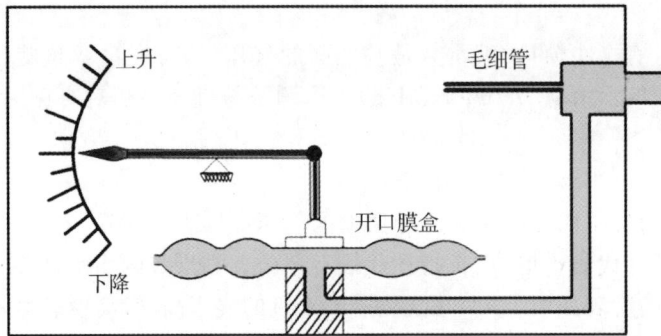

图 8-13　升降速率表原理图

同理，飞机下降时产生与此相反的指示。当飞机转入水平飞行时，飞机外部的大气静压不发生变化，表壳内的压力通过毛细管逐渐恢复到与飞机外部的大气静压相等，指针也逐渐回到零。升降速度表所用的膜盒灵敏而性能稳定，表盘的刻度上下对称。为了对小升降速度给出高精度的指示，同时又可指示大升降速度值，表盘标刻成渐缩形式，这可用止动弹簧片或止动膜片来实现。表内装有一套调零机构，起飞前转动手柄可使指针处于零点，调整后须将手柄拧紧，保证表壳密封。

2. 升降速度表指示器

如图 8-14 所示，升降速度表的指针指"0"表示飞机在平飞，表的指针指"0"以上表示爬升，"0"以下表示下降。刻度盘上每小格表示 100ft/min，图 8-14 所示表示飞机在平飞。指示出现故障时，故障旗"OFF"出现。飞机平飞，膜盒内外没有压力差，仪表指示为零。飞机上升，由于毛细管阻滞作用，膜盒外压力大于内压力，指示上升，飞机下降时，相反。

图 8-14　R44 型直升机升降速度表

8.2.4　空速表

空速表是用来测量飞机空速的仪表，飞机相对于空气运动的速度是空速，空速是指飞机在纵轴对称面内相对于气流的运动速度。驾驶员根据空速的大小可判断作用在飞机上的空气动力情况,以便正确地操纵飞机。

　　飞机在空气中飞行,可以相对地认为飞机不动,空气流过飞机,空气流过飞机的速度,其大小等于飞机在空气中飞行的速度,即等于空速。因此,测量空速,也就是测量空气流过飞机的速度。

　　真空速是指飞机相对于空气运动的真实速度。指示空速是按海平面标准大气条件下动压与空速的关系得到的空速,又称表速。

1.空速表测量原理

　　空速表的测量原理如图 8-15 所示,利用开口膜盒等敏感元件,通过测量空速管(见图 8-16)处的总压与静压的压差,并把它转换为标准海平面状态下的速度单位,间接测出空速。它实质上是一个动压测量仪表,在标准海平面状态下它所指示的空速(表速)值与真实空速相吻合,非标准状态下或海平面以上,指示空速将偏离真实空速。高度越高,偏差越大。迎角一定时,升力和阻力的大小直接取决于动压,因此指示空速对保证安全飞行、防止失速具有重大的意义,尤其是在起飞和着陆阶段。

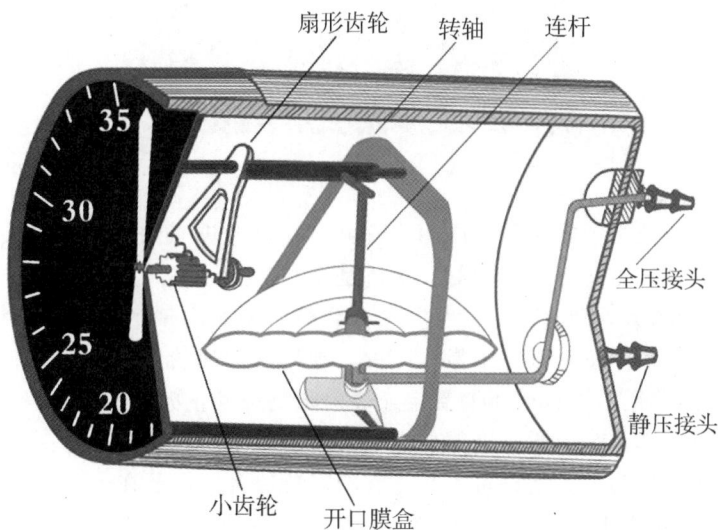

图 8-15　空速表原理图

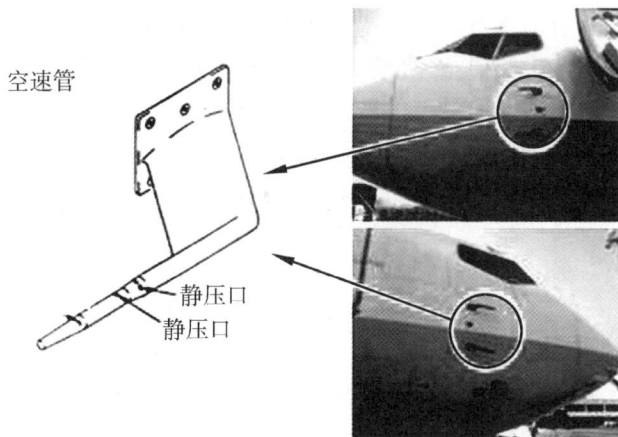

图 8-16　空速管

机外获取动静压的装置叫作空速管。空速管也叫皮托管、总压管。空速管测量飞机速度的原理：当飞机向前飞行时，气流便冲进空速管，在管子末端的感应器会感受到气流的冲击力量，即动压。飞机飞得越快，动压就越大。R44 型直升机的空速管如图 8-17 所示。

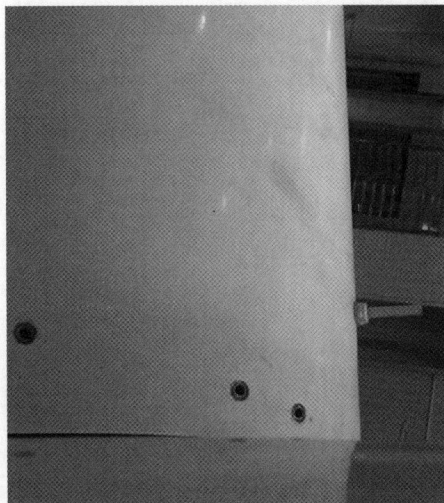

图 8-17   R44 型直升机空速管

将空气静止时的压力即静压和动压相比就可以知道冲进来的空气有多快，也就是飞机飞得有多快。比较两种压力的工具是膜盒。膜盒是密封的，但有一根管子与空速管相连。如果飞机速度快，动压便增大，膜盒内压力增加，膜盒会鼓起来。用一个由小杠杆和齿轮等组成的装置可以将膜盒的变形测量出来并用指针显示。现代的空速管除了正前方开孔外，还在管的四周开有很多小孔，并用另一根管子通到空速表内来测量静止大气压力，这一压力称静压。空速表内膜盒的变形大小就是由膜盒外的静压与膜盒内动压的差别决定的。

空速管是飞机上极为重要的测量工具。它的安装位置一定要在飞机外面气流较少受到飞机影响的区域，一般在机头正前方，垂尾或翼尖前方。同时为了保险起见，一架飞机通常安装2 副以上空速管。有的飞机在机身两侧有 2 根小的空速管。美国隐身战斗机 F-117 在机头最前方安装了 4 根全向大气数据探管，因此该机不但可以测大气动压、静压，而且还可以测量飞机的侧滑角和迎角。有的飞机上的空速管外侧还装有几片小叶片，也可以起到类似作用；垂直安装的叶片用来测量飞机侧滑角，水平安装的叶片可测量飞机迎角。

空速管测量出来的速度并非是飞机真正相对于地面的速度，而只是相对于大气的速度，所以称为空速。如果有风，飞机相对地面的速度（称地速）还应加上风速（顺风飞行）或减去风速（逆风飞行）。另外空速管测速原理利用到动压，而动压和大气密度有关。同样的相对气流速度，如果大气密度低，动压便小，空速表中的膜盒变形就小。所以相同的空速，在高空指示值比在低空小。这种空速一般称为"表速"。现代的空速表上都有两根指针，一根比较细，一根比较粗。粗的指针指示"表速"，而细的一根指示的是经过各种修正的相当于地面大气压力时的空速，称为"实速"。

为了防止空速管前端小孔在飞行中结冰堵塞，一般飞机上的空速管都有电加温装置。

2.空速表指示

如图 8-18 所示，绿色区域代表飞行的安全速度区，绿色区域的尽头是飞机的最大平飞速度,也就是说在襟翼全放下的情况下,如果速度在绿区就不会失速。

白区代表襟翼操作的安全区,如果速度在白区,可以放下或收起襟翼,但是一旦速度超过白区,襟翼就不能处于全放的状态了。这个白区一般是在只有简单襟翼的飞机上才会这么表示,白区划到最终段的最大限速。

黄区是飞机接近设计最大速度的警告区,一旦飞机速度到了黄区,那么必须时刻注意不要超过现在的速度,一旦超过了限定速度,飞机就极有可能空中解体。空速表的读数:根据指针在表盘的位置直接读数,空速表以节和海里/小时表示,单位默认是节(kn)。空速表只在前飞时工作,后退或横飞时不指示正确的空速。R44 的空速表指示向前空速达到最大 130kn(红线)。

图 8 - 18　R44 型直升机空速表

8.2.5　外界大气温度表

外界大气温度表有一个旋翼机颌部伸长的不锈钢探针,如图 8 - 19 所示,并通过一根校准长度的导线连接。注:不允许剪切或拼接 OAT 探针导线。

在高空飞行时,空气中的水分由于低温可能结冰堵塞全温探头的进气孔或排气孔,因此,全温探头内设置了由加温电阻组成的防冰加温元件。在飞行期间,加热元件不会影响测量的温度值;但飞机停留在地面时,由于没有气流流动,如果不关闭加热元件,就会影响温度的测量。

在地面或飞行速度较低时,可以利用小流量的发动机引气流动,在全温探头腔体内形成的负压,使进入腔体的气流顺畅流动,同时还能将加温元件的热量带出,使全温测量值准确。

全温探头测量到的大气全温可以直接用于发动机推力计算。大气静温不能通过直接测量得到,它是由大气数据计算机计算出来的。简而言之,大气静温等于大气全温减去冲压引起的动温。

无论在地面对加温电路测试,还是拆卸时都要注意探头的温度。拆卸时,拔掉探头的电插头,断开发动机引气,维修人员不要触摸探头以免被烫伤。

图 8-19　温度探头和温度表

8.3　全/静压系统

全/静压系统是用来收集气流的全压和静压，并把它们输送给需要全/静压的仪表及有关设备，如空速表、高度表和升降速度表。如图 8-20 所示，全/静压系统是否准确和迅速地收集和输送全/静压，这将直接影响全/静压系统仪表指示的准确性。高度表、升降速度表、空速表都是基于测量全/静压而工作的仪表，因此我们有必要学习全/静压系统的相关知识。

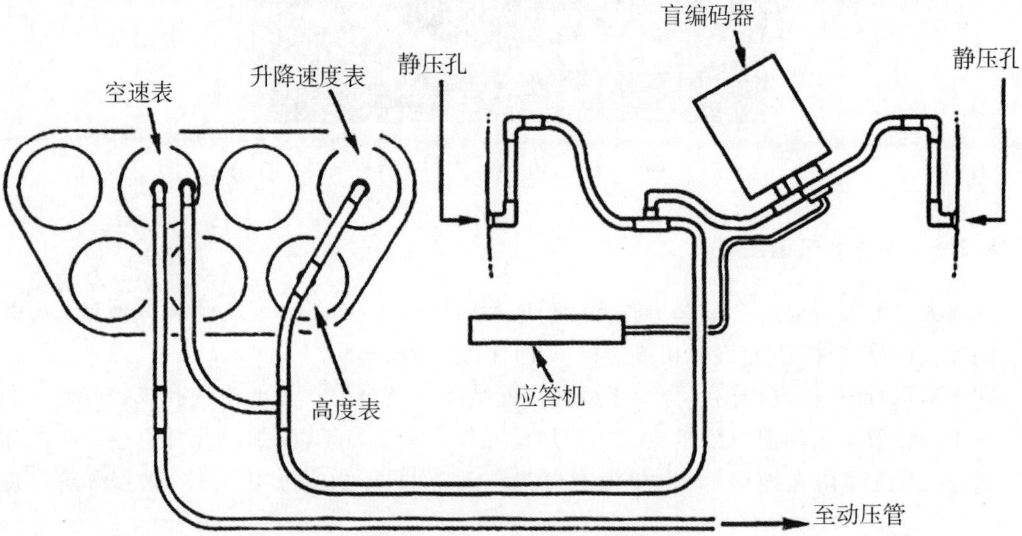

图 8-20　全/静压系统图

8.3.1　静压系统

高度表、升降速度表、空速表都需要获得静压，才能输出正确数值。这些仪表通过管路连接到静压孔。静压孔穿过机身蒙皮使飞机外部的静压进入到机内静压管路。双静压孔位于乘客门的后部，分别位于座舱两侧。在孔周围喷有一圈红漆，其下面标有注意事项。要求保持圈内的清洁和平滑，并且，静压孔上的小孔不能变形或堵塞，如图 8-21 所示。

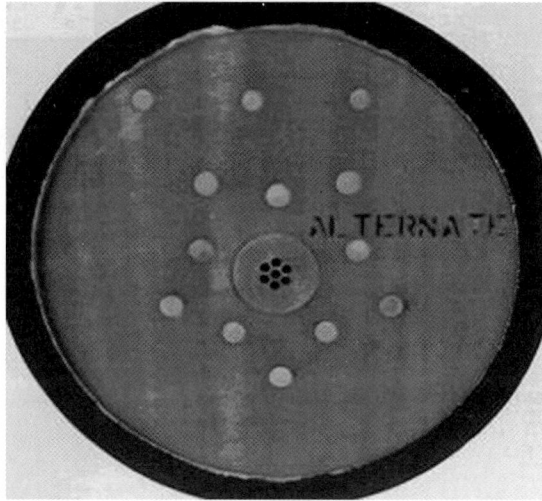

图 8-21　静压孔

8.3.2　全压系统

全压系统应用于空速表中,全压等于动压与静压之和,它通过全压管测得。全压管将测得的全压加到空速表。

全压管位于座舱之上主整流罩之前,注意:全压管的前端应保持良好的环境,不能影响气流的流动,如图 8-22 所示。

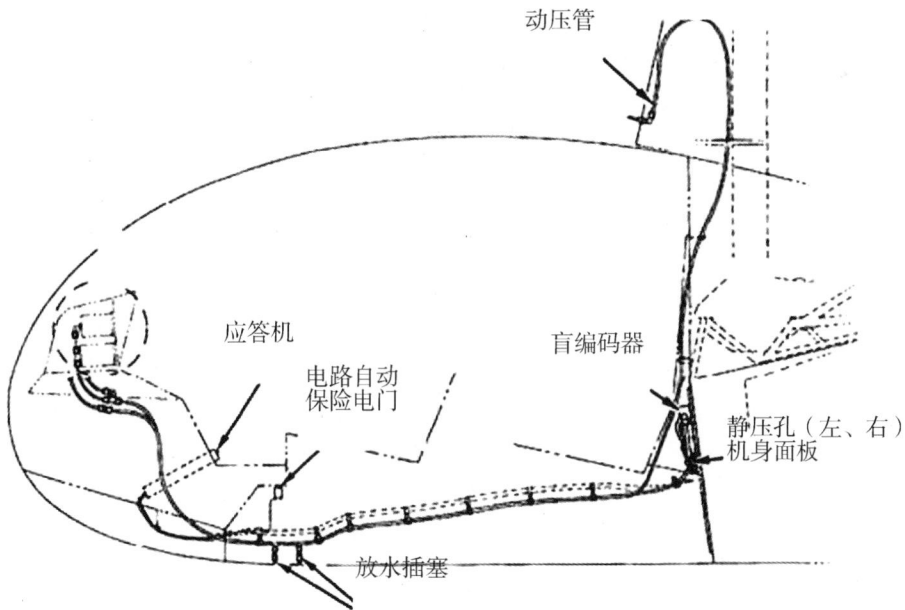

图 8-22　R44 全静压系统安装

在管子内有一个挡板,它的作用是防止水或外来物进入全压管路。在管子的最低点有个排泄孔,它可以将水和灰尘颗粒排到外面。全压孔必须保持畅通,只有这样才能保证仪表给出正确的指示。

电加温探头可以防止飞机在飞行期间结冰引起全压管堵塞。注意,如果飞机在地面上接通加热开关,会对管子加温,并且温度很高,触摸时可导致严重烫伤。如果飞机长时间停在地面,全压管必须用专用护盖罩上,以防止水和其他外来物进入。护盖上带有明显标志,警告机械员或驾驶员在下次飞行前必须摘掉护盖。

8.4 故障分析

可以拆卸塑料防水堵塞对全静压管路放水,可通过拆卸座舱下部的检查盖板来接近,只有在空速表或高度表装置工作不稳定时才需要对全/静压管路放水,全/静压出口需时常打开检查有无小虫或其他堵塞。

8.4.1 全压管堵塞

全压管堵塞只影响空速表。两种堵塞情况。如果进气口堵塞,排水口依然畅通,空速指示为0(因为全压和静压相等,所以动压为0)。这种情况一般是全压管进气口结冰产生的。如果进气口和排水口都堵塞,空速指示平飞时不变,爬升时增加,下降时减少。(因为全压被封闭在全压管内,全压不变,爬升时静压减少,动压增加,下降时静压增加,动压减少)。此时空速表相当于高度表。

8.4.2 静压管堵塞

静压管堵塞三个仪表都受影响。空速表指示错误,垂直升降表指示为0(气压改变为0),高度表指示指针不变。大多数飞机都有备用静压源,通常选用备用静压源后,高度表指示会高于实际高度,空速表指示会快于实际空速,垂直升降表会出现短暂爬升,因为备用静压源受螺旋桨尾流的影响压力有所减少。

8.5 地平仪

垂直陀螺可以作为飞机姿态指示的基准,也称为地平仪,提供俯仰和倾斜信息。航空器的俯仰角由指示器上小飞机和人工地平线之间的相对位置反映;航空器的倾斜角由顶部的三角指针指示。垂直陀螺安装在小型飞机的姿态指示器中,地平仪是四个重要的指示器之一,所以,它必须在各种情况下都能正常工作。R44型直升机安装一个电动地平仪,由汇流条供给28V直流电,并且在地平仪上选装了一个侧滑仪,如图8-23所示。

在电源接通之后,为了使陀螺快速直立,可以拉动快速直立手柄,此时,万向支架被锁定,并且稳定在正常位置。

注意:在锁定万向支架时,请确认陀螺处于全速旋转或完全停止状态,否则,可能损坏陀螺。

地平仪的原理:利用摆的地垂性修正陀螺,利用陀螺的稳定性建立稳定的人工地垂线,从而根据飞机和陀螺的关系测量飞机的俯仰角和倾斜角。

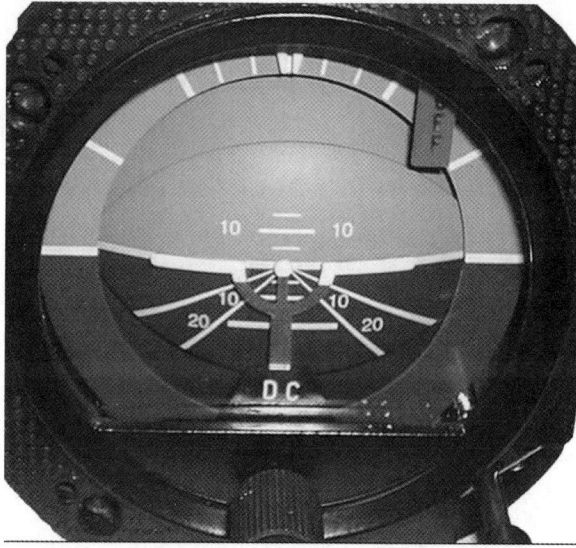

图 8-23　R44 型直升机地平仪

8.6　航向仪表

8.6.1　航向仪

航空器的航向是指飞机机头方向。航向是飞机导航所需要的基本参数之一，它显示在直读式磁罗盘或远读式磁罗盘上。磁罗盘通过敏感航空器所在地的磁场测量航空器的磁航向。R44 型直升机在驾驶舱挡风玻璃中央安装一个垂直磁罗盘，如图 8-24 所示。也称为电动航向仪。

图 8-24　R44 型直升机电动航向仪

航向:飞机纵轴方向(即航标线)与北极方向之间的夹角。

真航向:以地理北极为基准(TN),顺时针旋转到飞机纵轴所围成的角度。

磁航向:以磁北为基准(MN),顺时针旋转到飞机纵轴所围成的角度。

实际上,磁极的位置是随时间漂移的,但所有导航设备和跑道方向以及航图上的信息都是以磁航向为基准的。所以,磁北基准必须每隔几年更新一次。

8.6.2 水平状态指示器

水平状态指示器是罗盘系统指示器,能够指示直升机的航向,偏离预定 VOR 方位的情况,偏离 ILS 航道和下滑道的情况。如图 8-25 所示为 R44 型直升机水平状态指示器。

图 8-25 R44 型直升机水平状态指示器

8.6.3 转弯侧滑仪

转弯侧滑仪用来指示飞机转弯方向和快慢程度,该仪表由转弯仪和侧滑仪组合而成。其功能有:①指示飞机转弯(或盘旋)方向;②粗略反映转弯的快慢程度;③有的还能指示飞机在某一真空速时无侧滑转弯的坡度(倾斜角)。

如果仪表上的小飞机处于水平状态,说明直升机没有转弯;如果小飞机处于左倾状态,则说明向左转弯;如果小飞机处于右倾状态,则说明向右转弯。小飞机的倾角越大,则说明转弯角度越大。侧滑仪可指示直升机有无侧滑。如图 8-26 所示。

侧滑仪用来指示飞机有无侧滑和侧滑方向。如图中的小球的部分,当小飞机翼尖或指针对准"L"或"R"标线时,表示飞机以标准角速度(3°/s)转弯。若无侧滑,飞机转 360°需要 2min 时间。这就是转弯仪表面上标有"2MIN"字样的含义。

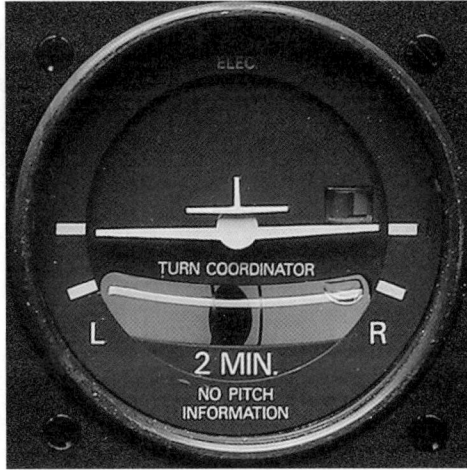

图 8-26　转弯侧滑仪

8.7　驱动装置和动力装置仪表

8.7.1　发动机-旋翼转速表

R44 型直升机装有一个电子双针转速表(发动机和旋翼),发动机转速传感器是发动机右磁电机内的断电点。旋翼转速的霍尔效应传感器是一个电子装置,通过主旋翼齿轮箱输出轭组件上的两个磁探头感应。每条转速表线路有一个单独的保险电门,且各自完全独立。即使"MASTER BAT"(主电门)关闭,它们仍可以由发电机或电瓶供电,如果"MASTER BAT"(主电门)和"ALT"(发电机)电门关闭且"CLUTCH ENGAGE"(离合器齿合)开关在解除位置,发电机、电瓶和电气线路工作正常,转速表才会断电。双针转速表通常安装在驾驶舱驾驶员仪表板上,如图 8-27 所示。

图 8-27　双针转速表

转速表是电子发动机和旋翼双针转速表,发动机转速的传感器是位于飞机左侧的右磁电机内的断电器点。旋翼转速表的霍尔效应传感器通过在主旋翼齿轮输出轭上的两个磁探头感应信号。来自这些传感器的信号由双针转速表内部的固态电子线路修正,每个转速表电路有一个单独的电路断路器且各自完全。它们可从发电机或电瓶得电,且可从两个双重电源接受电流,当主电门和发电机电门关闭且离合器开关置于解除时,转速表的电源被断开。所有的转速表工作电压为 14V,28V 的直升机利用 2 个电压调节器根据 2 个转速表的需要将 28V 调节到 14V。

8.7.2　进气压力表

进气压力表指示发动机进气管中的绝对气压,红线指示最大进气压力,最大进气压力是型号证书规定的 104% 时的数据。当发动机不工作时,进气压力表应指示环境气压,其误差应在 0.3inHg 以内。如图 8-28 所示。

图 8-28　进气压力表

8.7.3　汽化器温度表

设在仪表上的汽化器温度表用来确定汽化器可能结冰的条件下例如高湿度时飞行是否需要加温。对汽化器加温可使仪表指针脱离黄弧带,冷却的发动机,汽化器温度表的指示应与外界气温表大致相同。

8.8　发动机仪表组

8.8.1　滑油压力表

滑油压力表指示滑油压力,从可变电阻式受感器接收信号,受感器位于发动机舱左前角,紧挨着计时器压力电门。滑油压力表位于发动机仪表组的右上角(见图 8-29)。

图 8 - 29 R44 型直升机发动机仪表组

8.8.2 滑油温度表

滑油温度表指示发动机滑油温度,它接收安在发动机滑油滤网壳体的探头处发出的信号,见图 8 - 29 所示,位于发动机仪表组的中间右边(见图 8 - 29)。

8.8.3 气缸头温度表

气缸头温度表指示 2 号气缸(O-540)头,1 号气缸头或 5 号气缸(IO-540)头温度,它接收一个装在气缸头底部的探头传来的信号,位于发动机仪表组的右下角(见图 8 - 29)。

8.8.4 燃油油量表

燃油油量表指示燃油量,它接收来自一只可变电阻式浮子指示器的信号,位于发动机仪表组的左下角(见图 8 - 29)。

8.9 其他仪表

1. 电流表

电流表也称为安培表,指示电气系统的负荷。此系统负荷在分流器处量得。分流器位于发动机舱内垂直防火隔板右下方。电流表位于发动机仪表组的左上角(见图 8 - 29)。

2. 时钟

R44 型直升机在下部仪表板上安装了一个时钟,如图 8 - 30 所示。

图 8-30　时钟

8.10　故障判断指导

仪表故障判断总表见表 8-1、表 8-2。

表 8-1　仪表故障判断总表

仪表	故障现象	可能原因
空速表	不指示	皮托管堵塞
		皮托管未连接好
		上仪表板下皮托管弯曲
		仪表本身缺陷
	指示误差大	动静压管线连接松动
		皮托管破裂
		动静压系统中有水
		仪表本身缺陷
高度表	不指示	静压管堵塞
		仪表本身缺陷
	指示误差大	静压管线路内有水
升降速度表	平飞时指示爬升	静压管堵塞
	指示不回零	静压系统内有水
		仪表本身缺陷
	指示不稳定	仪表本身缺陷

注:电动仪表故障判断方法见第 9 章。

表 8-2　发动机仪表故障判断总表

故障	可能的原因	排除方法
发动机仪表不指示	线路自动保险电门跳闸； 没电或没接地； 传感器或电线不良； 仪表不良	检查电路，如电路没有问题，重置线路自动保险电门； 检查动力线和接地线； 用新传感器检查，必要时更换传感器或电线； 用新仪表检查，必要时更换
仪表误指或指示反复无常	动力线、接地线或传感器电线松动； 电瓶接头松动	检查所有 3 项，交流发电机电门关闭时如电瓶连接不良，转速表亦能误指
仪表指示过高或过低	仪表不良； 搭线或电线短路	用新仪表检查； 检查电路

8.11　警告系统

　　警告系统包括警告灯、蜂鸣器以及测试按钮。对于不同型号的仪表板，警告灯在仪表板上的排布位置不同，但都包含了耦合警告、低滑油压力警告、低燃油警告、主减金属屑警告、尾减金属屑警告、主减超温警告、发动机着火警告、旋翼低转速警告、低电压警告、旋翼刹车警告、起动机耦合警告、燃油滤堵塞警告、辅助燃油泵压力警告、一氧化碳警告。蜂鸣器安装于中央控制台右侧盖板，和旋翼低转速警告灯一起由旋翼低转速警告控制盒控制。警告系统的测试按钮位于发动机舱内，如图 8-31 所示。按压测试按钮可对主减超温警告、主减金属屑警告、发动机着火警告、尾减金属屑警告、低燃油警告、燃油滤堵塞警告进行测试。

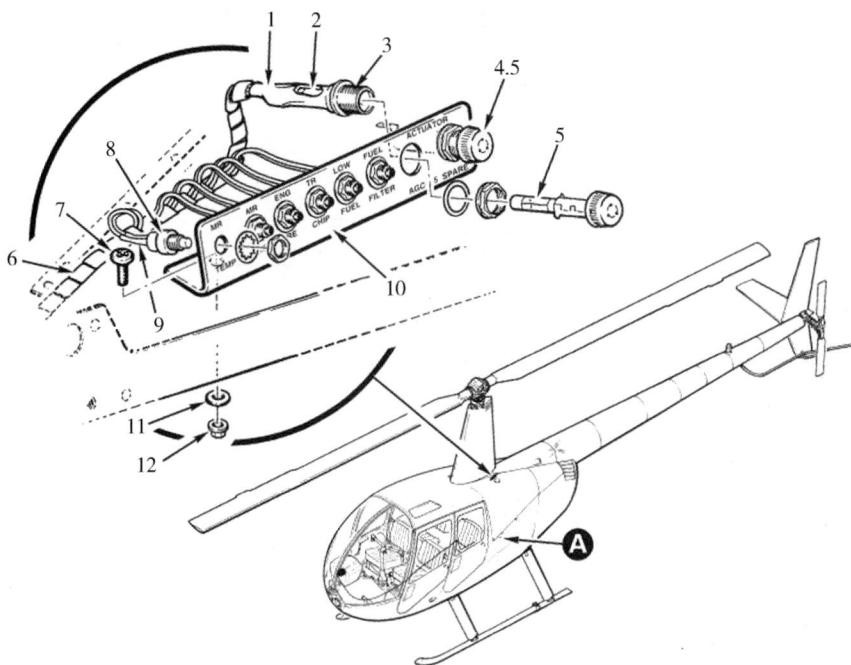

图 8-31　警告系统测试按钮

R44 直升机航空仪表系统实训工单

直升机型号	工作地点/日期	计划/实际工时	实训负责人
R44		3/	

项次	检查内容	维修手册对应章节	工作者
1	静压管的渗漏测试(使用手动泵): (1)将高度表设定在本场高度 (2)用压力敏感胶带密封住静压口,将软管和手动泵连接到静压管放水孔,针管塞在按下位置 (3)静压管加入吸力,直到高度表指示比本场高度高出 500ft,针管塞保持在原位 (4)轻敲高度表玻璃直到爬升率表稳定,然后调整到下一个更高的 100ft 记号,定时 1min,期间高度改变不超过 100ft 是可接受的 (5)慢慢地从静压管上去除吸力 (6)修理侧漏后,按照步骤(1)~(5)重新测试 (7)去除测试器具	8.3.1 8.3.3	
2	静压管的渗漏测试(使用软管): (1)将高度表设定在本场高度 (2)用压力敏感胶带密封住静压口,先将软管绕着滚棒卷起,将软管连接到静压管放水孔 (3)用手动泵慢慢给静压管加入吸力,直到高度表指示比本场高度高出 500ft,针管塞保持在原位 (4)轻敲高度表玻璃直到爬升率表稳定,然后调整到下一个更高的 100ft 记号,定时 1min,期间高度改变不超过 100ft 是可接受的 (5)慢慢地从静压管上去除吸力 (6)修理侧漏后,按照步骤(1)~(5)重新测试 (7)去除测试器具	8.3.1 8.3.3	

版次:1	制定日期:2014.7.4	编写:郭艳颖	审核:薛建海	总页数:3	页码:1

R44 直升机航空仪表系统实训工单

直升机型号	工作地点/日期	计划/实际工时	实训负责人	
R44		3/		

项次	检查内容	维修手册对应章节	工作者
3	皮托管的渗漏测试(使用手动泵): (1)用压力敏感胶带密封住皮托管放水孔,将软管和手动泵(6mL的针管)连接到皮托管,针管塞在气缸顶部 (2)按压针管塞慢慢地给皮托管加压,直到空速表指示 80mi/h(70kn),针管塞保持在原位,不需要掐断软管 (3)轻敲空速表玻璃,消除摩擦效应 (4)如果指针在 1min 内掉转超过 10mi/h(8~9kn),说明渗漏不可接受,修理渗漏后,按照(1)~(4)重新测试 (5)去除皮托管放水孔的胶带,空速表指零 (6)测试满意后,去除皮托管上的测试器具	8.3.1 8.3.2 8.4	
4	静压管的渗漏测试(使用软管): (1)用压力敏感胶带密封住皮托管放水孔,将软管连接到皮托管 (2)绕着棍棒卷软管慢慢地给皮托管加压,直到空速表指示80mi/h(70kn),在软管处截断压力供应 (3)轻敲空速表玻璃,消除摩擦效应 (4)如果指针在 1min 内掉转超过 10mi/h(8~9kn),说明渗漏不可接受,修理渗漏后,按照(1)~(4)重新测试 (5)去除皮托管放水孔的胶带,空速表指零 (6)测试满意后,去除皮托管上的测试器具	8.3.2 8.3.3 8.4	

版次:1	制定日期:2014.7.4	编写:郭艳颖	审核:薛建海	总页数:3	页码:2

R44 直升机航空仪表系统实训工单

直升机型号	工作地点/日期	计划/实际工时	实训负责人	
R44		3/		

项次	检查内容	维修手册对应章节	工作者
5	卸去仪表板两侧的螺丝,打开仪表板,检查:		
	(1)动静压系统:动静压管路有无裂纹、摩擦或扭结,检查所有连接是否固定良好	8.3	
	(2)飞行和发动机仪表:检查所有仪表是否固定,检查所有仪表的导线和连接情况	8.2~8.8	
	(3)电台托架(S):检查电台托架固定情况	8.7	
	(4)桨控制:检查尾桨脚蹬组件可接近部分是否有缺陷,检查操作间隙	8.7	
6	升降速度表检查: 在旋翼机静止不动时指针指示应为零	8.2	
7	外界大气温度: 不允许剪切或拼接 OAT 探针导线	8.2	
8	高度表检查: (1)气压修正刻度正确设置,将修正刻度设置到当前高度表的设置 (2)检查高度表读数是否对准本场高度 (3)检查高度表校准,误差在 70ft 以内	8.2	
9	动静压系统检查: (1)皮托管堵塞 (2)静压口整洁,是否堵塞 (3)座舱底部的拆卸检查板处拆下塑料放水塞,放掉动/静压管内积水,只有在空速表和高度表系统指示出现误差时才需放水 (4)动静压口是否有飞虫或其他障碍物进入	8.3	

版次:1	制定日期:2014.7.4	编写:郭艳颖	审核:薛建海	总页数:3	页码:3

复习思考题

1. 简述全/静压系统工作原理。

2. R44 直升机上的全/静压系统给哪些仪表提供气压？提供动压还是静压？

3. 简述气压式高度表的原理及安装位置。

4. R44 直升机的飞行仪表有哪些？

5. R44 直升机的发动机仪表有哪些？

6. R44 直升机的其他仪表有哪些？

7. 如何进行全/静压系统测试？

8. 识别地平仪、转弯侧滑仪和磁罗盘。

9. 仪表系统的故障排除。

10. 简述警告系统的组成。

11. 简述航空仪表分类及位置。

12. 简述航空仪表的布局。

13. 简述 R44 直升机七孔仪表板布局。

14. 简述国际标准大气压的定义及标准数值。

15. 简述航空领域涉及的高度的种类及定义。

16. 简述升降速度表的原理及安装位置。

17. 空速表的原理、表盘颜色代表的含义。

18. 简述全静压系统的故障分析。

19. 简述温度探头安装位置及功能。

20. 简述备用地平仪的功用、工作原理、指示。

21. 简述磁罗盘安装位置、功用、读数。

22. 简述水平状态指示仪的功用、安装位置及拆卸步骤。

23. 怎样判读转弯侧滑仪？2MIN 的含义？

24. 简述双针转速表安装位置、其传感器的工作过程、电源工作情况。

25. 简述进气压力表指示及功用。

26. 简述发动机仪表组的组成及位置。

27. R44 直升机其他仪表有哪些？分别位于哪里？

28. 简述 R44 直升机的警告系统的测试过程。

第9章　电气与航空电子系统

9.1　系统概述与部件载荷

罗宾逊 R44 型直升机为 28V 电气系统。其电气设备包括一个 28V、70A 发电机(持续电流输出能力为 64A)、发电机控制器、一个 24V 的电瓶和电瓶继电器。其主要用电设备的载荷见表 9-1。

表 9-1　电气设备载荷表

设备	载荷/A	连续工作	间断工作
起动机	150.00		√
起动机继电器	4.50		√
电瓶继电器	0.75	√	
皮带张力作动器	1.20		√
警告灯	每个 0.08		√
航行灯	2.20	√	
仪表灯	每个 0.08	√	
着陆灯	每个 8.30		√
防撞灯	3.20	√	
发动机仪表	0.50	√	
低转速警告和继电器	0.35		√
数字式外界大气温度表	0.13	√	
通信设备(发送时)	3.66		√
通信设备(接收时)	0.70	√	
地图灯	0.58		√

9.2　电源系统

9.2.1　系统概述

电源系统的功用:①为电子设备供电;②将飞机电能转换为机械能(如驱动电动机);③

照明。

9.2.2 系统组成

飞机电源形式:直流电源和交流电源。

14V 电气设备包括一个 14V、70A 的发电机(限制到连续 50A),电瓶继电器,发电机控制器和一个 12V 的电瓶。

28V 电气设备包括一个 28V、70A 的发电机(限制到连续 64A),电瓶继电器,发电机控制器和一个 24V 的电瓶。130A 的发电机(限制到连续 85A)是警用机的标准配置。

电瓶置于下左钢管机架上的一个玻璃纤维盒内,在上部仪表板下的机头内或者在左前行李舱内。警用机和新闻机的电瓶挂在尾椎上。

电气断路器位于前左座椅的前缘上,断路器上标有功能和安培数,为按下-重置型开关。

主电门位于仪表板上,控制电瓶继电器,可解除所有线路与电瓶的连接,除了转速表和时钟,转速表和时钟通过离合器开关直接接受电瓶供电。

发电机控制器(ACU)通过一个遥控传感器感受分流器上的系统电压。14V 的 ACU 有三个功能:它调节发电机的输出电压,保持电瓶电压在 13.7～13.9V;如果电压降低到 12.55～12.95V,它通过 ALT 灯亮警告低电压;如果电压超过 15.75～16.25V,它可关闭发电机以防止超电压。28V 的 ACU 也有三个功能:如果电压降低到 24.00～26.00V,它通过 ALT 灯亮警告低电压;如果电压超过 32.00～33.40V,它可关闭发电机以防止超压;它通过在 28.25～28.75V 调制电流 0.25～1.00A 来调节发电机的输出电压,使得发电机的输出更接近于电流载荷需要,减少电压波动。

除断路器外,离合器作动器电路有一个低电流保险丝以防止由于电路断路器故障引起的电机超载和离合器灯过早关闭,防止过长的电机过载导致的电机烧毁。电路中有一个时间继电器,可以延长作动器弹簧开关的寿命,防止由于多谐振动引起的弹簧开关导致的过压。时间继电器只有在齿合周期内影响齿轮电机在电路完成后(离合器灯亮)工作 0.25s。电流中断(离合器等熄灭)需要重新设置时间继电器。

9.3 灯光系统

9.3.1 灯光系统概述

夜间,当飞机在滑行道和跑道上滑行、滑跑、起飞和降落,或在空中飞行时,都离不开灯光系统的照明和指示。即使在白天,有时在恶劣的天气条件下,灯光系统的照明和指示也是必不可少的。灯光系统的功用是为飞机安全正常飞行、驾驶员和乘务员的工作以及旅客安全舒适地旅行提供灯光照明和指示。

(1)提供驾驶舱灯光照明。

(2)提供仪表板和仪表照明。

(3)为飞机的安全飞行和正常使用提供机外灯光照明。

(4)在紧急情况下为旅客和乘务员提供应急照明和撤离指示。

9.3.2 系统组成

照明系统包括防撞灯、航行灯、两个着陆灯和内部的仪表灯和位于头顶上的地图灯。着陆灯线路通过离合器开关,当解除离合器时关闭着陆灯。在早期的 14V 直升机上,航行灯和内部仪表灯的亮度可以通过一个变阻器调节,在后期的 14V 和所有 28V 的直升机上可通过电子调光器调节。如果电路接地短路,则调光器关闭,短路排除后,调光器会重置。

在仪表板上的警告灯包括离合器、低滑油压力、低燃油、主齿轮箱和尾齿轮箱金属屑灯,主齿轮箱超温灯、发动机火警灯、低转速警告灯、低电压警告灯(ALT)、旋翼刹车灯和起动机已啮合灯。R44 型还包括燃油滤、副油泵和二氧化碳警告灯。

仪表群断路器包括安培表,滑油压力表,滑油温度表,气缸头温度表和主、副燃油量表。该电路还提供汽化器大气温度和外界大气温度。照明系统电路发生短路或故障时,此断路器也同样支持地图灯。

注意:

(1)电子设备的安装可影响电子转速表的精确性和可靠性,因此,未经工厂允许,不得在 R44 上安装电子设备。

(2)安装上部仪表板时,确保多销插头匹配正确,1 号插头的两边有一条白线,交叉插头会导致电气系统的损坏。

新闻机和警用机的飞行员座椅前的架子上另外有一个右侧保险电门板,上边有选装新闻机和警用机设备的所有保险电门。保险电门的前排连接到 28V 汇流条,后排连接到新闻机的 14V 汇流条,在警用机上,保险电门后排的外侧连接到 14V 汇流条,14V 汇流条由 28V/14V 转换器供电,保险电门板左侧的单独的主电门控制警用机或新闻机的所有设备的电源。

自动电子配平控制器由位于同一盒子内的两个独立的电机控制器组成。每部电机控制器包括输入电源、应变计信号,补偿控制,输出给电机并调整应变计的电力。当信号通过导线持续和稳定的同时,在驾驶杆中间杆上的一个单独的开关控制配平作动器输出。

9.3.3 机外灯光

机外灯光是指装在飞机外部用于飞机标识和帮助机组人员飞行的灯光,是飞机在夜间或复杂气象条件下飞行和准备时必不可少的指示和照明设备。它们主要包括航行灯、防撞灯(信标灯)、着陆灯、滑行灯、转弯灯、探冰灯、航徽灯等。作为航行灯和防撞灯的辅助灯光,现代飞机大多数还装备有频闪灯,有些飞机还加装了起飞灯。

机外灯光的共同要求是:①足够的发光强度和高的发光效率;②可靠的作用范围;③适当的色度。

1. 航行灯、防撞灯和频闪灯

航行灯与防撞灯和频闪灯相互结合,用于显示飞机的轮廓、辨识飞机位置及运动方向,以防飞行器之间的相互碰撞或飞行器撞上建筑物等障碍物。

(1)航行灯。航行灯也称为位置灯,航行灯的颜色色度图按国际照明学会(CIE)规定的三色坐标系统表示,以便与星光和地面灯光相区别。一般两翼尖和飞机尾部各有一个航行灯,分别为左红、右绿、尾白,如图 9-1 所示。每个航行灯由光源、反射器和滤光罩组成。航行灯多采用功率为数十瓦的航空白炽灯泡作为光源。为提高航行灯的工作可靠性和增大航行灯的作用距离,常采用几只灯泡装在一个灯具内的航行灯。

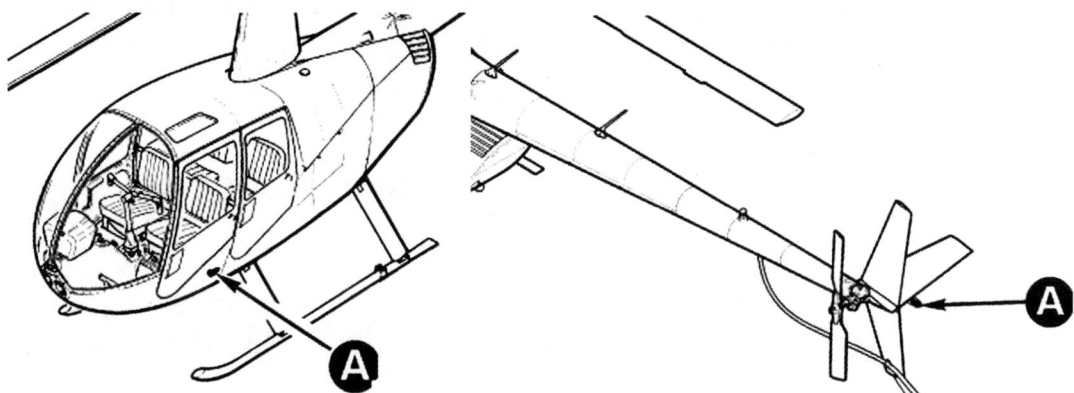

图 9-1　航行灯(左、右和尾部)

　　(2)防撞灯和频闪灯。防撞灯和频闪灯俗称"闪光灯",闪光的目的是为了及时引起注意和警觉。随着现代电子技术的发展和广泛应用,现代飞机大都加装了频闪灯。防撞灯和频闪灯的主要区别在颜色和安装位置上。前者为红色,安装在机身上部和下部。后者为白色,安装在机翼的翼尖前缘和机尾等处,如图 9-2 所示。闪光灯实现闪光的方法有:电机旋转式、气体脉冲放电式和晶体管开关式等三种。现代飞机的闪光灯多采用气体脉冲放电式,早期的防撞灯多采用电机旋转式。

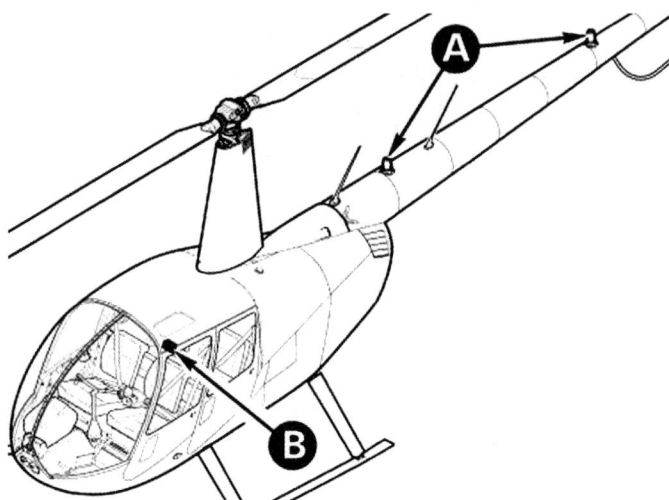

图 9-2　频闪灯

　　不管是白天还是夜间,在移动飞机或试车之前,最好先打开红色防撞灯,以引起周围其他飞机、车辆和人员等的注意。

　　2.着陆灯、滑行灯和转弯灯

　　(1)着陆灯。着陆灯是在夜间或能见度差时,为保证飞机安全起飞和着陆而照亮机场跑道的机上灯光装置。着陆灯按结构可分为活动式和固定式两种。活动式着陆灯由固定部分和活动部分组成。固定部分包括壳体、电动机和减速器;活动部分包括灯丝和锥形整流罩。使用时,可根据需要进行收放。

现代大中型飞机都装有固定式或活动式着陆灯,或者两者都有,以保证有足够的光强度和可靠性。目前一般着陆灯都采用新型光源,其发光强度为数十万坎德拉(烛光),要求短时使用;根据不同机型,对着陆灯的光束会聚性(光束角)、照射距离、照射宽度等都有专门的要求。如图 9-3 所示为 R44 飞机的着陆灯。

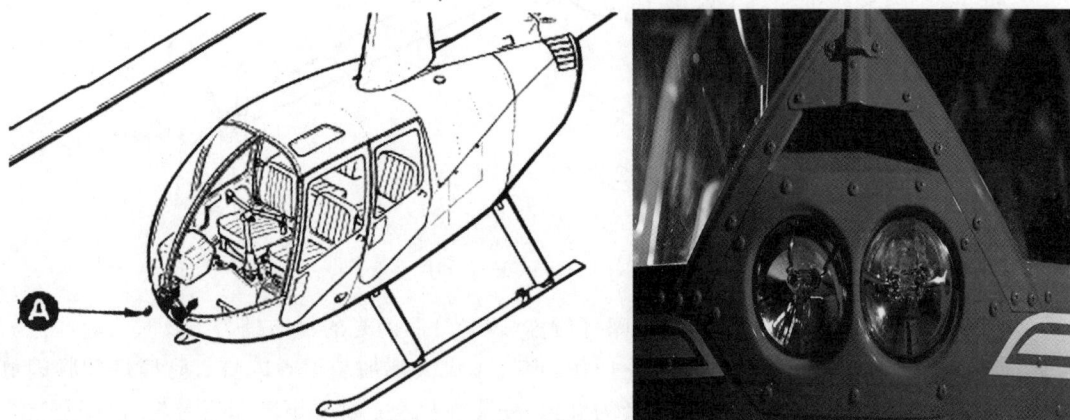

图 9-3 着陆灯

(2)滑行灯。滑行灯用于飞机滑行时照亮飞机正前方。有些(例如空中客车系列)飞机的滑行灯里有两组灯丝,功率较低的那一组称为滑行灯,在滑行时使用;功率较高的另一组称为起飞灯,在起飞时使用,与着陆灯一齐照亮跑道。

(3)转弯灯。转弯灯也称为跑道转弯灯,在夜间滑行或牵引用于照亮飞机侧前方的区域。在能见度较差的亮度条件下,当飞机移动时,转弯灯能使机组或机务人员看清转弯标识、滑行道和跑道边缘。它主要由光源和棱镜玻璃罩盖等组成,其灯光水平扩散角比较大,是着陆灯的数倍;但光强比着陆灯弱,一般仅为几万坎德拉。这样才能满足飞机滑行时有较宽视野和较长滑行照明时间的要求。

3.探冰灯和航徽灯

(1)探冰灯。探冰灯又称为"机翼检查灯"或"机翼和发动机扫描灯",是用来照亮飞机机翼前缘和发动机进气道等容易结冰部位的机上灯光装置。探冰灯一般装于大中型飞机上,供机组人员目视检查机翼前缘和发动机进气道等部位的结冰情况,以便采取相应措施。探冰灯一般装在机翼与机身连接处之前的前部机身两侧,光束被预先设定在要求的角度。某些后置发动机飞机,探冰灯装在机翼后缘的机身两侧。如图 9-4 所示为 R44 飞机的探冰灯。

(2)航徽灯。航徽灯也叫标志灯,其作用是照亮垂直安定面两侧的航徽。航徽灯通常安装在左、右水平安定面靠近前缘的上表面处。航徽灯是一个用户选装项目,并不是所有飞机都安装有航徽灯。

9.3.4 故障分析和日常维护

灯光系统最常见的故障就是灯泡烧坏,导致灯组件不亮。如果更换灯泡后还没有排除故障,应检查相应的开关或断路器是否跳开。如果跳开但是没有短路现象,可以复位开关或跳关后再次打开灯开关。如果继续跳开,不要再次复位,应检查线路中是否有短路问题。

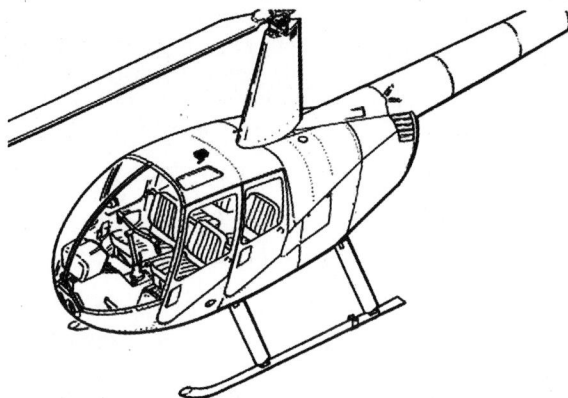

图 9-4 探冰灯

　　在拆卸或安装灯泡和灯组件的时候,应注意力量适中,如果拆卸或安装时感觉费力,应检查是否是螺纹没有对正,或者卡槽变形。切不可盲目用力,否则可能会损坏灯泡和灯组件,同时可能造成对工作者手部的伤害。

9.4　无线电设备

　　R44 型直升机上的无线电设备有:一套音频控制系统;两套甚高频通信设备;一套 GPS 导航设备;一套空中交通管制应答机;一套紧急定位发射机;可选装一套甚高频导航系统和一套指点信标机。这些设备由于采用大规模集成电路和印刷电路板等先进技术,设备体积小、重量轻,它们的接收机或发射机都与其控制显示面板组装在一起,集中安装在中央控制台上。如图 9-5 所示。

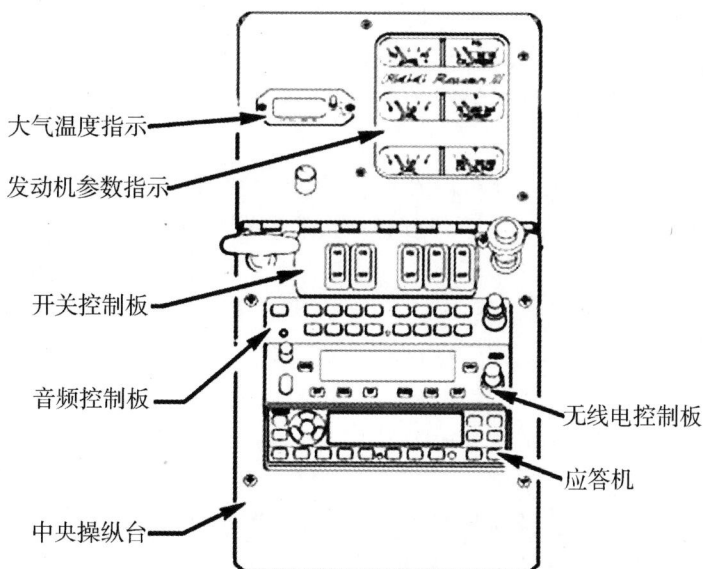

大气温度指示
发动机参数指示
开关控制板
音频控制板
无线电控制板
应答机
中央操纵台

图 9-5　中央控制台

9.4.1 音频控制系统

所有通信电台的基本通信线路包括一个可以提供声音启动的内部通话系统和驾驶员及副驾驶操纵杆开关,另外,两个后座分别有一个内部通话开关,通过该开关也可以启动内部通话。

驾驶员和副驾驶员单独的耳机架固定在顶棚,在头部后边。后边乘客的耳机架装在一个位于座舱顶棚后部的通信盒里。飞行员可以使用飞行员隔离开关使得他与内部通话汇流条隔离,他可以不受干扰地通过电台进行交流。

R44 直升机安装的音频控制系统位于无线电设备架的第一层,如图 9-6 所示,可对甚高频通信收发机、导航接收机、自动定向机、测距机、指点标接收机等实行音频控制,但是有的直升机上述设备没有选装。R44 型直升机并未安装自动定向仪和测距机等设备。

图 9-6 音频控制板

音频接收通过接收选择开关控制,可接收 COM1,COM2,COM3,MKR,NAV,ADF 和 DME 的音频信号(注意:不同的 R44 直升机,选装的收发机数量和导航设备不同)。三个接收选择开关为三位开关,其中间位是断开状态,即不进行任何连接。接收音频信号可由相应的接收选择开关置于下位来确定。收发机的音频信号可由相应的接收选择开关置于上位来确定,或者由发射选择开关来确定。由发射选择开关确定收发机,同时自动选择为收发机接收音频输入。

发送选择开关是一个四位的旋转开关,用于三个收发机和旅客广播(注意:不同的 R44 型直升机,选装两部型号不同的收发机,同时无旅客广播设备)。当选择了相应的收发机并按下发射按钮,麦克风和收发机相连并进行发射。在发射过程中音频板上的信号灯会指示绿色,同时除了侧音以外的所有音频信号和导航台音频信号都将被屏蔽。在发射功能上,机长比副驾驶拥有更高的优先级。

音频板上的信号指示灯是一个双色的 LED,用于指示通信系统的状态。当有音频信号输入时,LED 灯为红色;当发射按钮按下但没有音频信号输入时,LED 灯为绿色;当发射按钮按下同时有音频信号输入时,两色的 LED 灯同时点亮指示为琥珀色。

声音抑制开关和音量开关为同一个旋钮,外圈为声音抑制,内圈为音量开关。声音抑制开关提供三种模式:"LIVE ICS""KEYED ICS""VOX ICS"。当声音抑制开关顺时针旋转到底,则为"VOX ICS"模式,只有当内话按钮被按下时,麦克风接收到的声音信号才会被处理。当声音抑制开关逆时针旋转到底,则为"LIVE ICS"模式,麦克风接收到的任何声音信号都将被送入内话系统处理。

飞行员隔离开关为一个红色的两位开关。当开关置于"NORM"模式,所有成员能通话和收听音频。置于"PILOT ISO"位时,机长和内话系统隔离,并可单独使用收发机进行通信,副驾驶和乘客只有内话功能。

9.4.2　甚高频通信

甚高频通信(VHF)天线前后排列安装于尾梁上,有多个件号可供选装,其中有的天线内部组合了 GPS 天线,有的天线为单独的通信天线;如图 9-7 所示。

图 9-7　R44 型直升机甚高频天线/导航天线

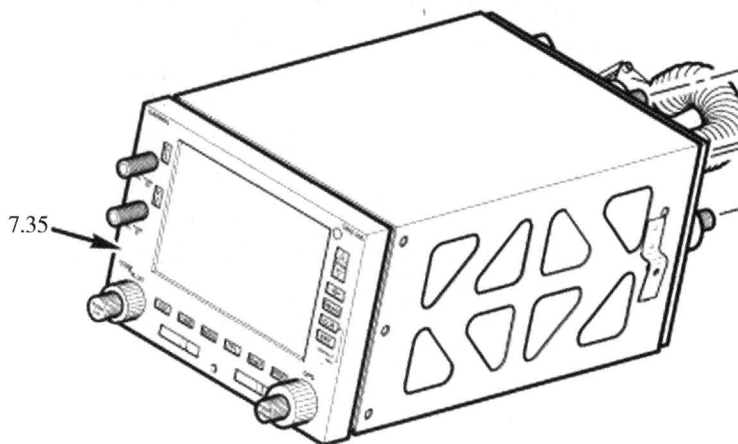

图 9-8　R44 型直升机收发机控制盒

无线电设备备架的第二和第三层安装甚高频收发机,可以选装的型号为 GNC420W(见图 9-8)和 GNS430,其在 R44 直升机的安装位置如图 9-9 所示。

9.4.3　自动定向机系统

ADF 是自动定向机,它是一个近程无线电导航系统。它从地面台接收无线电信号,其频率范围为 190～1750 kHz。ADF 接收机计算出飞机到地面台的相对方位角(RB),即以飞机机头方向为基准顺时针转到飞机与地面台连线之间的夹角。该计算结果在无线电磁指示器(RMI)和导航显示器(ND)上显示。

ADF 接收机还从地面台接收由音频信号调制的莫尔斯电码信号,并将其输出到音频系统,用于对地面台的识别,如图 9-10 所示。

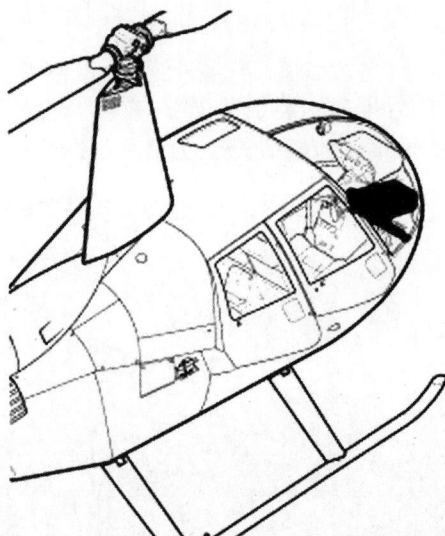

图 9 - 9　R44 型直升机收发机控制盒安装位置

图 9 - 10　ADF 仪表

　　典型的 ADF 系统的接收机位于电子设备舱,天线位于机身顶部。接收机的调谐既可以由 FMS 自动完成,也可以在 ADF 控制板上完成。ADF 接收机输出的相对方位角在导航显示器(ND)上显示,大多数飞机上还安装有无线电磁指示器(RMI)。在 ACP 上选择 ADF 系统,可以收听地面台的音频识别信号。

　　电源:115V 交流电从 ADF 电路跳开关到达 ADF 控制面板,ADF 控制面板使用 115V 交流电工作。ADF 控制面板将 115V 交流电发送到 ADF 接收机用于工作。ADF 接收机发送 12V 直流电到 ADF 天线用于工作。

　　ADF 天线组件含有环形天线和垂直天线。天线组件同时含有环形天线和垂直天线的信号放大器。环形天线提供方向数据,垂直天线提供台站音频信号。

　　ADF 系统利用两部天线接收来自地面台的电磁波。环形天线接收电磁波的磁场部分,垂直天线接收电磁波的电场部分,并将信号传送到 ADF 接收机。ADF 接收机利用这两个信号计算出相对方位信号,并且驱动 ND 和 RMI 上的指针指示出相对方位。

ADF 系统有两个工作方式,即 ADF 和 ANT,可人工选择。

在 ADF 工作方式,系统具备所有的功能。它能计算出相对方位角,并且通过音频系统可以听到地面台发出的莫尔斯识别码。在 ANT 工作方式,只有感应天线工作。因此,不能计算出相对方位。但是,收听识别信号更清晰一些。这一方式用于识别信号较弱的情况下,如图 9 -11 所示。

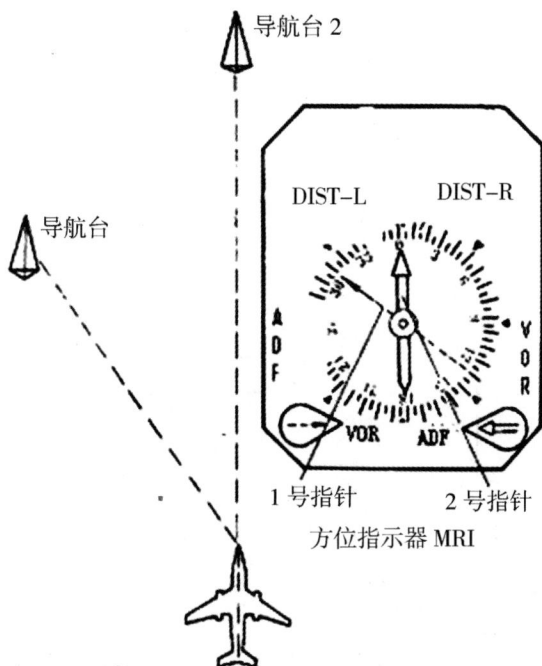

图 9 - 11　ADF 显示

9.5　全球定位系统 GPS

全球定位系统 GPS 是一种基于卫星的、长距离的、全球性的导航系统。GPS 是一种全天候的无线电导航系统,它不受静电云团等气象干扰,通过收、发无线电信号可为用户提供精确的定位和时间基准等。GPS 不仅适用于飞机等航空航天飞行器,也适用于地面汽车、人群、海上船只等的定位和导航。使用 GPS 系统的飞机,可以引导飞机在起飞、巡航、进近、着陆等各个阶段沿预定的航线准确地飞行。此外,卫星导航系统还可以综合用于通信、交通管制、气象服务、地面勘测、搜救、授时等军事、民用方面。

在地球上空 10 900n mile 的轨道上,有 21 颗工作卫星和 3 颗备用卫星。每颗卫星绕轨道一周需要 12h。

每颗卫星向外发射包括传输时间在内的信号,机载 GPS 组件比较信号的接收时间与发射时间,并计算出这一信号的传输时间。通过这一传输时间,就能确定飞机到卫星的距离。因为无线电信号在空间传播的速度是光速。

当机载 GPS 能收到至少 4 颗卫星的信号时,它就能计算出飞机所在位置的纬度、经度和高度。因为 GPS 中存储了所有卫星的轨道位置数据,所以它也被称为星历。

GPS 提供两种服务,一种精确定位服务,用 PPS(Precise Positioning Service)表示,它仅用于军事方面;另一种是标准定位服务,用 SPS(Standard Positioning Service)表示,它用于民用航空。

GPS 使用的频率是 1575.42MHz,其定位精度在 15～25m 之间。

在使用标准定位服务时,其 15m 的定位精度太低,这样,飞机不能利用 GPS 的定位数据着陆,定位精度太低这一不足,可以通过差分 GPS(DGPS)进行改善。

在飞机上安装有两部 GPS。每部 GPS 都有一部安装于机身顶部的天线,它接收卫星信号。卫星信号传送到 GPS 接收机,GPS 接收机在对信号处理后,将其送到飞行管理系统进行导航计算。具体各种无线电设备天线如图 9-12 所示。

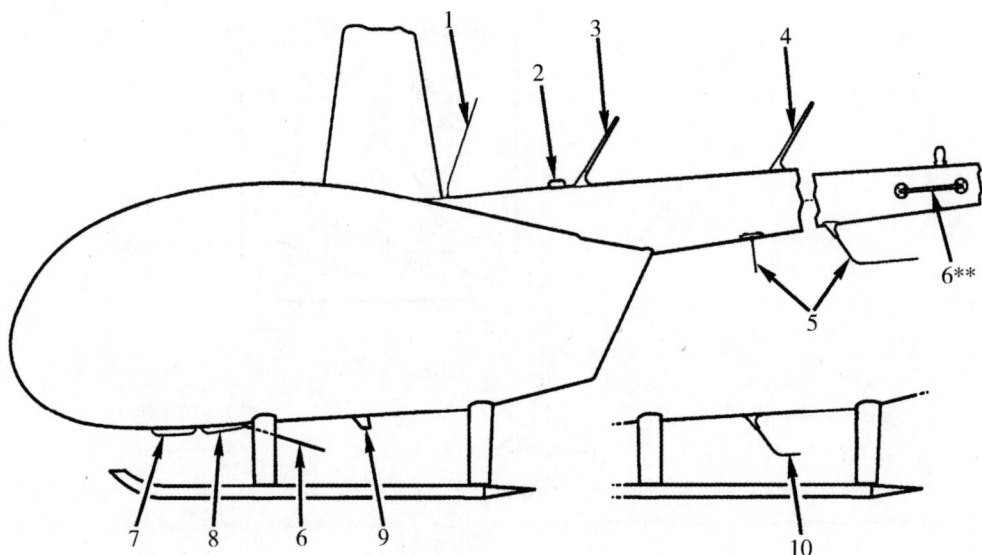

图 9-12 天线位置图

天线位置说明见表 9-2。

表 9-2 天线说明表

编号	说 明
1	ELT 紧急定位发射器
2	GPS 全球定位系统
3	COM, CPS OR LORAN 通信,全场定位系统或罗兰系统
4	COM, CPS OR LORAN 通信,全场定位系统或罗兰系统
5	NAV 导航系统
6	ADF 自动定向仪
7	MARKER BEACON 指点标
8	TRANSP0NDER 应答机
9	MARINE FM TRANSCEIVER 水上 FM 收发机
10	FM IKANSCEIVER FM 收发机

9.6　应答机

应答机属于空中交通管制雷达系统(ATCRBS)的机载设备,与地面二次雷达配合工作,向地面管制中心报告飞机的识别代码、飞机的气压高度和一些特殊代码等。应答机分为 A/C 模式和 S 模式两种。A/C 模式应答机的地面设备是航管二次雷达系统,S 模式应答机的地面设备是离散选址信标系统。

R44 直升机装备一部 A/C 模式应答机。应答机与控制板组合在一起,天线位于机身机腹下。应答机接收地面二次雷达询问信号的频率为 1030MHz,发射代表飞机代号和高度的脉冲应答信号的频率为 1090MHz。

应答机位于无线电设备架的第四层,如图 9-13 所示。

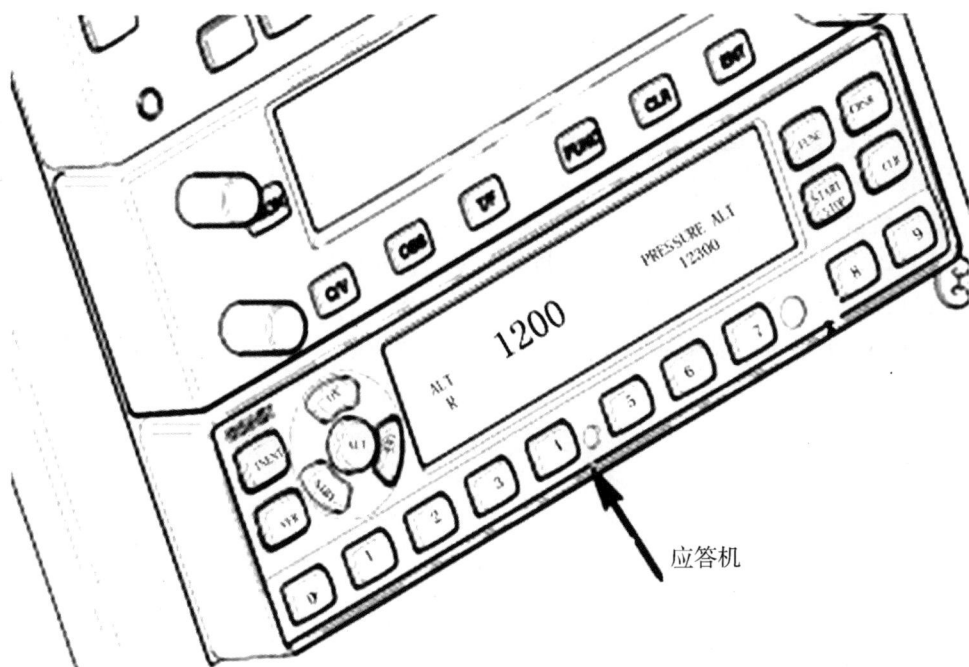

图 9-13　应答机

"OFF":该按钮用于关闭应答机。

"STBY":该按钮用于将应答机置于供电准备状态。在该状态下,应答机不能回答任何询问。

"ON":用于选择 A 模式,在 A 模式下可对 A 模式和 C 模式的询问进行回答,但是回答不包含高度信息。

"ALT":用于选择正常工作状态,可以报告飞机高度和代码。

"IDENT":按压该按钮用于触发 18s 的 SPI 脉冲。

"VFR":按压该按钮可将应答机的代码设置为预存的 VFR 代码,用于表明航空器按照目视飞行规则飞行。VFR 代码可在配置模式下进行更改,出厂时的默认代码为 1200。

"FUNC":用于更改屏幕右侧的显示内容页面,显示的内容包括气压高度、飞行时间、计时器和倒计时器。在配置模式下,向前翻页。

"START/STOP":用于启动和停止飞行时间、计时器和倒计时器。在配置模式下,向后翻页。

"CRSR":用于在倒计时器中输入初始时间和取消应答机代码的输入。在配置模式下用于选择可更换的选项。

"CLR":用于复位计时器、倒计时器和飞行时间。

"8":用于降低屏幕的对比度和背光亮度。

"9":用于提高屏幕的对比度和背光亮度。

应答机参数配置一般是在安装时完成。如果浏览或者更改配置参数,需要进入应答机的配置模式。首先按压"FUNC"键并保持,然后通过"STBY"、"ON"或者"ALT"键完成开机即进入配置模式。按压"FUNC"键可以向前翻页,按压"START/STOP"键可以向后翻页。按压"CRSR"键可突出显示每个页面可更改的内容。当可更改内容被高度显示后,使用"8"和"9"进行内容更改或使用"0"到"9"输入数据。按压"CRSR"键可确认选项。

9.7 气象雷达

机载气象雷达系统(WXR)用于在飞行中实时探测飞机前方航路上的危险气象区域,以选择安全的航路,保障飞行的舒适和安全。机载气象雷达系统可以探测飞机前方的降水、湍流情况,也可以探测飞机前下方的地形情况。在显示器上用不同的颜色来表示降水的密度和地形情况。新型的气象雷达系统还具有预测风切变(PWS)功能,可以探测飞机前方风切变情况,使飞机在起飞、着陆阶段更安全。R44 型直升机上安装的气象雷达如图 9 - 14 所示。

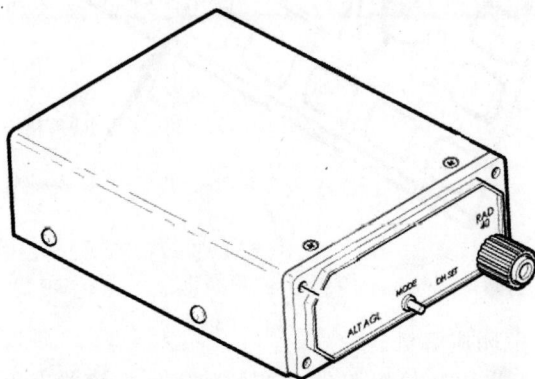

图 9 - 14 气象雷达

1. 工作模式

现代机载气象雷达的工作模式(方式)有"气象""气象与湍流""地图"和"测试"等。

(1)"气象"(WX)模式。该模式是机载气象雷达的基本工作方式。其显示在 EHSI 或 ND 显示器上向驾驶员提供飞机飞行前方的气象状况及其他障碍物的平面显示图像。

(2)"气象与湍流"(WX+T)模式。该模式是现代气象雷达的典型工作方式。当工作于"湍流"模式时,雷达能检测出湍流的区域,并显示在 EHSI 或 ND 上,出现品红色区域图像,也有的雷达显示为白色的图像。湍流探测的最大范围是 40n mile，超过 40n mile，只显示气象数据。

(3)"地图"(MAP)模式。该模式用于观察飞机前下方的地标特征。雷达天线(见图 9-15)下俯一定角度，天线辐射波束照射飞机前下方的广大地区，利用地表不同物质对雷达电波反射特性的差异显示地面和地形特征，如山峰、河流、海岸、大城市等地形轮廓平面位置分布图像。

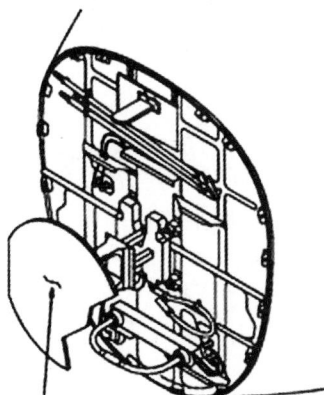

WXR 天线组件

图 9-15　气象雷达天线

(4)"测试"模式。该模式用以判断雷达的性能状态，并在 EHSI 或 ND 上显示检测结果。

2.气象雷达信息的显示

(1)正常显示。气象雷达的正常显示包括气象数据、系统信息、警告信息，如图 9-16 所示。

湍流区（白色或紫色）

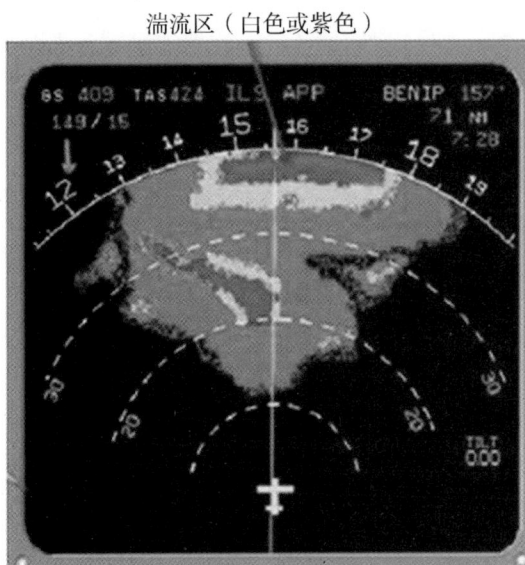

图 9-16　气象雷达显示

显示器上的 WXR 数据显示飞机前方的气象或地形信息。颜色显示气象或地形回波信号的强度。这四种颜色用于 WXR 显示。

①绿色:轻度气象条件;②黄色:中度气象条件;③红色:重度气象条件;④深红色:湍流。

气象雷达的系统数据在显示器的左下侧显示三行数据,分别表示方式、天线俯仰角和增益。

(2)预测风切变显示。如果 WXR 具有 PWS 功能,则在显示器上会显示风切变的三级警告信息。如果有二级警告信息,会显示黄色的"WINDSHEAR",如果是最高级警告,则显示红色的"WINDSHEAR"。

3.气象雷达在地面使用时注意事项

(1)前方有人,不能接通雷达系统。

(2)飞机在加油或有其他飞机在加油时,不能接通雷达系统。

(3)飞机在机库或朝着大的建筑物时,不能接通雷达系统。

(4)在地面时,雷达应工作在 TEST 或 STBY 位,若需处于发射方式应将天线置于全上仰位。

9.8 事故调查设备

9.8.1 飞行数据记录器(FDR)

按照航空法的规定,大型商用飞机上必须安装飞行数据记录仪(FDR)。飞行数据计量器在发动机工作(或飞机离地)后,自动实时地记录飞机的飞行状态参数和发动机工作状态参数,为分析飞行情况及飞机性能提供必要的数据。机载飞行数据记录器记录飞机最近 25h 的实时飞行状态参数与系统数据,以及飞机系统工作状况和发动机工作参数等。现行飞行数据记录器有两种类型,一种是磁带式飞行数据记录器,另一种为数字式飞行数据记录器。目前飞机大多数选用数字式飞行数据记录器为固态飞行记录器存储数据。如图 9-17 所示。为使记录器上的信息在较恶劣的环境下不丢失,记录器必须具有抗坠毁、耐火烧、耐海水和各种液体浸泡的能力。FDR 国际标准颜色是橙红色(桔红色),便于寻找。

图 9-17 飞行数据记录器

固态飞行记录器的前面板上有水下定位装置(ULD),又称为水下定位信标,它不是 FDR 的一部分,但是两者必须固定在一起。当飞行记录器和水下定位信标机坠入海里,信标机的电源自动接通,启动晶体振荡器电路,产生 37.5kHz 的声波信号,经放大驱动扬声器件,发出单音调音频信号,穿过海平面向空中辐射。使用声波探测装置可以接收到这一特定频率的信号,从而确定声源的方位和距离,便可找到 FDR。水下定位装置在水下的辐射范围是 1.8～3.0km,最大工作水深可达 2000ft,声波信号可保持发射 30 天。

ULD 的电源是干电池,一般选用锂电池,所以飞机坠入大海中,它能独立工作。维护中注意事项:在干净的维修车间内更换 ULD 的电池,并且注意"O"形密封圈是否老化、变形,表面是否光洁,以防漏水或电池受潮。另外不允许把任何其他的标签贴在 ULD 的壳体上。更换电池时避免极性装错,避免油泥、沙子等弄入装配螺纹中,防止密封圈损坏。

9.8.2　话音记录器(CVR)

话音记录器用于记录飞机着陆之前 30min 内驾驶舱中的机组通信、对话等所有的声音。当 115V 交流电源接入后,记录器便开始工作。记录器有 4 个录音通道,分别记录正、副驾驶,随机工程师通过音频选择板的通信和内话的音频,以及话音记录器控制盒上麦克风输入的驾驶舱内的声音。如图 9-18 所示,录音机前面板也有一个 ULD,与 FDR 功能相同。

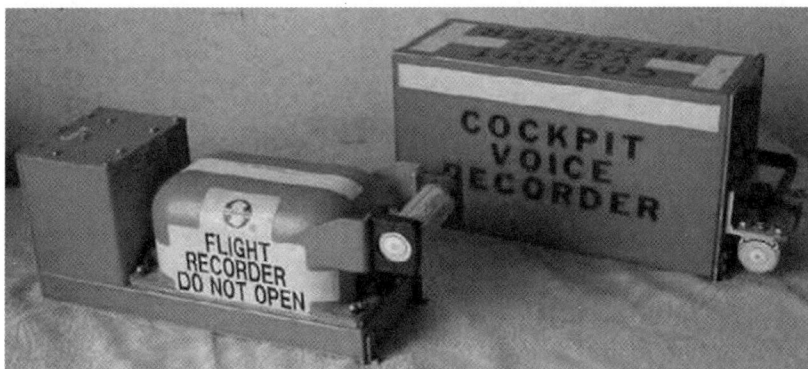

图 9-18　话音记录器

9.8.3　紧急定位发射机(ELT)

紧急定位发射机的作用是飞机发生事故时,生还人员使用它发出呼救信号,以便能够得到救援。如在飞机发生意外着陆和落入水中之后,紧急定位发射机帮助搜救人员查找飞机的下落,根据 CCAR91.435R2 的要求,在 2008 年 7 月 1 日以后,任何批准载客 19 人以上的飞机必须至少装备一台自动应急定位发射机或两台任何类型的应急定位发射机(根据 CCAR121 如果执行跨水航班必须安装救生型 ELT)。

飞机上有两种类型的 ELT。第一种类型是一种固定的发射机,它安装于飞机后部的上方。第二种类型是便携式的发射机,它位于客舱天花板靠近救生艇的部位。

便携式 ELT 有两个国际上规定的紧急频率发射无线电信号。一个信号是 VHF 频段的 121.5MHz,另一个信号是 UHF 频段的 243MHz。两个无线电信号都用扫频音调信号调制。UHF 和 VHF 频率的接收范围大约为 200n mile,所以,如果飞机在这一范围内失事,营救人员就可以找到飞机。

在一些飞机上装有固定式 ELT，它通过靠近垂直安定面的小天线向外发射 121.5MHz 和 243MHz 的信号。另外，它还发射一个 406MHz 的附加信号，这一信号卫星可以收到，它可以在全球范围内确定飞机的位置。该信号包括飞机的型号、尾翼上的标识信息和失事前的位置。

ELT 的电源是一个自备的干电池，能供电 48h。电池的更换日期必须标在发射机外部。对于新电池在初次安装 5 年后作实验台/电池检查，以后每隔 2 年进行一次。

当电池落入水中或电池线脱开时，便携式 ELT 工作。

当内部 g 开关探测到飞机纵轴的加速度大于 5g 时，固定 ELT 将自动激励。另外，它还可以通过驾驶舱顶板的控制板人工启动。

ELT 的工作频率为 121.5MHz、243MHz（民用警告频率）和 406MHz。日常维护工作中进行 ELT 测试之前，需要严格按照有关规定进行申报，在得到批准后，方可按照批准的时间、地点和有关程序测试 ELT。

在测试期间，当 VHF 通信系统调谐在 121.5MHz 时，可以听到扫频音调信号。

在测试时应该注意：在一个小时的第一个 5min 内，只能接通 ELT 开关最多 15s。否则，产生的任何发射信号都将立刻启动搜索和营救工作。

ELT 在飞机上的位置尽可能靠后，但要在垂直尾翼之前，通常放在客舱后部，如图 9 - 19 所示。

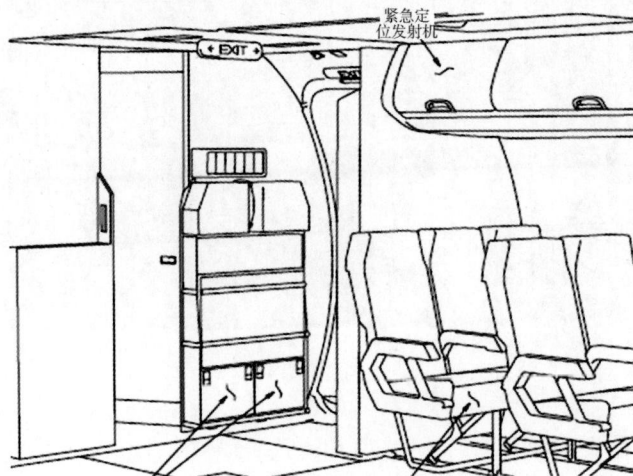

图 9 - 19 紧急定位发射机 ELT 位置

R44 型直升机安装了一套自动接通的 ELT 系统（见图 9 -20）。接通时该系统可在国际遇险频率上发射全向无线电信号，帮助寻找失事飞机。发射机组件安装于发动机舱内。远控开关安装于中央控制台上，共有三个位置，即断开位（OFF）、自动位（ARM）、接通位（ON）。天线组件安装在尾梁前部，如图 9 -20 所示。

图 9 - 20 紧急定位发射机 ELT

R44 直升机电气与航空电子系统实训工单

直升机型号	工作地点/日期	计划/实际工时	实训负责人
R44		3/	

项次	检查内容	维修手册对应章节	工作者
1	拆卸前部轨道盖(3A 和 3C)、驾驶杆止动盖板(3C)、机内总距盖板(3D)和前机腹盖板(3E)： 如果无线电天线装在拆卸的板上,要松开天线接头和地线,拔出相关无线电电路断路器,在断路器上贴标签"天线已拆除"	9.3.2	
2	天线检查及拆装： (1)围绕整机检查各种天线,是否有外观的损坏 (2)拆除 ADF、COM、应答机等天线 (3)检查天线是否有损坏 (4)天线完好,安装 ADF 天线	9.3.4	
3	照明和仪表(打开主电门)检查： (1)一氧化碳警告灯闪两次 (2)汽化器大气温度大致与外界温度相同 (3)发电机(ALT)警告灯亮 (4)滑油压力警告灯亮 (5)副油泵警告灯亮(仅限于 0～540)。 (6)燃油量表——指示油量 (7)导航和仪表板灯是否显示 (8)频闪灯 (9)离合器接通时检查着陆灯 (10)地图灯 (11)安培表——指示放电 (12)滑油温度表——在发动机冷机状态,指针应略有偏离 (13)气缸头温度表——在发动机冷机状态,指针略有偏离	9.2.2 9.2.3 8.6.4	

| 版次:1 | 制定日期:2014.7.4 | 编写:郭艳颖 | 审核:薛建海 | 总页数:2 | 页码:1 |

R44 直升机电气与航空电子系统实训工单

直升机型号	工作地点/日期	计划/实际工时		实训负责人
R44		3/		

项次	检查内容	维修手册对应章节	工作者
1	拆卸机外灯,包括:航行灯、频闪灯、探冰灯、着陆灯、防撞灯和航徽灯: 在拆卸或安装灯泡和灯组件的时候,应注意力量适中。如果拆卸或安装时感觉费力,应检查是否是螺纹没有对正,或者卡槽变形。切不可盲目用力,否则可能会损坏灯泡和灯组件,同时可能造成对工作者手部的伤害	9.3.4	
2	灯泡检查及更换: (1)通电检测灯泡是否发亮,是否有外观的损坏 (2)拆除着陆灯、航行灯、频闪灯等灯泡 (3)检查灯泡是否有损坏 (4)灯泡完好,安装机外灯光	9.3.4	
3	灯光和主电门检查: (1)着陆灯足够的光强度和可靠性 (2)红色防撞灯,安装在机身上部和下部。白色频闪灯,安装在机翼的翼尖前缘和机尾等处,检查发光颜色 (3)航行灯为左红、右绿、尾白 (4)滑行灯 (5)探冰灯(光束设定角度) (6)选装的航徽灯 (7)导航和仪表板灯是否显示 (8)线路短路情况 (9)应急照明和撤离指示 (10)开关和断路器	9.3	

| 版次:1 | 制定日期:2014.7.4 | 编写:郭艳颖 | 审核:薛建海 | 总页数:2 | 页码:1 |

复习思考题

1. 简述电气设备组成。

2. 简述电源系统的功用。

3. 简述飞机电源系统组成。

4. 简述灯光系统功能。

5. R44 直升机的通信设备有哪些？

6. R44 直升机的导航设备有哪些？

7. 识别 R44 直升机的天线。

8. 简述应答机按钮的作用。

9. 简述 FDR 和 CVR 国际标准颜色、位置，CLD 发射信号频率，持续发射信号能够维持的时间。

10. 简述 ELT 安装位置、天线安装位置、发射信号的频率、功能。

11. R44 型直升机机外灯光包括哪些？分别位于哪里？一般是什么颜色？

12. 气象雷达 WXR 显示颜色代表什么？

13. 简述应急电台的电源与检查方法。

14. 简述应急电台的功用、位置、频率。

15. 简述音频控制板(ACP)的功用。

16. 简述 R44 直升机电子设备的载荷情况。

17. 简述灯光系统的组成、警告灯的组成、断路器的功能及组成。

18. 简述电子设备的安装注意事项。

19. 简述机外灯光系统的组成、要求及功能。

20. 简述航行灯的安装位置、发光颜色的要求。

21. 简述防撞灯和频闪灯的作用、安装位置、发光颜色和注意事项。

22. 简述着陆灯的安装位置、分类和功能。

23. 简述探冰灯的位置及功能。

24. 简述灯光系统的常见故障、日常维护的注意事项。

25. R44 型直升机有哪些天线？

26. 简述 R44 直升机音频控制板的安装位置、其上面的按键的功能及操作。

27. 简述甚高频通信系统的组成、位置、功能。

28. 简述 ADF 功能、频率范围、安装位置。

29. ADF 如何实现定向的？

30. 简述 ADF 的工作方式、操作、控制面板的位置。

31. 简述 GPS 的功能、工作原理、提供的服务、天线安装位置。

32. 简述应答机的功能、工作过程、安装位置。

33. 简述应答机按键的意义。

34. 简述气象雷达功能、工作模式、信息显示情况。

35. 气象雷达在地面使用时注意事项？

36. "黑匣子"指的是什么？

37. 简述 FDR 的分类、功能、如何记录数据的。
38. 简述水下定位信标机。
39. 简述话音记录器 CVR 功能、安装位置、记录时间。
40. 简述紧急定位发射机 ELT 的功能、类型及频率。
41. 如何测试紧急定位发射机?

第 10 章　加温、通风和空调系统

10.1　座舱加温和通风系统

10.1.1　座舱加温和通风系统概述

座舱加温系统由一只消音器集热罩、防火隔板前面的一只控制阀、飞行员尾桨脚蹬前的一只输出格栅和各部件之间的连接导管组成，由发动机散热风扇供气。推拉位于仪表托架的下表面的加热控制手柄，加热手柄驱动操纵阀，它可以引导热空气进入座舱或从座舱下部排出机外。

每个机门内和直升机机头都有通风口，仪表托架下面有一机头通风推拉手柄。

注意：R44 直升机内要求安装座舱加温设备，气流经过消音器罩，冷却消音器和发动机部件后再进入座舱，加热座舱内气温。

10.1.2　座舱加温和通风系统的工作原理

R44 直升机座舱加热和通风系统利用发动机引气与机外空气相混合，通过发动机排气总管上的热交换器加热，向座舱提供经过加热的空气流，以满足飞行机组人员及乘客的需要。

10.1.3　座舱加温系统的工作流程

R44 直升机根据机型的差异，加温系统略有差异。主要体现在加温气体出口的个数。有的为单一加温气体出口（见图 10-1），有的为多个加温气体出口（见图 10-2）。两者的工作原理和工作流程完全一致。

现以多出口的座舱加温系统为例来说明座舱加温系统的工作流程。空气气源由发动机冷却风扇提供。空气流经热交换器（16），在降低热交换器温度的同时，空气温度得以提升；通过软管（19）到达空气控制阀门组件（15）。如果需要座舱加温，热空气流则通过控制阀门组件（15），进入软管（12）、热空气输送导管（硬管 11）、软管总管（6），并在右侧加温格栅（3）之前进行分流；一路进入右侧加温格栅（3），另一路通过软管（4）进入左侧加温格栅（5）；热空气经过座舱前部的正、副驾驶员脚蹬前部的加温格栅（3 和 5）进入座舱，对座舱内部进行加温。热空气从座舱下部的排气通道排出。

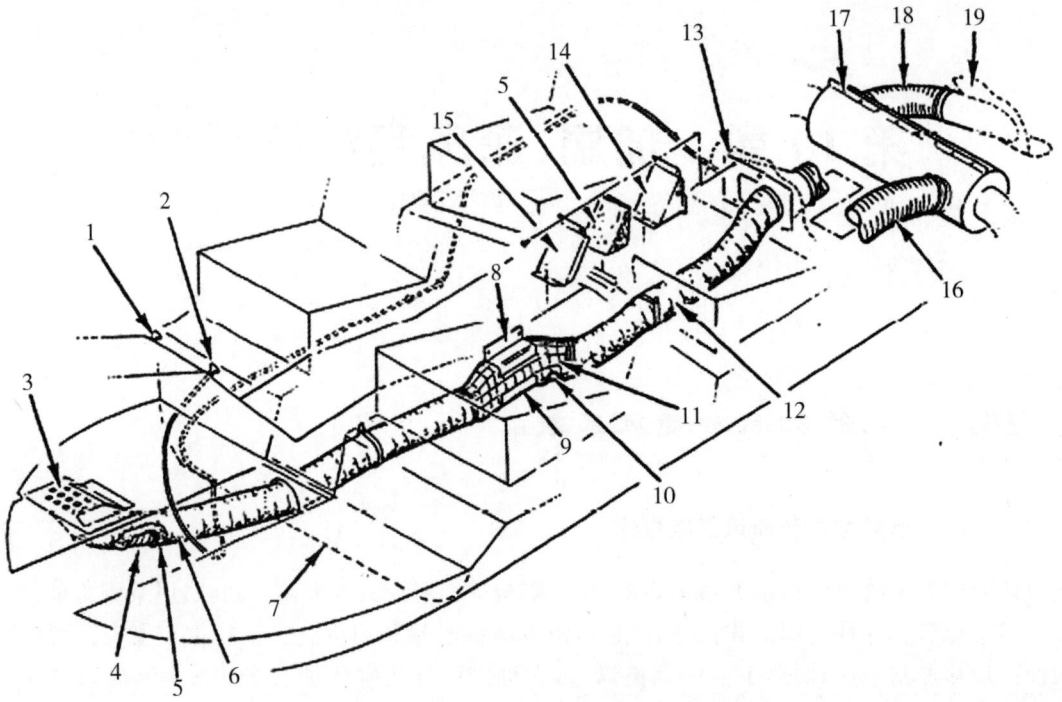

图 10-1　单一出口的座舱加温系统

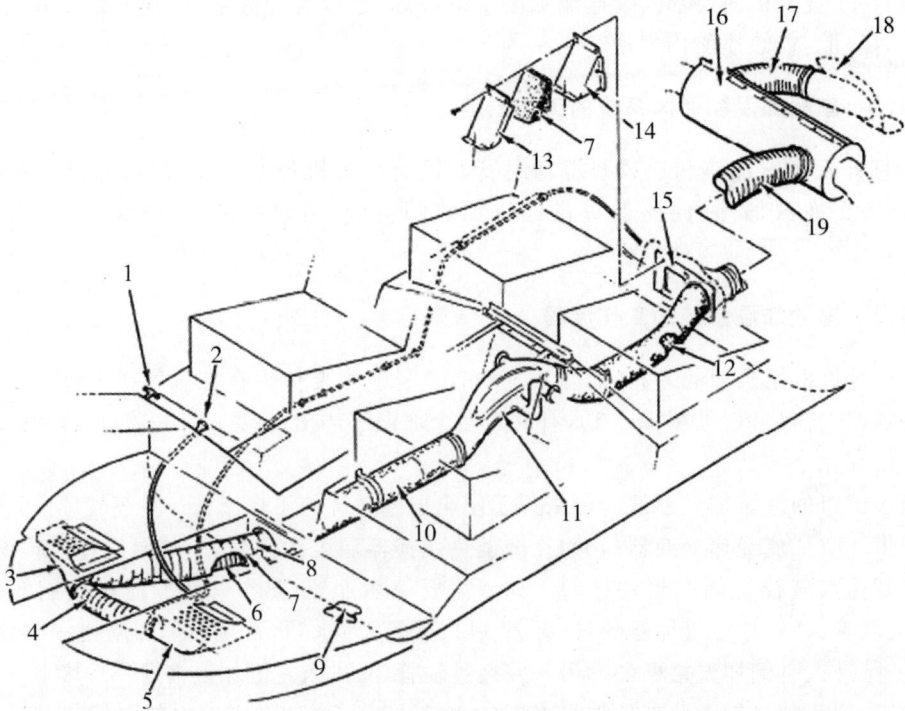

图 10-2　多路出口的座舱加温系统

图 10-1 中各序号对应的件号和名称见表 10-1。

表 10-1　单一出口的座舱加温系统中零部件序号对应的件号及名称

序号	件号	名称	序号	件号	名称
1	C522-5	座舱空气控制(参照)	11	C630-1	绝缘层
2	A522-8	座舱加热器	12	A785-14	软管
3	B164-1	加热器出口	13	A019-3	阀门
4	A785-15	管道	14	C625-1	盒
5	R111	绝缘层	15	A753-1	盖
6	A701-1 A701-2	薄金属带(7 项前) 薄金属带(7 项后)	16	A758-13	软管
7	D230-1	隔板(参照)	17	C169-2	罩组
8	C631-2	夹子	18	A785-12	软管
9	C631-1	夹子	19	C236	散热罩(参照)
10	D164-1	导管			

图 10-2 中各序号对应的件号和名称见表 10-2。

表 10-2　多路出口的座舱加温系统中零部件序号对应的件号及名称

序号	件号	名称	序号	件号	名称
1	C522-5	座舱空气控制(参照)	11	D164-2	导管
2	A522-8	座舱加热器	12	A785-14	软管
3	D164-1	加热器出口	13	C753-1	盖
4	A785-24	软管	14	C625-1	盒
5	D166-1	出口(左侧)	15	A019-1	阀门组
6	A7823	软管	16	C169-2	罩组
7	R111	绝缘层	17	A785-12	软管
8	A701-1	薄金属带(9 项前)	18	C236	散热罩
9	D230-1	隔板(参照)	19	A785-13	软管
10	A701-2	薄金属带(9 项后)			

消音器集热罩放大图及工作原理图如图 10-3 所示。

R44 直升机加温系统的引气口及出气口的位置如图 10-4 所示。

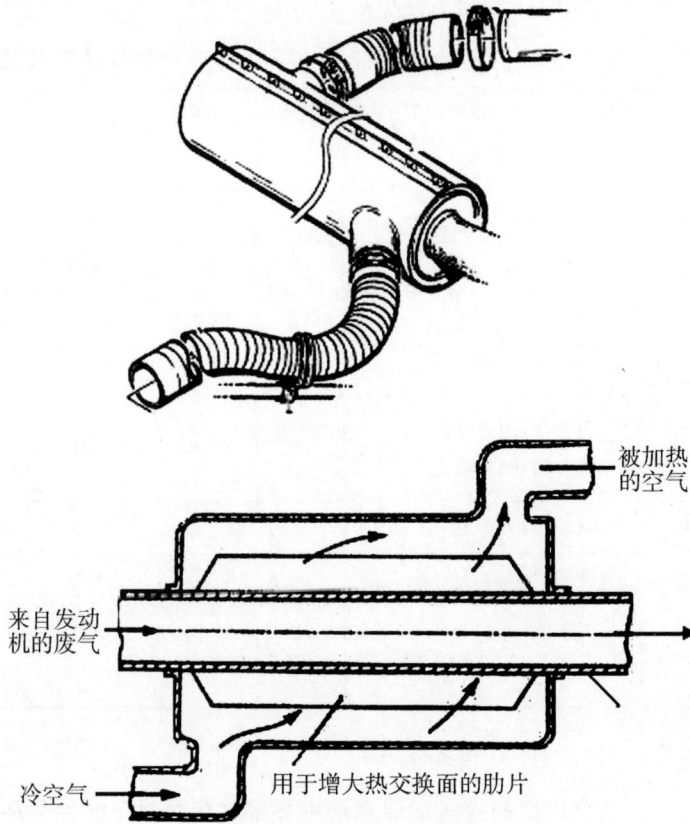

图 10 - 3 消音器集热罩放大图及工作原理图

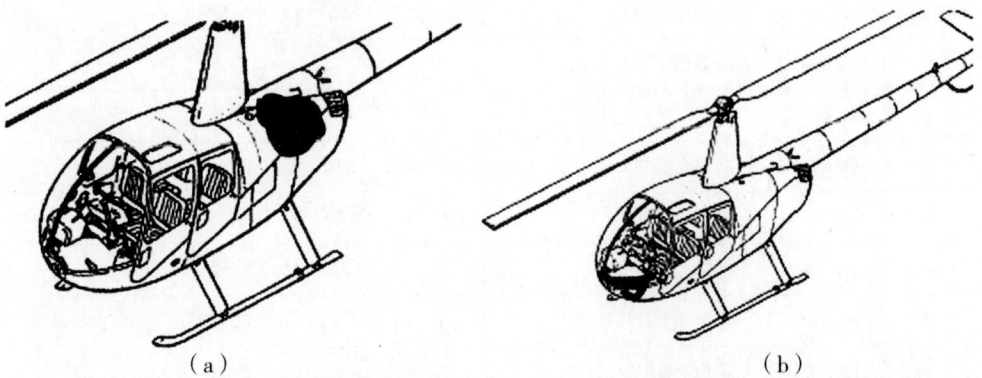

图 10 - 4 加温系统引气及出气口位置图

（a)引气口位置；(b)出气口位置

10.1.4 座舱通风系统

座舱通风可以通过推拉通风手柄实现,该手柄位于仪表面板中段左侧（见图 10 - 5),从机头通风口引进机身正前方的外界空气流进入座舱。在机头前部内侧,有两个进气活门,有三个位置可供选择。

(1)推进关闭通风。

(2)拉出开启通风。

(3)推进顺时针旋转锁定通风手柄,或拉出顺时针旋转锁定通风手柄。

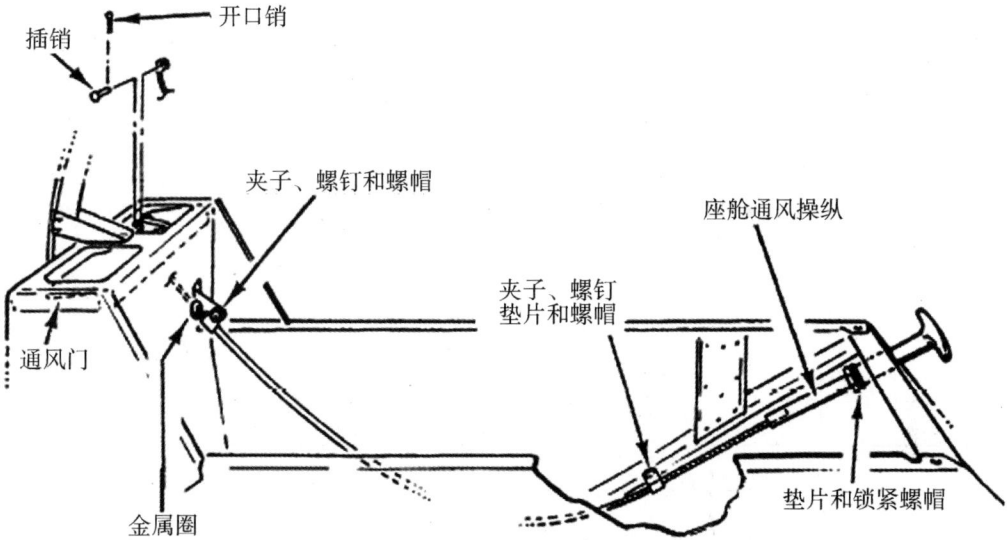

图 10-5　座舱通风设备安装示意图

同时,也可以人工开启座舱门上风挡玻璃下方的小窗口盖,与外界大气进行空气交换。座舱通风系统中的每个机舱舱门上和直升机机头都有通风口,如图 10-6 所示,各舱舱门上的通风口盖是通过旋钮开关来打开的。

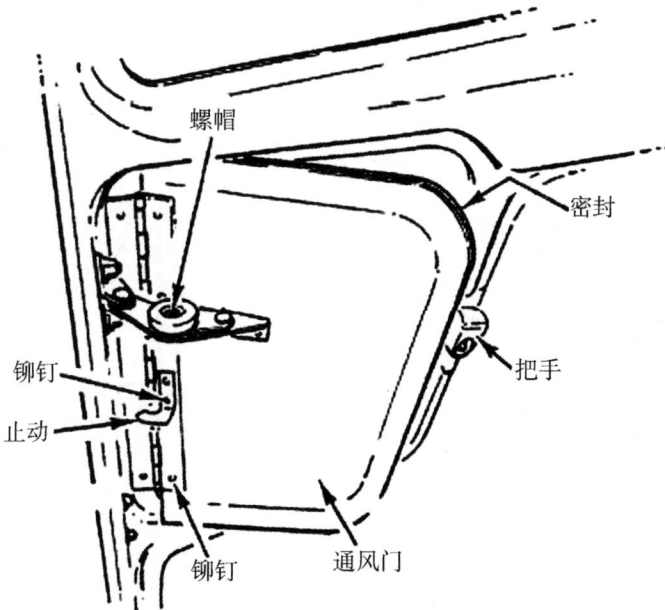

图 10-6　通风门结构图

10.2 空调系统

10.2.1 空调系统的组成

R44 直升机选装座舱空调系统如图 10-7 所示,该系统类似于通用汽车和轻型飞机系统,包括一个压缩机(位于发动机左整流罩内),一个冷凝器(安装在发动机散热风扇涡管左侧),一个蒸发器和风扇组件(安装在后座舱臂上),一个膨胀活门,一个头顶出口导管和内部连接的导管和软管。系统使用 R134a 冷却剂。另外,为了保障整个空调系统安全稳定地运转,还安装有一个全油门切断跳开关、一个温度感应跳开关、两个温度探头和两个压力感应开关。

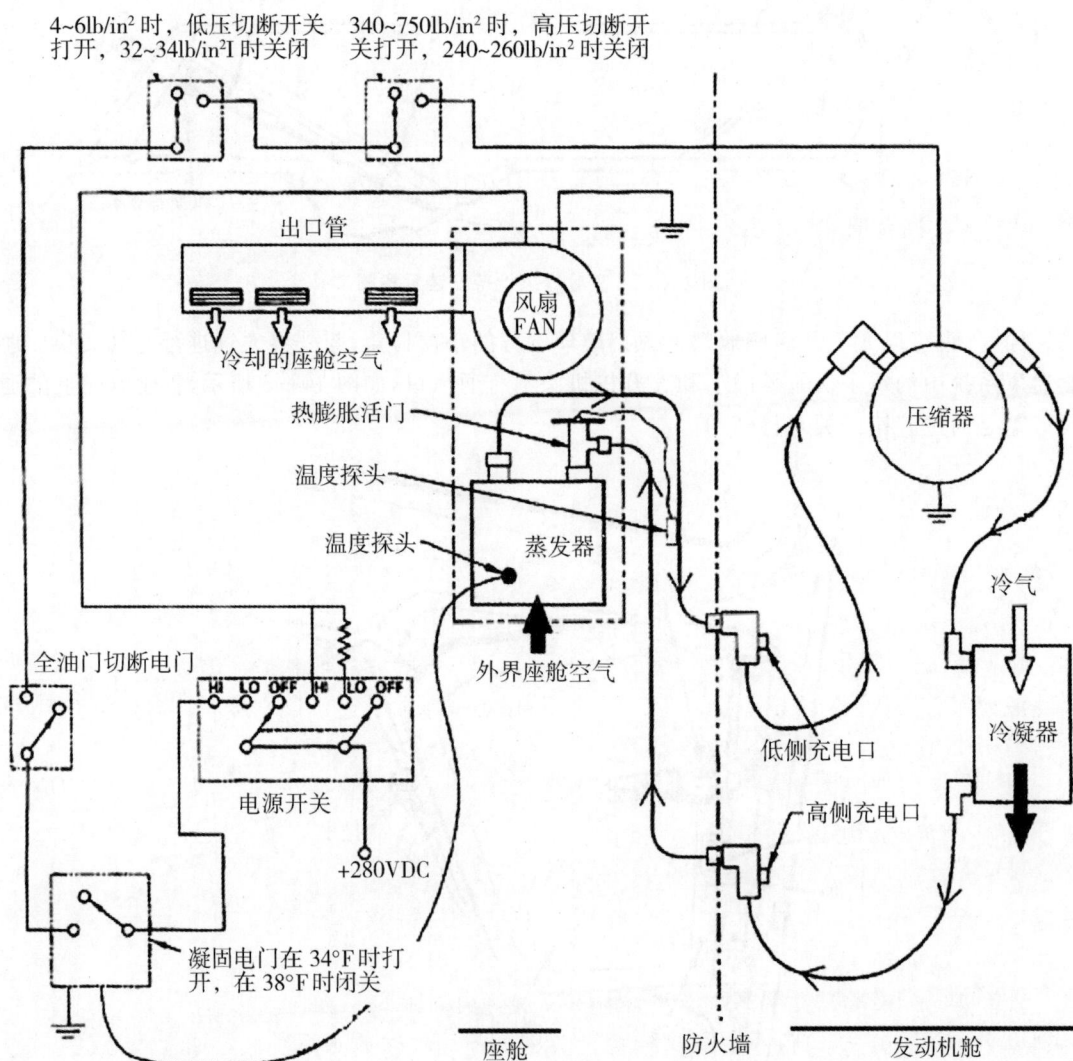

图 10-7 空调系统

系统由一个在头顶导管上的扳手开关控制,可选择关闭、低风和高风设置,通过开关打开风扇,压缩机自动啮合,当蒸发器温度下降到冷凝点以下时,一个温度(冷凝)开关解除压缩机啮合,如果发生过度的冷冻液泄露或者冷冻液压力过大,安全(压力)开关会解除压缩机啮合。当发动机接近全油门时,全油门开关会解除压缩机啮合以确保飞机性能不受到影响。压缩机离合器和风扇电路有空调保险电门保护。

10.2.1.1 压缩机

压缩机是由发动机附件驱动盒上的皮带驱动,装有一个电磁离合器,当系统关闭时,压缩机离合器解除啮合,使得压缩机皮带轮无负荷自转。图 10-8 所示为压缩机驱动筒组件。

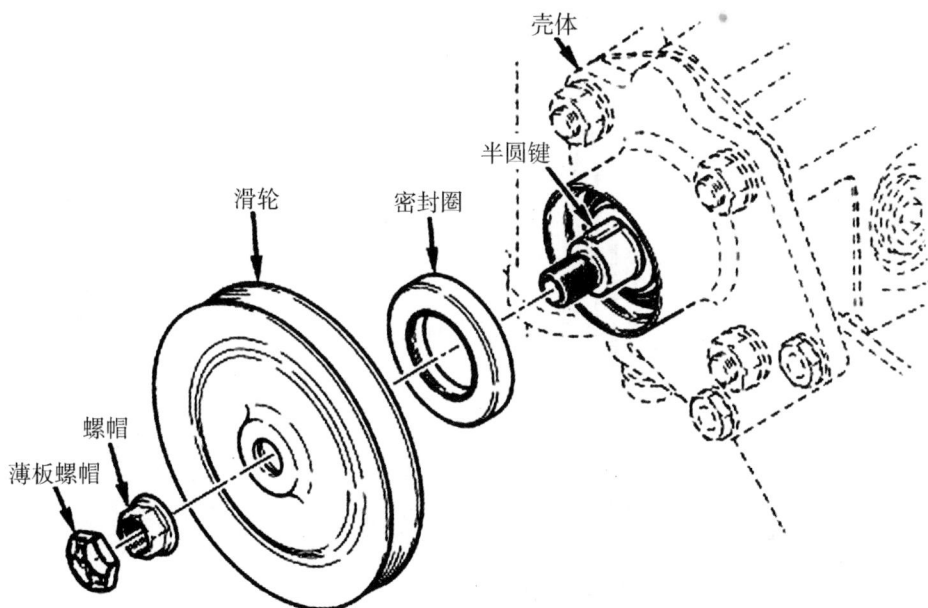

图 10-8 压缩机驱动筒组件

10.2.1.2 蒸发器

蒸发器是利用氟利昂的相变来吸收座舱空气中的热量,它可使系统中的空气在进入座舱和设备舱之前显著地降低温度。它的冷却效率高,而且在地面停机的条件下有良好的冷却能力,飞行时有良好的经济性,节省燃油。

蒸发器风扇吸引座舱内的空气,通过蒸发器进入气格栅,在冷凝器的作用下,空气得到冷却。经过冷却的空气到达座舱顶部的导管,在风扇的作用下,将冷空气送入座舱。

如图 10-9 所示,蒸发器放水系统的设计可以防止冷凝液回到蒸发器并渗入客舱,所有的部件一定要确保正确放水,放水管的堵塞或扭曲可导致水损坏蒸发器盒附近的座舱内部。

软管将冷凝液放到右后座椅靠背后边的 T 型管内。在 T 型管内,一根沉淀管向下伸出几 in 到一个插塞,沉淀管可以很好地处理掉污染物而不堵住主放水系统。定期检查沉淀物管,如果 T 型接头附近有沉淀物,拆下端头,清洗管子。

T 型接头上方是一个球,装在上部软管内,正常情况下,少量的水会保留在由放水管和 T

型接头组成的圆环内,如果系统干燥,球会顶住 T 型头,并防止蒸发器风扇将空气吹入放水系统,直到水充入该区域。

　　硬的放水管沿着右后行李舱的内侧角后部伸到机腹,在潮湿的情况下,正常的系统操作应该有冷凝水从放水管滴出,在极其干燥的情况下,几乎没有冷凝水,定期检查蒸发器放水组件,确保其没有损坏或移位。

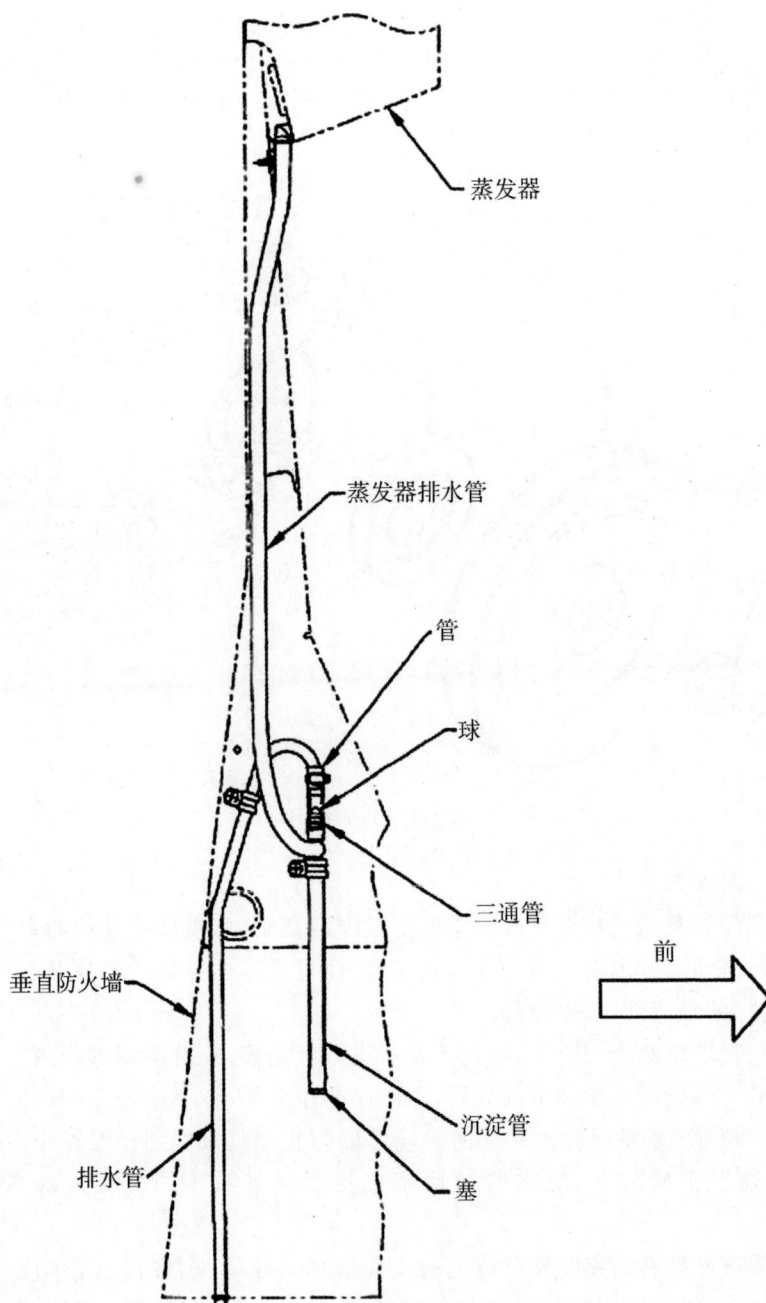

图 10-9　蒸发器放水系统

10.2.1.3　冷凝器

冷凝器接收压缩机排出的高压过热制冷剂蒸气,变相并放出热量后,凝结成液体或过冷液体,也就是经过压缩机压缩后的高温高压氟利昂蒸气进行冷却散热。

10.2.1.4　膨胀活门

由于氟利昂的相变特性,对外放热而发生气/液态转换时氟利昂的压力和汽化温度都很高,因此,必须进行降压处理。膨胀活门就是起降压作用的,氟利昂经膨胀活门降压后,可以使低压液态的氟利昂进入蒸发器。

10.2.2　空调系统的工作原理

R44 直升机的空调系统,采用独立的冷却液以及冷凝器、蒸发器、压缩机等设备,利用制冷剂的相变特性,向座舱提供经过冷却降温的、合适温度的空气,以满足飞行机组人员及乘客的需要。

除压缩机是依靠发动机附件驱动盒上的皮带装置驱动外,其他整个空调系统的运行处于完全独立状态,与发动机、机体等各系统、部件和附件的工作没有任何关联。

当接通压缩机的工作电门时,蒸发器温度探头自动感应其温度的变化。空调系统开始工作,压缩机排出的高压过冷制冷剂蒸气进入冷凝器,变相并放出热量后,凝结成液体或过冷液体。这些过冷液体进入蒸发器,产生膨胀,与热空气产生冷热交换并吸收热量。外界座舱的空气经蒸发器,温度降低,并在风扇的作用下经冷却的空气送入座舱,对座舱进行冷却或降温。

10.2.2.1　全油门切断开关

通过一个位于主控制通道内的油门推拉杆后端直角摇臂附近的微动开关,感受油门的位置,当感受到油门处于全开启状态时,全油门切断微动电门开始工作,自动切断整个空调系统的电力,终止空调系统的工作,以保障并满足发动机在全功率状态下的动力输出,燃调油门臂距离全油门止挡块间隙 0.15~0.20in,在此标准范围内,进行油门推拉杆后端角摇臂附近的微动开关的调整,即全油门切断电门接通与关断时机的调整。

全油门切断开关(见图 10 - 10)可以解除压缩机离合器啮合,使其在全油门下方约 1in MAP(进气压力指示)。这就保证了空调操作不会影响飞机在高度上的性能。全油门切断是通过一个位于主控制通道内的油门推拉杆后端的直角摇臂附近的微动开关控制。当按钮没有按下时,开关正常关闭(允许电流进入压缩机)。压下按钮,直角摇臂组件上的一个凸轮打开油门附近的开关。

当燃油控制器上的油门臂距离全开油门止动为 0.15~0.20in 时,应调整开关,使得按钮可以被凸轮压下。

10.2.2.2　冷凝温度跳开关和温度探头

温度探头不是探测座舱内部温度,而是探测空调系统的温度,并将信号传递至冷凝温度感应跳开关。当冷凝温度在 34℉时,冷凝感应跳开关断开;当冷凝温度在 38℉时,冷凝感应跳开关闭合。这样就通过感受系统冷凝温度的高低,自动调节空调系统的冷凝温度,从而达到调节座舱温度的要求。

10.2.2.3　压力感应开关

两个压力感应开关,一个高压感应开关,一个低压感应开关。均感受来自于压缩机出口的制冷剂的压力。

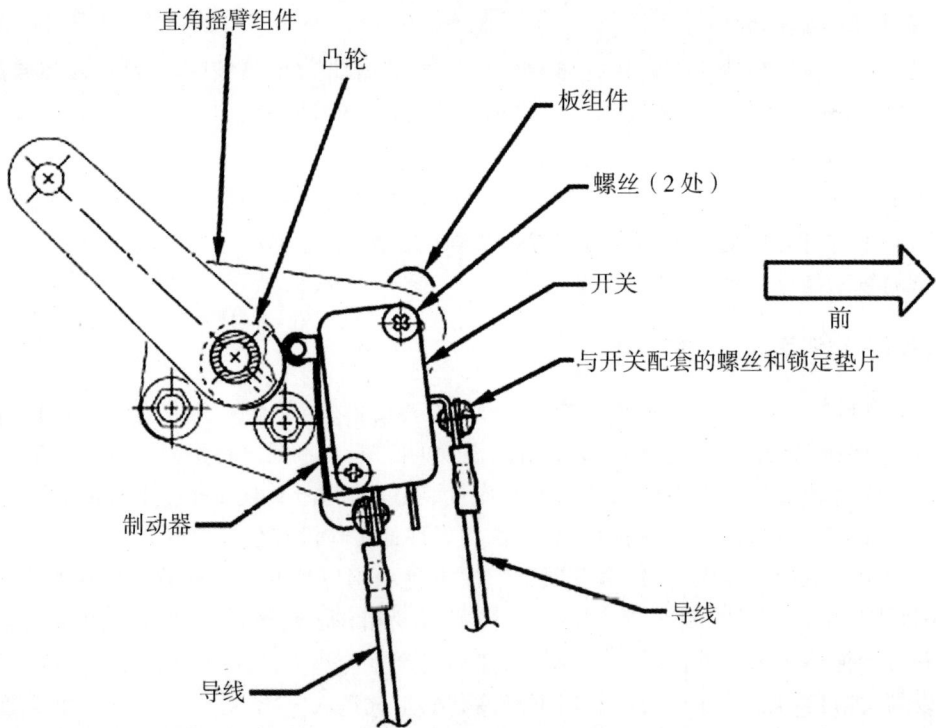

图 10-10　全油门切断开关（从中心线向外侧看）

1. 高压感应开关

当制冷剂的压力在 340~375lb/in² 时，高压切断开关断开。

当制冷剂的压力在 240~260lb/in² 时，高压切断开关开启。

高压感应开关的功能在于保护压缩机在高压状态下安全稳定地工作。

2. 低压感应开关

当制冷剂的压力在 4~6lb/in² 时，低压切断开关断开。

当制冷剂的压力在 32~34lb/in² 时，低压切断开关开启。

低压感应开关的功能在于保护压缩机在低压状态下安全稳定地工作。

另外，压缩机离合器与冷却风扇电气线路，是通过 A/C 线路上的断路器来进行保护的。

10.2.3　冷冻液

10.2.3.1　冷冻液的恢复

在系统充过冷冻液后，如果有泄露或其他问题，在系统工作前，必须先恢复冷冻液。需要汽车用空调维护设备来恢复冷冻液，该设备可从汽车厂商买到，最低设备部件包括一个真空泵、容器、压力/真空表和相关的导管和接头。确保设备与 R134a 冷冻液兼容，有合格的技术人员对冷冻液进行恢复。

汽车型高风和低风系统维护端口在发动机左边整流罩内的垂直防火墙上。将维护设备连接到系统维护端口，按照厂商说明恢复冷冻液。

10.2.3.2　冷冻液的补充

需要汽车型空调维护设备给系统补充冷冻液，该设备可从汽车厂商买到，最低设备部件包括一个真空泵、压力泵、冷冻液供给器、测量冷冻液补充量的表、压力/真空表和相关的导管和接头。确保设备与 R134a 冷冻液兼容,有合格的技术人员对冷冻液进行恢复。

汽车型高风和低风系统维护端口在发动机左边整流罩内的垂直防火墙上。将维护设备连接到系统维护端口、真空系统,按照厂商说明补充 R134a 冷冻液。

注意事项:

(1)需要使用合适的润滑剂以减小压缩机的磨损,在开始补充前,检查压缩机的滑油量。

(2)R44 空调系统没有配备传统的接收机-干燥机,在充液前,确保系统在全真空状态,以减少湿气进入。

(3)不要充液过量,如果怀疑有慢泄露,按照维修手册 11.323 章节找到故障进行排除,然后正确充液。

10.2.3.3　冷冻液的泄露检查

可根据已有的设备,使用不同的技巧来检查是否泄露。进行泄露检查时,不能运行飞机或系统。正在运行的系统的压力和温度的改变会使得泄露更加难以发现。

真空系统在没有真空泵的帮助下,应该能维持真空状态 20min 或更长。如果真空系统有了压力,可能发生了泄露。技术人员应该完全熟悉真空设备,确认泄露发生在飞机系统,而不是真空设备或连接处。

要检查充过液的系统内是否有泄露,可以在怀疑的部位的导管和接头上涂抹肥皂水(有气泡说明有泄露),或者使用电子冷冻液探测器,按照厂商说明操作。如果地方安静,大的泄露可以听到,或在泄露区结霜。

很小的泄露可以通过给系统充氦气来发现,氦分子比 R134a 分子小,会更快泄露,给系统充最大 200lb/in^2 氦气,使用商业买到的电子氦探测器或肥皂水来找到泄露点。

泄露很容易发生在硬导管和软导管之间的接头和弯曲的传送部位,要在这些部位集中精力作初始的泄露探测。

如果地方安静,大的泄露可以听到,或在泄露区结霜。但要注意以下两点:

(1)结霜并不一定就是泄露,正常的系统操作或充液可能导致一些部件上形成霜。

(2)系统压力也不是充液状态或泄露存在的可靠标志。因为 R134a 是液体/蒸汽的混合物,系统不工作时,随着更多液体的蒸发,压力会保持连续直到绝大多数的充液丢失。

10.3　空调系统的维护

空调维护程序和需要的设备类似于标准 R134a 汽车系统。在美国,只有持有"清洁空气法案"609 章中规定的 EP 资格证的人员才能给系统补充冷冻液,或者才能在充填冷冻液后的系统工作,其他国家的要求可能会有所不同。

1.维护人员的安全保护

氟利昂是无色无味但有毒的液体,且比空气重,应避免吸入,为此维护工作要在敞开通风处进行;由于氟利昂蒸发温度低,溅到皮肤或眼睛上会受到伤害,因此维护时应戴上护目镜、手套,穿上防护服等。

2.及时灌充氟利昂

当系统的氟利昂液体指示器中出现气泡时,表明需要充加氟利昂。具体灌充程序和方法必须参考直升机维护手册的要求进行操作。

3.保证蒸发器空气流量

蒸发器循环制冷系统工作时,必须保证蒸发器的空气流量充足,否则会在蒸发器上结霜,以至于影响制冷效果。

4.空调压缩机滑油的添加

根据压缩机工作情况需要添加 A257－20 滑油,使蘸棒(滑油刻度尺)读数达到 8～10 刻槽,完全空的压缩机需要大约 2～3UKfldr(1UKfldr＝2.841 3cL)的滑油。一般情况压缩机运来时至少有一部分滑油。添加滑油后,应拧紧加注口盖,并实施 156lb•in 的力矩。压缩机滑油加注示意图如图 10－11 所示。

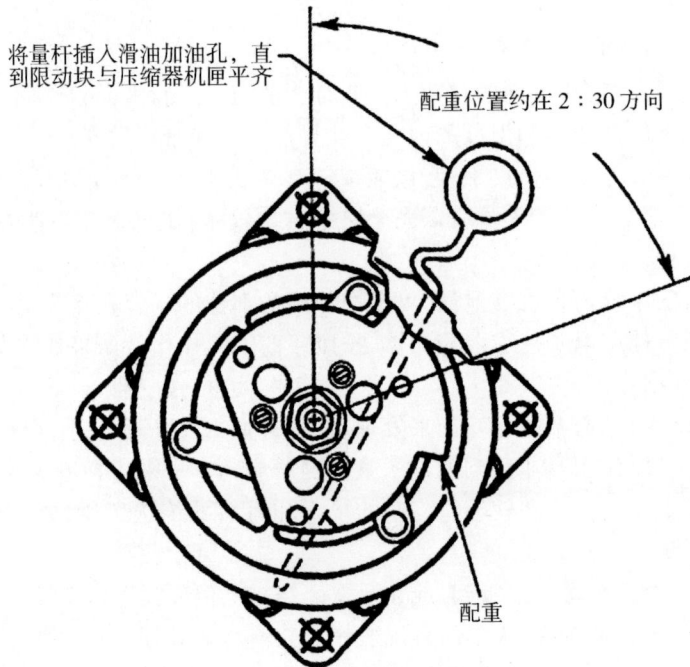

将量杆插入滑油加油孔,直到限动块与压缩器机匣平齐

配重位置约在 2：30 方向

配重

图 10－11　压缩机滑油的加注

5.压缩机皮带的更换

压缩机皮带的更换要根据皮带的状况,如果皮带有磨伤的边缘、过多的裂纹、热损坏或橡胶劣化,应更换。

更换皮带时,松开穿过 D782－3 调整臂槽的 NAS6604 螺栓,松开穿过压缩机接耳的所有三个 NAS6606 螺栓,根据需要向上向内转动压缩机,使皮带从压缩机或传动皮带轮上解除啮合,取下皮带。

将新的皮带放到两个皮带轮上,向下向外转动压缩机拉紧皮带,拉紧皮带施加中间展向 4.5～5.5lb 的力能产生 0.14in 的皮带偏转,拧紧压缩机安装座,调整零部件。

注意:不要转动压缩机太远,以免损坏冷冻液导管和接头,不要使用冷冻液导管或接头作为杠杆,小心处理压缩机或接耳。

6.空调系统的故障及排除方法

两个可能发生的系统故障如下:

（1）不能冷却，冷空气不能通过蒸发器和头顶导管。

（2）系统工作时，蒸发器盒内有过多的冷凝水。

不能制冷很可能是由冷冻液损失或者压缩机离合器动力供应中断导致。过多的冷凝水通常是由于组装不当或者蒸发器放水系统堵塞导致。在主要部件维护前，如果进行了仔细的故障排除，这两个问题不用太多的时间和精力就可以解决。

具体问题及排故方法参见表 10-3。

表 10-3　空调系统常见故障、引起的原因及故障排除方法

常见故障	可能的原因	故障排除/修正方法
空气不凉	冷冻液低/冷冻液泄露	按照维修手册 11.321 章节恢复冷冻液，有大约 0.75～1.25lb 冷冻液，系统应该工作正常 如果恢复的不到 0.75lb 冷冻液，按照维修手册 11.323 章节进行泄露测试，如果有泄露，修理泄露，按照维修手册 11.322 章节补充
	开关或导线问题中断了压缩机离合器电源	不运行飞机，打开主电门和头顶导管上（低风或高风都可以）的空调开关，让观察人员通过左整流罩盖倾听并观察压缩机离合器，只要空调打开，离合器就应该啮合（咔嗒声并卡住皮带轮）。 检查冷冻开关（在 D798-1 蒸发器组件后）、高压和低压开关（在左后座椅靠背后）和全油门切断开关（在控制通道）的导线，修理损坏的导线或接头，作正确调整。通过每个开关检查连续性，在正确充过冷冻液的系统和飞机停止在地面时，所有开关应该关闭，更换任何有故障的开关
	压缩机皮带故障	检查皮带 根据需要更换皮带
	凝汽室气流不足	检查凝汽室的安装（风扇涡管左侧），确保无堵塞，所有密封垫在位 清除堵塞物，修理密封垫，确保气流畅通
	环境极端恶劣	极端的温度和湿度可导致制冷效果低于一般汽车，没有修正的方法
在蒸发器组件和头顶导管周围有过多的冷凝水	蒸发器放水管堵塞或扭曲	确保系统放水正常，在湿度大的情况下，打开空调，地面运行几分钟，会看到水从放水管内放出 如果看不到放水，检查放水管，修正损坏或扭曲的导管，根据需要清洗放泄管。根据需要清洗沉淀物，确保检查球功能正常
	损坏的绝缘	确保蒸发器组件和导管组件安装正确，无损坏（见 R44 零部件图册） 修正绝缘故障
	湿度很大	在湿度很大的情况下，冷凝水不可避免 确保所有新鲜空气口关闭，尽可能地限制开关舱门，以限制湿气进入座舱

R44 直升机加温、通风和空调系统实训工单

直升机型号	工作地点/日期	计划/实际工时	实训负责人
R44		2/	

项次	检查内容	维修手册对应章节	工作者
1	卸去仪表板两侧的螺丝可打开仪表板(2)	2.410	
	动压-静压系统：		
	检查动压和静压管路有无裂纹、磨擦或扭结,检查所有连接是否固定良好	13.240	
2	拆卸前部轨道盖(3A 和 3B),驾驶杆止动盖板(3C),机内总距盖板(3D)和前机腹盖板(3E)	2.410	
	动压和静压管：		
	检查动静压管是否固定,有无裂纹、磨擦或扭结,打开放水塞检查有无水分,关闭放水塞	13.240	
3	拆卸后座椅靠背板(5)	2.410	
	动压和静压管：		
	检查固定情况,有无磨擦和刻痕	13.240	
	空调冷却液管路(如果安装)：		
	确认其牢固性并且无损坏	11.300	
	蒸发器放泄管及阀门(如果安装)：		
	确保管路通畅。在三通接头进入右后侧行李舱处突出的沉淀管下方放置一个容器。取下沉淀管的堵塞,让积聚的水分和碎屑放出。重新安上堵头。同时,挤压放泄管和三通接头旁的沉淀管,确保检验阀球立即向上移动	11.340	

版次:1	制定日期:2014.7.4	编写:薛建海	审核:宋辰瑶	总页数:2	页码:1

R44 直升机加温、通风和空调系统实训工单

直升机型号	工作地点/日期	计划/实际工时	实训负责人	
R44		2/		

项次	检查内容	维修手册对应章节	工作者
4	拆卸发动机后部(6D)、机腹(6C)和两侧整流罩(6A 和 6B)	2.410	
	发动机进气口软管： 确保安装正确,固定良好。检查软管有无断裂、孔洞和压扁,确保进气软管与机架无摩擦	6.400	
	空气盒和备用气门： 确保汽化器加温滑动阀(如果使用)能完全从止动到止动移动,更换空气滤(用 A257－8 橡胶润滑剂,润滑 IO－540 气滤橡胶,将有助于密封)。检查空气盒状况,是否固定,弹簧加载的气门打开自如,无卡滞,能完全关闭	11.002	
	汽化器加温戽斗和软管(仅指 O－540 发动机)： 检查其状况,固定是否良好	11.100	
	加温器软管： 检查其状况,固定是否良好	11.002	

备注:该单中的检查项目参考本书第 2 章机身检查通道和盖板图。

版次:1	制定日期:2014.7.4	编写:薛建海	审核:宋辰瑶	总页数:2	页码:2

复习思考题

1. 简述座舱加温和通风系统的组成。

2. 简述座舱加温和通风系统的工作原理。

3. 简述座舱加温的工作流程。

4. 简述座舱通风系统的操纵方法。

5. 简述空调系统的组成。

6. 简述空调系统压缩机的驱动方法。

7. 空调系统中蒸发器的作用是什么？

8. 简述空调系统中蒸发放水系统的工作流程。

9. 简述空调系统中冷凝器的作用。

10. 简述空调系统中膨胀活门的作用。

11. 简述空调系统的工作原理。

12. 简述空调系统中全油门切断开关的作用。

13. 简述空调系统中冷凝温度跳开关和温度探头的作用。

14. 空调系统中压力开关有几个？各自的作用是什么？

15. 补充冷冻液的注意事项是什么？

16. 简述补充冷冻液泄露检查的方法。

17. 空调基本的维护工作有哪些？

18. R44 直升机上空调系统常见的故障是什么？引起的原因及排故的方法又是什么？

第 11 章 动力装置

11.1 概述

R44 的动力装置是由一台 Textron - Lycoming O-540-F1B5 发动机,该发动机为六汽缸、水平对置、顶部气门、空气冷却、汽化式发动机,带有湿的收油池滑油系统,起飞时正常额定功率为 260 马力,转速为 2800r/min。通过限制进气压力(参见飞行员操作手册)和转速,该发动机可降格至最大连续功率为 205 马力,5min 起飞功率为 225 马力,转速表指示 102% 时为 2718r/min。

发动机通过直升机右侧的一个气滤进气,穿过一个导管进入固定汽化器的气室组件。汽化器加温由装在排气支管的戽形进口供热,飞行员通过控制气室内的钢索操纵的阀门使冷气或热气进入气室,再由气滤向上进入汽化器。在 R44S/N0202 及后继机上,汽化器加温通过摩擦离合器与总距的变化相协调,以减少飞行员的工作负荷。放下总距给汽化器加温,抬起总距给汽化器降温。飞行员可根据需要操控摩擦离合器,给汽化器加温或降温。不需要汽化器加温时,可通过控制旋钮上的锁将汽化器加温锁定。

发动机通过减速器和传动组件将动力提供给旋翼和尾桨,同时发动机工作时带动附件工作,如交流发电机、磁电机、滑油泵、风扇。

发动机水平安装在机体防火墙后下部机架的 4 个减震器支座上。发动机为倒置式安装(发动机输出轴朝向直升机后面,附件端朝向直升机前面)。

发动机由一只玻璃钢涡管罩住的直接驱动的风扇提供散热。涡管通过导管提供冷空气给消音器,主旋翼齿轮箱,液压储油罐(如果装有),驱动皮带和固定在发动机上的金属散热板,散热板提供冷空气至驱动皮带,进一步引导冷空气至汽缸头,滑油散热器外部(R44 Ⅱ型有两个),发电机,磁电机,燃油流量分配器(喷射式燃油发动机)和电瓶(当电瓶安装在发动机舱内时)。用螺栓固定在螺旋桨法兰上的皮带轮通过 4 对三角皮带将发动机动力传送到离合器组件,皮带由一个垂直安装的电子皮带张力作动器啮合。

11.1.1 发动机型号的含义

I——燃油喷射式。

O——对置式气缸。

540——气缸工作容积。

11.1.2 发动机的类型

O－540,IO－540 型发动机是 4 缸、湿机匣（带收油池）、水平对置、风冷、气缸对置交错排列的发动机。其中,O－540 为汽化器式、IO－540 为燃油喷射式。

11.1.3 发动机的技术参数

发动机的技术参数见表 11－1。

表 11－1　发动机的技术参数表

名称\型号	O－540－FlB5	IO－540－AEIA5
最大连续功率/马力	205	205
5min 起飞功率/马力	225	245
额定转速/(r·min^{-1})	2692	2718
气缸内径/in	5.125	5.125
活塞行程/in	4.375	4.375
气缸工作容积/in^3	541.5	541.5
压缩比	8.5∶1	8.7∶1
点火顺序	1－3－2－4	1－4－5－2－3－6
提前点火角/(°)	25	20
气门摇臂间隙(液压挺杆无压力 时)/in	0.028～0.080	0.028～0.080
发动机质量/lb	272	447

11.1.4 发动机在 R44 直升机上的布局

发动机水平安装在 R44 直升机的机体防火墙后下部机架的 4 个减震器支座上(见图 11－1),其发动机输出传动轴朝向直升机的后方,附件机匣端朝向直升机的前方,所以发动机的左、右侧面与直升机的左、右侧是相反的,也就是说,发动机的左侧是在直升机的右侧,直升机的左侧是在发动机的右侧。这是因为,当机体和发动机分别讨论时有一定位术语"前面""后面"。直升机的机头为前面,尾桨为后面,而发动机输出轴为前面,附件机匣为后面。收油池为下部,装有顶杆套为上部。汽缸从前往后编号,单数在右侧(1、3、5 号缸),双数在左侧(2、4、6 号缸)。曲轴的旋转方向,从后面向前看,为顺时针。

11.1.5 R44 发动机的主要组成

罗宾逊 R44 型直升机的发动机包括主要机件和附件系统两大部分。

主要机件包括:气缸活塞组件、连杆、曲轴、机匣、气门机构、附件传动机构和进、排气装置。

附件系统包括:燃油系统、滑油系统、点火系统、启动和发电系统。

O－540 发动机的燃油系统为汽化器式,燃油和空气在进入气缸前在汽化器内混合,组成混合气体,然后经分气室分配至每个气缸的进气管中。

　　IO—540 发动机的燃油系统为喷射式,是一种低压、多喷嘴系统,它将燃油连续地喷射到每个气缸头部的进气道外,随进气吸入发动机。喷射系统是基于发动机计量空气量与控制燃油流量成正比的工作原理。流过文氏管的空气流量越大,喷入发动机内的燃油也越多,相反,流过文氏管的空气流量越少,喷入发动机内的燃油也越少。

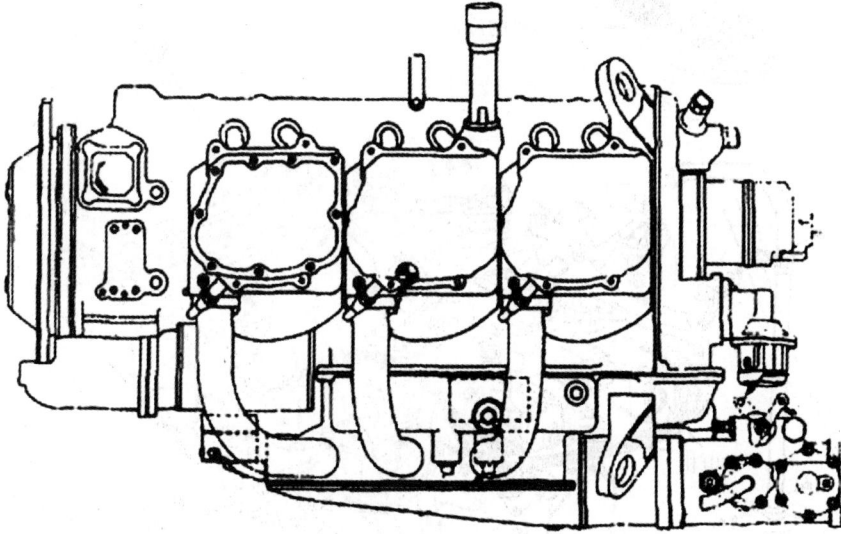

图 11-1　莱康明发动机 IO—540—AelA5 外形

　　该发动机为全压力湿机匣润滑方式,重力回油。采取压力润滑、泼溅润滑以及二者相结合的方式对发动机各部件进行润滑。长时间大坡度下滑或进行复杂的特技飞行时极易导致滑油系统供油中断,致使发动机或部附件失效。

　　点火系统为磁电机式点火系统,装有两个美国 TCM 公司生产的 S6LSC—200/204T 磁电机,分别向每个气缸的两个电嘴供给高压电,以此保证点火系统的可靠性并提高发动机的功率。

　　发动机采用电起动,安装 B&C 公司生产的起动机,件号为 BC315—100—4。

　　发动机在直升机上的位置及发动机组件结构如图 11-2 所示。

11.2　发动机主要部件

11.2.1　气缸活塞组件

　　气缸活塞组件包括气缸、活塞、活塞销、活塞销堵盖、涨圈。它用来将混合气燃烧后产生的热能转变为机械能。发动机工作时,气缸活塞组件中各机件都处于高温环境中,为了保证其工作可靠,对设计和制造者而言,应根据气缸活塞组件的受力、受热情况,从构造和生产工艺上采取相应的强化措施;对使用者而言,在使用维护中应当防止气缸活塞组件中各机件因受力、受热过于严重而出现裂纹等故障。

11.2.1.1　气缸

　　气缸(见图 11-3)是普通的气冷结构,由气缸头和气缸筒两部分组成,经过加热旋压结合成一体。气缸头为铝合金铸成,燃烧室是经过完全机械加工过的。摇臂轴轴承座、摇臂壳体与气缸头整体浇铸在一起,摇臂室中有两个汽门摇臂。气缸筒是铬镍钼钢锻件,经机械加工制成,周围有很深的散热片,气缸筒内部经过特殊的研磨处理。

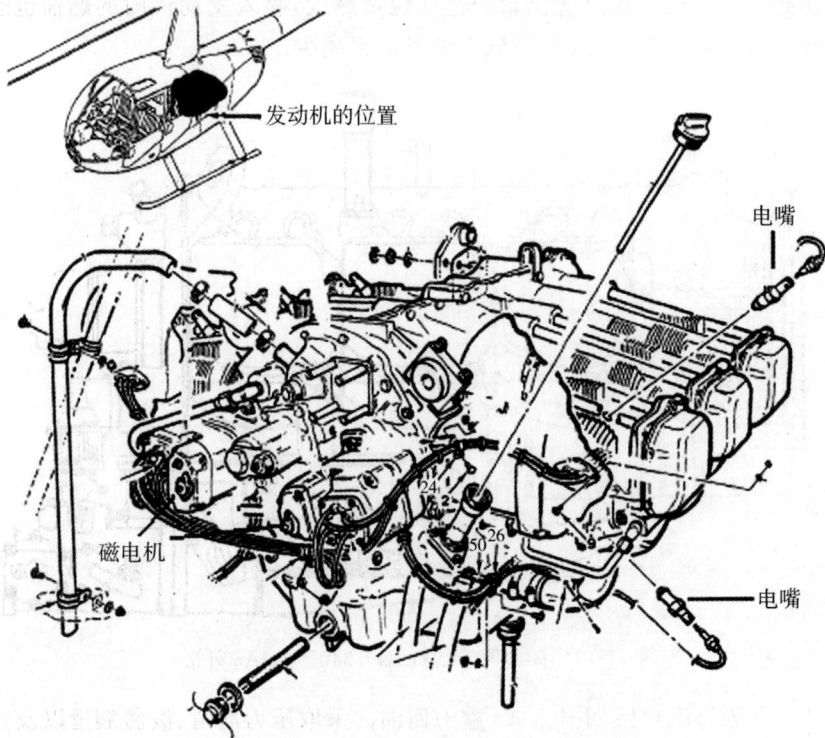

图 11-2　发动机在直升机上的位置及发动机组件结构图

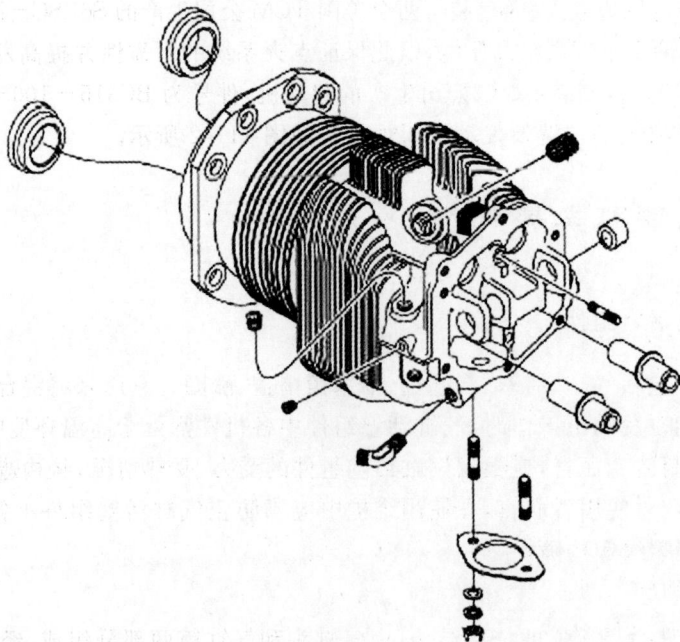

图 11-3　气缸

11.2.1.2　气缸头

铝制气缸头提供了混合气燃烧的空间,在气缸头上安装有进气门和排气门安装组件(包括钢制气门座和青铜气门导套)、两个带钢制螺旋线圈的电嘴安装孔、进、排气摇臂安装座(含青铜衬套)及散热片。气缸头为半球形燃烧室,其强度大,气流进出气缸转弯最小,在高转速下仍能保持满意的充量系数,又有助于更快、更彻底地排气。气缸头承受着极高的温度,因此需要有足够的散热面积,并应使用导热好的材料。由于气缸头各处的温度不相同,所以各处散热片的多少也不一样,通常散热片大而密的位置处的气门为排气气门,散热片小而疏的位置处的气门为进气门。

11.2.1.3　气缸筒

钢制气缸筒外部有很深的整体钢制散热片,下部有安装凸缘,凸缘上有 8 个螺栓孔,以便将气缸安装到机匣上。渗氮缸筒内壁经珩磨后达到规定的精度和交叉花纹,渗氮处理提高了气缸壁的耐磨性和强度,防腐能力也有所提升。呈 45°的交叉网纹则有利于调节滑油储存能力和提高内壁抗划伤能力。

由于气缸筒上部比下部温度高,发动机工作时将使气缸筒上部膨胀比下部膨胀大而变成锥形,引起活塞与气缸的间隙和涨圈的开口间隙在活塞靠近上死点位置时都将增大,造成气缸活塞组各机件的工作条件变差。为了消除这种受热不均匀,在制造时采用了收缩变形的气缸。另外,由于气缸各部受热不均匀,必然导致各部分膨胀不一致,容易引起气缸头裂纹、翘曲等故障的产生。因此,在使用过程中要严防气缸头温度过高和温度急剧变化。

为了防腐,气缸组件表面都喷涂了油漆,渗氮气缸为蓝色。绿色或黄色表示该气缸为修理件;同时为了区别不同热处理工艺和需使用何种类型(电嘴)的气缸,在气缸头上部电嘴前后的散热片上又喷涂有不同的颜色来标示,比如电嘴前部散热片为深蓝色则表示气缸经过渗氮处理,而橙色则表示经过镀铬处理;电嘴后部散热片为蓝色油漆则表示该气缸使用热电嘴,而涂有黄色油漆则提醒用户需要使用冷电嘴。

11.2.1.4　活塞

活塞由铝合金锻件加工制成。活塞销为全浮动式,在销的两端用卡子固定。根据气缸组件,活塞可能是 3 道或 4 道,为半楔形或楔形环。

由于活塞在工作过程中要承受很大的燃气膨胀压力、惯性力和摩擦力等负荷,所以用导热性良好又有足够强度合金锻造后加工而成。在活塞上加工有三道涨圈安装槽,顶部两道为楔形气密涨圈的安装槽,最下部一道为内部有弹簧圈的刮油涨圈的安装槽。工作过程中大部分的热量是经过活塞涨圈传导到气缸上,再通过散热片传出。活塞顶面被加工成平面,没有凹坑。

发动机工作时,活塞顶部到活塞裙的温度逐渐下降,其膨胀量是上大下小,所以,活塞预先制成上小下大的锥形体,受热膨胀后,活塞上下直径接近一致,由于沿活塞销孔方向的金属多于垂直销孔方向,加之在销孔方向受力较大,活塞在高温下工作时,就会变成长轴在销孔方向的椭圆形。因此,将活塞预先制成椭圆形,其长轴垂直于活塞销孔,这样,工作时活塞就接近正圆形,以此保证活塞周围间隙均匀。

11.2.1.5　活塞销

活塞销是由合金钢制成的空心结构。活塞销两头连接在活塞上,中间部分连接在连杆上,在工作过程中活塞销可以自由转动。活塞销表面经硬化处理后再进行磨削加工,因此活塞销的耐摩擦性比较强。在装活塞销的活塞两边铣去了一部分,目的是为了减轻活塞重量。在活塞销的两端装有耐磨堵盖,以防活塞销与气缸壁直接摩擦。

11.2.1.6 涨圈

涨圈安装在活塞上的涨圈安装槽里,借本身的弹力紧压在气缸壁上。其作用是:防止过多的混合气体或燃气从燃烧室中泄漏出去;控制气缸壁上滑油油膜的厚度,并使渗到燃烧室中的滑油量降到最小。涨圈由高级铸铁铸造,制成后,将其研磨到所需型面。涨圈具有良好的耐磨性并在高温下能够保持足够的强度,但其缺点是脆性大,容易折断,在维护时应特别注意。

涨圈安装时各缺口互成 120°,且刮油涨圈的缺口与收油池方向成 180°。涨圈装在涨圈槽内,上下有一定的间隙,它使涨圈具有一定的"泵"作用,不断地将滑油由气缸壁下部抽向燃烧室,确保涨圈润滑和密封的需要。

罗宾逊 R44 型直升机发动机的活塞上安装有 2 道气密涨圈和 1 道刮油涨圈。气密涨圈的功用是避免燃气通过活塞泄漏。它位于活塞的最上部,横截面为梯形,它可以提高抗积炭的能力,该涨圈的端面与涨圈槽的配合间隙随活塞在侧向力作用下作横向摆动而改变,能将槽中的积炭挤掉,防止涨圈胶结卡住;同时在附加侧压力的作用下使涨圈靠紧气缸壁。在 2 道气密涨圈下面装的是刮油涨圈,其功用是控制气缸壁上滑油油膜的厚度。

11.2.2 机匣

机匣(见图 11-3)是发动机所有部件的基座,由两铝合金铸件组成,使用双头螺栓、埋脚螺桩和螺帽固定在一起。两铸件配合面之间不用衬垫密封,铸件上加工有主轴承安装孔和凸轮轴安装孔,并且主轴承孔经机械加工达到高精度以插入主轴承。机匣主要承受各种力,特别是作用在机匣上面的震动力和各种周期性应力。一是气缸固定在曲轴机匣上,而活塞工作时所产生的力的趋势是将气缸从机匣上拔出,因此机匣必须要将气缸牢固地固定在机匣上面;二是曲轴在进行旋转工作时,其主要作用是平衡活塞产生的力,如果有一些未被曲轴平衡的离心力和惯性力,这些力必然就作用在机匣上面,而这些力基本上是以弯矩的形式作用在机匣上,同时这些弯矩的大小和方向又都是连续变化的,所以机匣要有足够的刚度来承受这些弯矩;使螺旋桨产生的拉力也是通过机匣传递到飞机上面的,所有这些力和由这些力所产生的附加力也是作用在机匣上面的,所以容易导致机匣某些部位出现裂纹和结合面出现微震腐蚀。

附件机匣(见图 11-4)是铝合金铸造件,固定在曲轴后方,收油池的上后方。它构成了滑油泵和各种附件传动的机匣。在附件机匣上安装上一些发动机的固件,例如:磁电机、燃油泵、滑油泵真空泵、主滑油滤安装座等,它们分别安装在附件机匣不同的位置以便使用维护时方便。

11.2.3 曲轴

曲轴(见图 11-5)由镍铬钼合金锻件制成。所有支承轴颈表面都经过渗氮硬化处理。

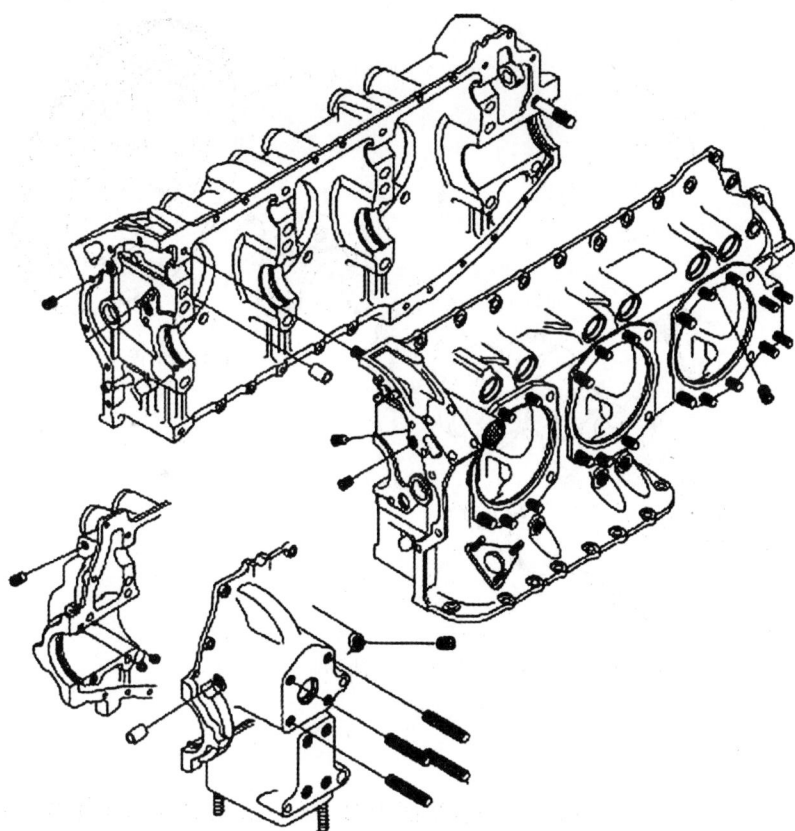

图 11-3 机匣

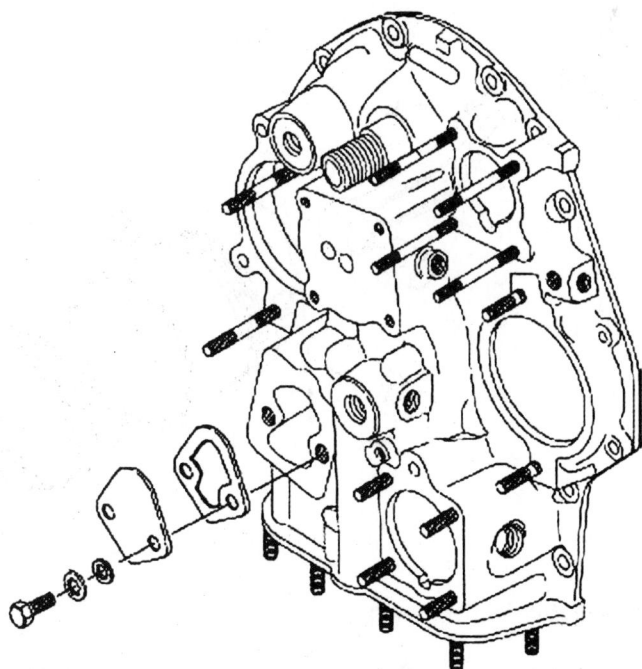

图 11-4 附件机匣

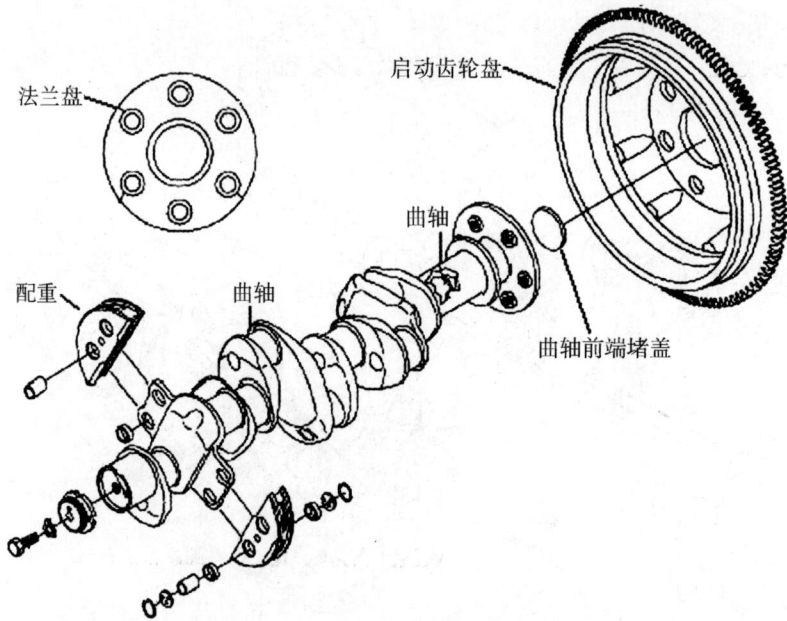

图 11-5 曲轴

11.2.4 连杆

连杆(见图 11-6)由合金钢锻件制成,截面为"H"型。在曲轴端有可更换的内轴承,在活塞端有青铜轴衬套,曲轴端上的轴承盖由穿过每一个轴承盖的两个螺栓和螺帽来固定。

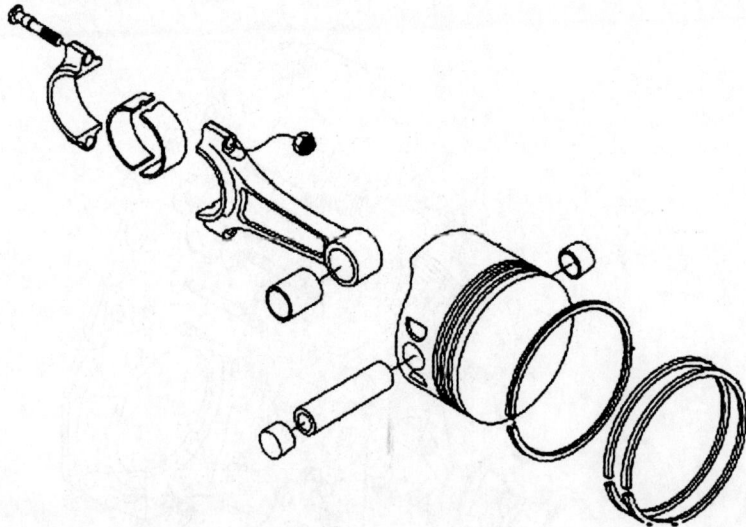

图 11-6 连杆与活塞

11.2.5 气门工作机构

气门工作机构由一个普通的位于曲轴上方并与曲轴平行的凸轮轴驱动。凸轴轮(见图11-7)驱动液压挺杆通过推杆和气门摇臂使气门动作。气门摇臂支撑在全浮动式钢轴上。气门弹簧紧压在坚硬的气门座上,由两瓣键锁卡在气门杆上。

气门机构(见图 11-8)包括进进气装置和排气装置。

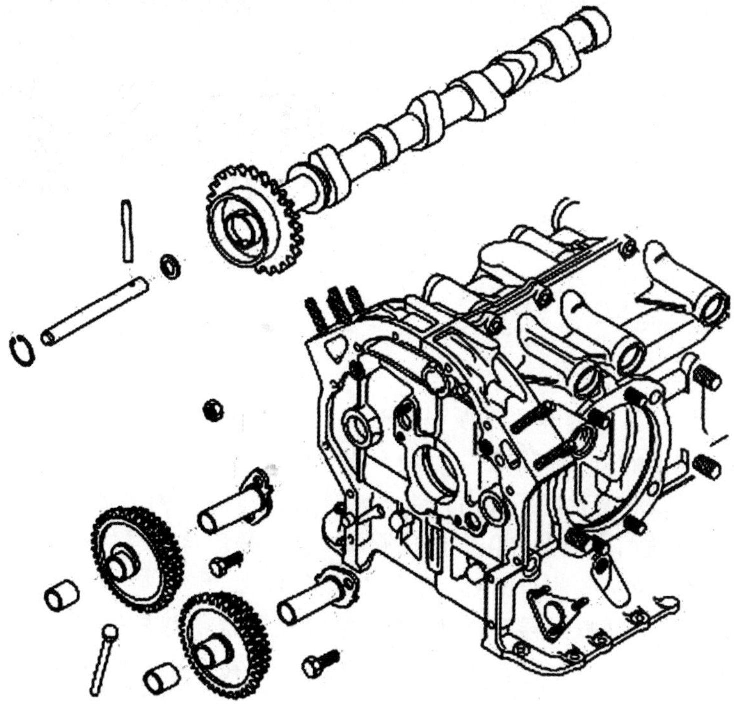

图 11-7　凸轮轴

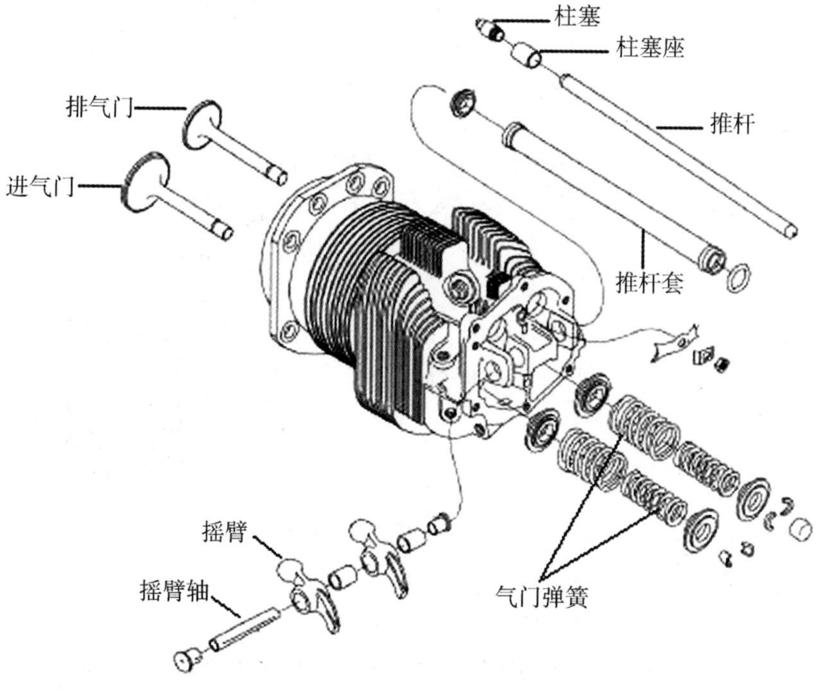

图 11-8　气缸与气门机构

11.2.5.1　进气装置

进气装置包括空气滤、进气道和与各缸相连的进气管，主要功能是向各气缸提供清洁的空气。备用进气活门是靠负压自动动打开。空气滤必须定期检查和按要求更换，发现滤芯破损和堵塞时必须更换。在空气质量差的地区或土面跑道上起降时，应缩短空气滤的检查时限。

O−540 系列发动机进气系统装备有一个马弗尔-谢布勒 MA−4−5 汽化器。特别优良的燃油−空气混合气分配，是由中心区域的进气系统进入每个气缸的。它与收油池组成一个整体，并且浸没在滑油内，保证燃油更均匀地雾化，同时，使收油池内的滑油得以冷却。燃油-空气混合气由单独的进气管分配到每个气缸。

马弗尔-谢布勒 MA−4−5 汽化器为单气缸浮子式汽化器，配备有人工混合比控制杆和慢车停车开关。

马弗尔-谢布勒 HA−6 是一个水平固定式的汽化器，配备有人工混合比控制杆和慢车停车开关。

IO−540 系列发动机装有本迪克斯型 RS 或 RSA 燃油喷射器。燃油喷射系统按气流成正比例调节燃油流量。在进气口中发生燃油汽化作用。

本迪克斯 RS 型燃油喷射器系统由计量气流通过伺服阀门调节器控制的油门体工作，用这种计量方法使伺服阀门在控制之内。由伺服阀门调节的稳定的燃油压力控制分配器阀门装置，然后将预定的燃油流量按适当比例与空气流量混合。

本迪克斯 RSA 型燃油喷射器系统是根据在柱型调节器中测量气流和使用气流信号的原理，将空气压力换成燃油压力。当燃油压力（燃油压差）加在燃油调节面（喷射系统）两端时，使得燃油流量与气流成正比。

11.2.5.2　排气装置

排气装置包括从每个气缸到消音管的排气管（支管）以及与消音管相连的单个排气尾管，排气尾管将发动机排出的废气引导通过发动机后部整流罩区域。

消音管位于发动机下方，它由一个金属罩管包裹，金属罩管收集排气管热辐射产生的热量，然后再将热量通过软管引导到飞机驾驶舱内，如图 11−9 所示。

特别要注意的是要确保排气管的各个接口处的密封可靠，以防止排气中的一氧化碳进入客舱，对飞行人员和乘客造成危害。

11.2.6　收油池和进气装置

罗宾逊 R44 型直升机发动机的收油池是铝合金铸造件，主要用来收集滑油，铸件上铸有进气通道，流动的空气可以冷却收油池内的滑油。收油池上安装有滑油放油活门、滑油滤网组件、燃调安装座和进气管。

滑油收油池上有一个滑油放油塞，滑油吸收滤，安装净化器或燃油喷射器的底座，进气管和进气管接头。

收油池和进气装置（见图 11−10）由收油池和收油池上一个紧密配合的口盖组成，口盖内延伸的进气管形成进气系统。当上紧螺栓后形成一个安装空气进气罩的底座。在盖上有个燃油放油塞，收油池上有滑油放油塞和滑油吸收滤网。

收油池主要用来储存滑油和安装附件。罗宾逊 R44 型直升机发动机收油池位于机匣的下部，与机匣接触面之间有一密封塑。上部有与收油池铸成一体的进气管道，下部有燃油喷射器的安装平台。进气管道在收油池上方的好处是：一可以使进气得到加温；二可以使滑油得到冷却。收油池的左、右两边各有两个管状接头（用来安装进气管），后部中央有一安装孔（用来安装网状油滤），内部铸有滑油道（滑油通过此油道进入滑油泵），底部有两放油活门安装孔。

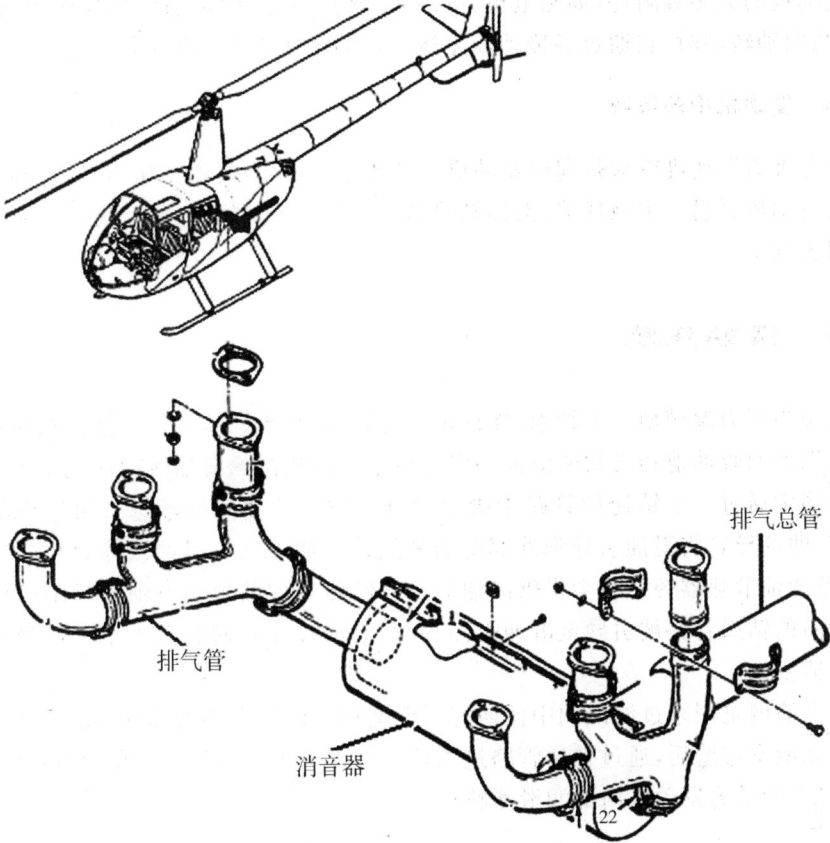

图 11-9　发动机排气消音组件

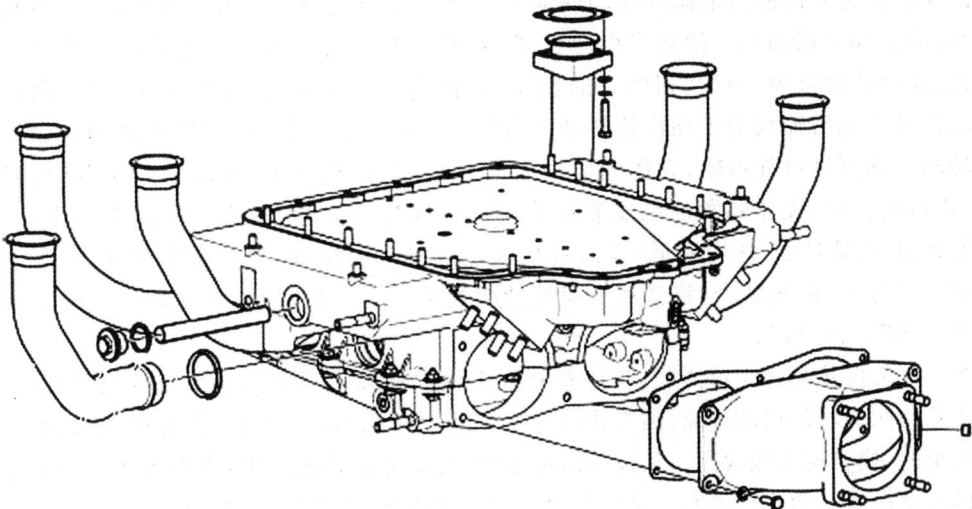

图 11-10　滑油池和进气装置

11.2.7 附件传动装置

附件传动装置是利用曲轴带动发动机的所有附件运转,以配合发动机工作。罗宾逊 R44 型直升机发动机的大多数附件(如磁电机、滑油泵、燃油泵等)的传动均是齿轮传动,发电机为皮带传动,当曲轴转动时,它通过各传动齿轮按一定的转速比带动各附件工作。

11.2.8 发动机冷却系统

R44 直升机的发动机冷却是利用发动机带动风扇,强制空气产生压力,通过导流板和导流管的引导给发动机、气缸、主减速器、滑油散热器等需要散热的机件进行散热。随后通过发动机下部排到大气中。

11.3 滑油系统

滑油系统为压力湿槽型。主轴承、连杆轴承、凸轮轴轴承、气门挺杆、推杆和曲轴内啮合传动装置都依靠滑油收油池和飞溅的滑油润滑。位于附件机匣的滑油收油池从位于收油池中的滑油吸油滤网中通过一个钻通的管路中吸取滑油。收油池中的滑油进入附件机匣的钻通管路,由一根弯曲的导管将滑油引导到外部滑油散热器。如果低温滑油或障碍物限制滑油流入散热器,一条滑油散热器旁路将会提供滑油通路。散热器中的加压滑油通过附件机匣上的一个有接头指向的钻通管路被引导至滑油吸油滤网,滑油吸油滤网装在位于附件机匣转速表驱动下方的铸造室内。

滑油压力滤网是用来过滤滑油中任何有可能通过收油池滑油吸油滤网的固体小颗粒。滑油经过压力滤网室过滤后,通过钻通管路进入位于附件机匣前方的右上角的滑油安全阀。

图 11 - 11 所示为发动机内部润滑油路。

11.3.1 滑油泵

滑油泵是用来促使滑油循环流动的动力部件。由于发动机采用重力回油,故只有一个进油泵,而省掉了回油泵。油泵采用齿轮式,安装在附件机匣内。齿轮式油泵的组成和供油原理:齿轮式油泵由一对互相啮合的齿轮、壳体和传动轴组成,发动机工作时,曲轴齿轮经传动齿轮带动滑油泵的主动齿轮转动,主动齿轮又带动油泵壳体内的从动齿轮以相反的方向转动。油泵进口处齿轮、壳体和滑油泵安装面(附件机匣上)形成的封闭空间,叫做吸油室,出口处齿轮、壳体和滑油泵安装面形成的封闭空间,叫增压室。滑油泵工作时,吸油室内滑油被 齿轮带走,压力降低,滑油就从收油池吸入吸油室,随着齿轮旋转的方向转动,转到出口的地方,齿轮啮合,将滑油从齿轮的凹处挤至出口处,滑油压力的提高是因为滑油排出时受到阻力的结果。

为了改善齿轮泵的充填情况,罗宾逊 R44 型直升机发动机采用从齿轮端面进油的结构,即从齿轮两侧的轮齿根部进油,因为径向进油时,离心力的方向与进油的方向相反,离心力是阻碍充填的,故转速不能太高。从该端面进油后,滑油先到达轮齿根部,再由离心力把它往外抛帮助充填提高泵的容积效率。齿轮泵的工作原理和结构如图 11 - 12 所示。

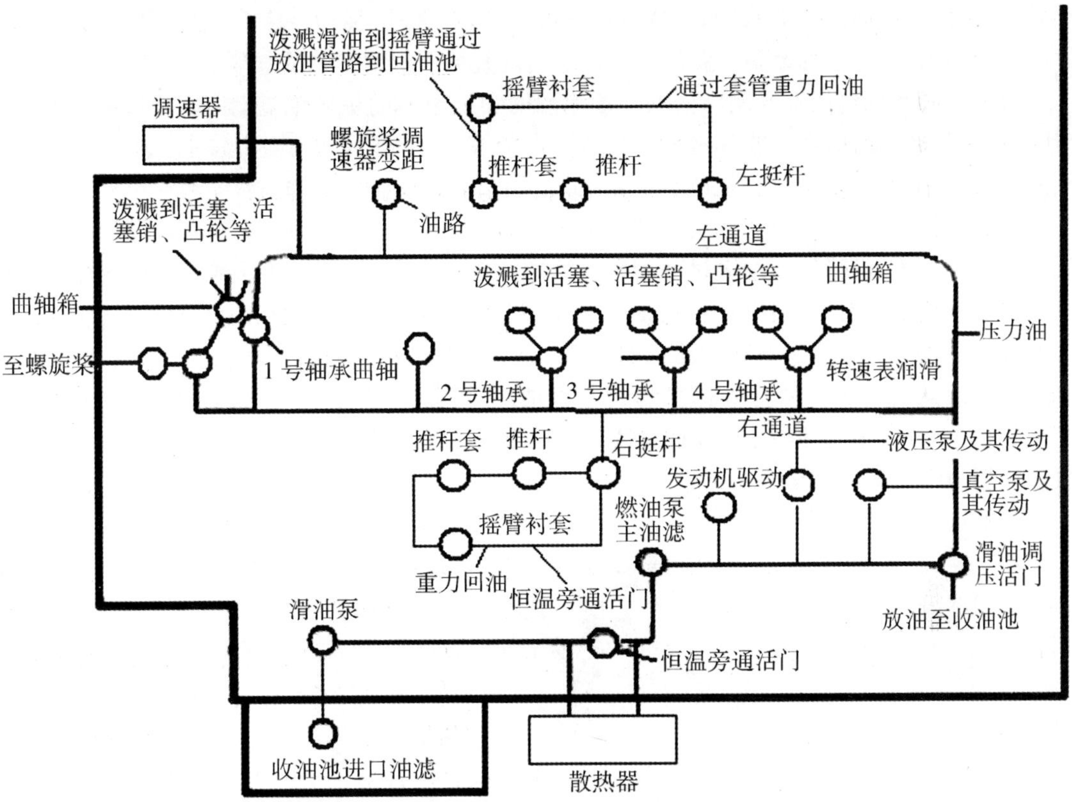

图 11 - 11　发动机内部润滑油路

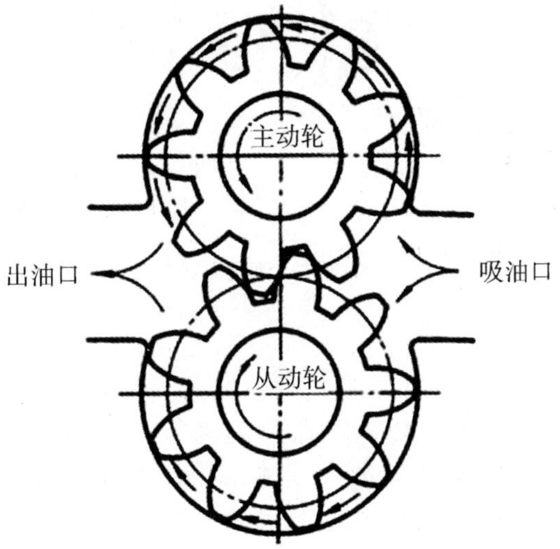

图 11 - 12　齿轮泵工作原理图

11.3.2　滑油滤

发动机工作时,附着在活塞与气缸壁上的积炭、轴承和活塞涨圈等因摩擦所产生的金属屑以及其他杂质,都会掺到滑油里。滑油中的这些杂质会积存在细小的油路中,使通道截面变小,流入机件摩擦面的滑油减少,造成机件润滑不良;严重时,甚至会堵塞油路而使润滑某些机件的滑油中断,产生干面摩擦。发动机在短时间内就可能遭到严重的损坏。

滑油过滤系统包括金属网结构的收油池滤网和纸滤芯的主滑油滤,主要用来保持滑油的清洁,避免不必要的磨损。收油池滤网用来过滤中等颗粒杂质,流动阻力较小。主滑油滤安装在附件机匣上(滑油泵出口与机匣主油路之间),由纸质滤芯和壳体组成,该油滤用来过滤细小杂质,流动阻力较大。纸质滤芯由长纤维纸浆制成,且经树脂定型处理,不怕水、强度高、滤清效率高。滤芯为百褶形,以增大过滤面积。滤芯要定期更换,防止堵塞。通常在更换滑油时检查并清洁收油池滤网,直接更换主滑油滤。主滑油滤可用专用工具切割开(见图 11 - 13),并可从油滤上收集的沉积物判断发动机的内部状况。

早期的罗宾逊 R44 型直升机发动机主滑油滤采用金属网滤芯的非全流量式滑油滤,每25h 需要进行分解检查和清洁,可重复使用。后期的罗宾逊 R44 型直升机发动机的主滑油滤组件一般为纸质滤芯的全流量式,要求每 50h 进行更换,不可重复使用,更换后必须使用切割工具分解检查使用过的油滤,如图 11 - 13 所示。

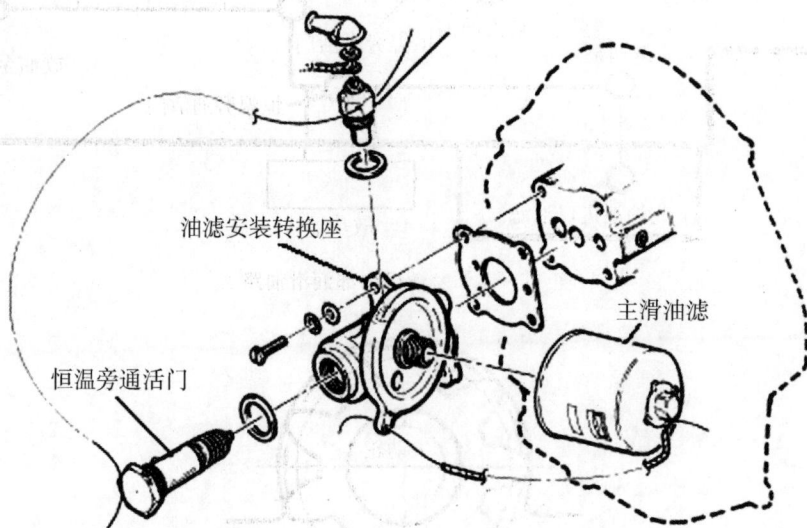

图 11 - 13　发动机油滤安装

11.3.3　活门

滑油系统中包括以下活门组件:恒温旁通活门、安全活门、调压活门、放油活门。

调压活门:发动机滑油压力必须足够高,以保证各部件在高转速和高功率下得到充分润滑;另一方面滑油压力又不能太高,因为滑油压力过大会导致滑油系统的漏油和损坏。因此应安装调压活门来调整滑油压力,使之在规定范围内。调压活门位于右机匣左上角主油路上,由钢球、弹簧和座子组成。钢球的一边承受滑油压力,另一边承受弹簧压力,当滑油压力正常时钢球活门在弹簧力的作用下处于关闭状态,当滑油供油量超过发动机所需的油量,滑油压力增大时,滑油就逐渐克服弹簧力顶开活门,多余的滑油流回收油池从而达到调压的目的。

滑油供油量随飞行高度的升高而减少。当到达某一飞行高度时,滑油泵的供油量减少至恰好等于发动机所需的滑油循环量,此时调压活门完全关闭,不再回油。这个高度,通常叫做滑油系统的临界高度。如果飞行高度超过滑油系统的临界高度,则滑油泵供油量小于发动机所需的滑油循环量,不能保证发动机正常工作。由于这个缘故,滑油系统的临界高度应高于飞机的升限。

恒温活门位于附件机匣上主油滤安装座侧面,主要部件由热膨胀率大的金属构成。当滑油温度较低时,恒温旁通活门打开,部分滑油经散热器到主油滤(另一部分直接接到主油滤)。当滑油温度过高时(金属膨胀),恒温旁通活门逐渐关闭,迫使滑油流经散热器进行冷却(后到主油滤)从而达到"滑油恒温"的目的。

安全活门位于附件机匣上主油滤安装座内,是由卡环、支座、弹簧和胶木垫组成的单向活门。该活门与主油滤并联在滑油通道上,正常情况下该活门处于关闭;当主油滤堵塞时滑油压力增大将安全活门顶开,滑油(不经过主油滤)直接进入发动机主油路,使各部件仍能得到润滑,从而保证发动机安全运转。

11.4 发动机工作系统

所有发动机都配备启动注油系统装置。

点火系统由两个磁电机、每个气缸两个电咀、十二根高压导线、一个磁电机开关组成磁电机是产生高压电的设备,电咀是将磁电机产生的高压电,产生火花点燃气缸内混合气,导线是将磁电机产生的高压电输送给电咀,磁电机开关是控制磁电机工作和不工作,同时与起动开关组合在一起。

11.4.1 四行程活塞发动机工作原理

四行程活塞发动机工作按照进气、压缩、膨胀、排气四个行程,周而复始地循环工作。完成一个循环,曲轴转动两圈,进排气门各开关一次,点火一次,气体膨胀做功一次。

11.4.1.1 进气行程

进气行程的作用是使气缸内充满新鲜混合气。开始时活塞位于上死点,进气门打开,排气门关闭。活塞在曲轴的带动下由上死点向下死点运动,气缸容积不断增大,混合气被吸入气缸。活塞到达下死点,进气行程结束。曲轴转了半圈。

11.4.1.2 压缩行程

压缩行程的作用是对气缸内的混合气进行压缩,为混合气燃烧后膨胀做功创造条件。开始时活塞位于下死点,进排气门关闭。活塞在曲轴的带动下由下死点向上死点运动,气缸容积不断缩小,混合气受到压缩。活塞到达上死点时,压缩行程结束。当活塞即将到上死点一瞬间电咀跳火将混合气点燃并完全燃烧。曲轴转了半圈。

11.4.1.3 膨胀行程

膨胀行程的作用是使燃料的热能转换为机械能。开始时活塞位于上死点,进排气门关闭着。混合气燃烧后的高温高压燃气猛烈膨胀,推动活塞使其从上死点向下死点运动,燃气对活塞做功。在该行程中,气缸容积不断增大,燃气压力和温度不断降低,热能不断转换为机械能。活塞到达下死点时,曲轴转了半圈。

11.4.1.4 排气行程

排气行程的作用是将废气排出气缸。以便再次充入新鲜混合气。开始时活塞位于下死点,排气打开,进气门仍关闭着。活塞被曲轴带动,由下死点向上死点运动,废气被排出气缸。活塞到达上死点,排气行程结束,排气门关闭。曲轴转动半圈。

四个行程曲轴转动两圈,完成了一个循环。但从实际看,发动机四个行程,有五个工作过程,进气过程、压缩过程、点火过程、膨胀过程、排气过程。

发动机四行程如图 11-14 所示。

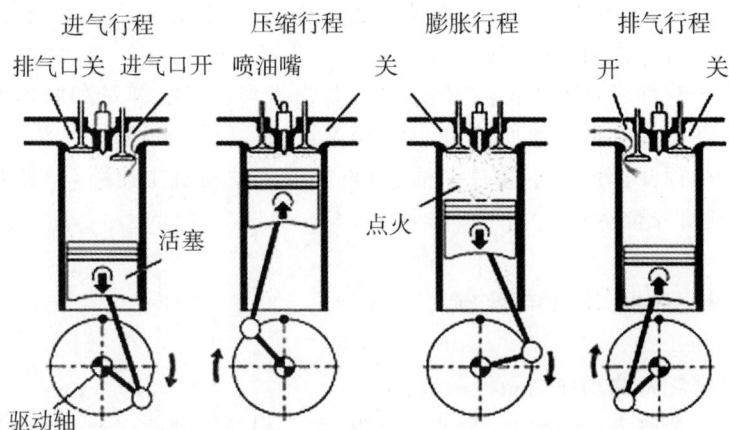

图 11-14　发动机四行程工作原理

11.4.2　气缸压缩性检查

11.4.2.1　气缸压缩性检查的目的和意义

气缸压缩性检查的目的是检查气门、活塞和活塞涨圈对燃烧室的密封情况,以确定是否需要更换气缸。通过气缸压缩性检查可确定气缸燃烧室内部件的工作状况,即测量气缸的静态泄漏率,并与规定面积的孔泄漏率进行比较。它是追踪飞行一段时间后发动机状态变化趋势的最好方法。

11.4.2.2　气缸压缩性检查时间

气缸压缩性检验是发动机 100h 定检和年检的内容之一。另外,无论何时,当发动机动力下降时,会出现油耗增加、启动困难或其他解释不清的异常情况,建议使用压差设备进行气缸压缩性检查。

11.4.2.3　检查方法

(1)使用压差试验设备来检查气缸压力的变化。压差试验设备有压缩空气源、调压器、关断活门、压力表。

(2)将带有小孔的压差测量设备连接到气缸上的某个电嘴孔中,此时活塞处于压缩行程上死点,因为此时进气门、排气门均关闭,这样试验所用的空气量最少。通过压差设备将空气压力施加到燃烧室时,要牢牢把住风扇,防止发动机转动,将活塞保持在气缸上死点。为确保活塞涨圈到位,施加空气压力时,要以晃动的方法,轻轻地上下转动风扇,这样可获得更准确的读数。同时,由另外一人将进气压力调至 $80\text{lb}/\text{in}^2$,读数显示在压差设备的进气压力表上。然后观察发动机气缸压力表,以此确定气缸压缩室内的部件状况。

11.4.2.4 检查程序及故障判断

(1)运转发动机,直到获得正常的气缸头和滑油温度。然后关闭发动机,确认磁电机开关和燃油供应阀关闭后,尽快检测,其目的是使气缸壁与涨圈有均匀的润滑。

(2)使用压差设备,按规定进行检测。

(3)所有气缸的压力数应相近,5lb/in^2 的差值是满意的;如果出现 10～15lb/in^2 差值,应进一步检查。

(4)注意:除非压力差超过 15lb/in^2,否则不需要拆下气缸;在随后的 10h 操作检查中,往往阀体会自身就位,并产生可接受的压缩。

(5)如果所有气缸的压力读数相同,并超过 70lb/in^2,发动机状况为满意;小于 65lb/in^2 表明出现磨损;在 100h 定期检查时,应当再次进行压缩性检查,来确定磨损率和磨损量;如果压力读数小于 60lb/in^2 或磨损率迅速上升,表现为气缸压力明显下降,应当拆下并进行大修。

(6)单独一个气缸压力低,表明有空气通过活塞或气门。

(7)通气孔或滑油加注口有空气泄漏,表明活塞涨圈出现泄漏。

(8)进气系统泄漏表明进气门出现泄漏。

(9)排气系统泄漏表明排气门出现泄漏。

11.4.2.5 检查人员的要求

发动机气缸的压缩性检查,应由熟悉该设备和该发动机型号的有经验的工作人员完成。

11.5 散热系统

发动机散热装置的作用是使冷却空气流过气缸、机匣等机件的外壁,吸收和带走一些热量,使发动机机件温度,特别是气缸温度保持在规定的范围内,保证发动机正常地进行工作。

发动机工作时,与高温燃气相接触的机件或零件,例如气缸头、气门、电嘴和活塞等会吸热而温度剧增。如果不对这些机件进行冷却,就会导致机件失效,引发飞行事故。

气缸温度过高,材料强度显著减弱,气缸以及气缸紧密相连的机件在动力负荷和热负荷的作用下很容易损坏,例如气缸头翘皱、裂纹,活塞顶烧穿,气门变形,裂纹等;同时,活塞与气缸壁之间的间隙、涨圈与涨圈之间的间隙、气门杆与气门杆套之间的间隙变化还会引起活塞涨圈内的滑油分解和氧化,形成胶状物质,黏住涨圈,影响气缸壁面的润滑,甚至因此磨伤和烧坏活塞。此外,气缸温度过高,还会使充填量减小,发动机功率降低,并可能产生早燃和爆震等现象。因此,为了保证发动机工作可靠和能够发出应有的功率,必须对发动机进行冷却。

对发动机进行冷却,需要恰如其分地掌握好散热程度的界限。如果发动机冷却过度,温度过低,反而会带来很多不良的后果:发动机散去的热量过多,会使发动机功率减小,经济性变差;同时,在气缸温度过低的情况下,燃料不容易汽化,混合气也就不能正常地燃烧;另外,气缸壁上的滑油黏度变大,还会使活塞的摩擦损失增大。由此可见,对发动机进行冷却,必须把气缸温度保持在一个适当的范围内,既不能过高,也不能过低。

由于直升机发动机安装在驾驶舱的后部,飞行中没有迎面气流进行冷却,因此,采用活塞式发动机的直升机一般都安装有发动机直接驱动的冷却风扇。R44 直升机发动机由一个玻璃钢涡管罩住的发动机直接驱动的风扇提供散热,风扇提供的冷空气通过涡管和导管传给消音器、主旋翼齿轮箱、液压储油罐、驱动皮带和固定在发动机上的金属散热板,散热板进一步引导冷空气至气缸头、滑油散热器、发电机、磁电机、燃油流量分配器和电瓶(当电瓶安装在发动机舱内时)。

11.5.1 气缸散热片

气缸散热片用来增大气流与气缸外壁的接触面积,以增强散热效果。当空气流过气缸周围时,热量即经散热片随气流散走。

发动机工作时,气缸各部分受热的情形是不同的,因此各部分的温度高低也不相同,会使气缸产生热应力。为了减小气缸的热应力以免气缸翘皱和裂纹,应尽可能地使气缸各部分的温度大致相等。基于这种原因,气缸各部分所配置的散热片面积的大小不应该完全相同。气缸头经常与高温气体接触,大部分热量须经气缸头散走,所以气缸头的散热片的总面积比气缸筒的要大得多。就气缸头而言,排气门附近受热的程度比进气门附近厉害得多,所以排气门附近的散热片的面积比进气门附近的大。

虽然,通过散热片的配置可以减少气缸各个部位之间的温度差,但是,由于散热片受到高度和间距的限制,仍然不能使气缸各部分的温度达到完全相等。在实际工作中,气缸头的温度仍然高于气缸筒的温度;而在气缸头上,靠近排气门部分的温度比靠近进气门部分的高,由此可见,即使在构造上采取很多措施,气缸内部仍会因温度不均而产生一定的热应力。如果气缸温度过高,气缸的热应力过大,就可能产生气缸变形或裂纹等不良后果,因此,在使用、维护发动机时,必须特别注意保持气缸的温度在规定的范围内。

11.5.2 导风板

当气流经过发动机时,气缸前部壁面直接与气流相接触,散热效果较好;而后部背着气流,散热效果较差。为了散热均匀,在气缸周围装有导风板。气缸间的导风板会迫使气流从气缸散热片上流过,以增强散热效果。

11.5.3 冷却风扇和涡管

R44 直升机的冷却风扇是离心式,安装在与发动机输出轴相连的皮带轮传动轴上,由发动机直接驱动,提供一定量的冷却空气给发动机及其相关附件散热。由于风扇是转动部件,要求在工作中能够平稳地转动,因此风扇的动平衡很重要,需要定期进行检查和调节。

11.5.4 散热装置常见故障

(1)气缸散热片裂纹。在检查时,要仔细地检查散热片是否有裂纹和破裂。细小的裂纹不需要更换气缸,可以把这些裂纹锉掉,或者有时可以打孔以防止裂纹进一步扩展。粗糙面或尖角可用锉刀锉平,这样就消除了产生裂纹的隐患。

(2)导风板裂纹和磨损。挡板和导风板的检查,通常在发动机的定期检查时进行。不论什么时候,无论任何原因把整流罩拆下时,都应该将其检查一下。检查应该针对裂纹、凹痕或固定件是否松动。若裂纹或凹痕相当严重,就需要修理或更换这些部件。但是,对于刚出现的裂纹可以打止裂孔,轻微的凹痕可锉平,使这些挡板和导风板使用时间更长。

(3)涡管整流罩裂纹。检查整流罩上有无刮痕、凹痕和磨损,这种类型的损伤会引起整流罩结构强度的减弱,增大气流的阻力。检查整流罩有无损坏情况,如果损坏,则更换或修理整流罩。检查整流罩安装固定可靠、无断裂或裂纹。这些检查都是目视检查,并要经常进行,确保整流罩使用可靠。

11.5.5 发动机及风扇的拆装

11.5.5.1 发动机的吊装

在实际的维护工作过程中,会遇到将发动机从直升机上拆下或装上的情况。这时可以根据图 11 – 15 所示将发动机进行吊装,以方便后续的工作。

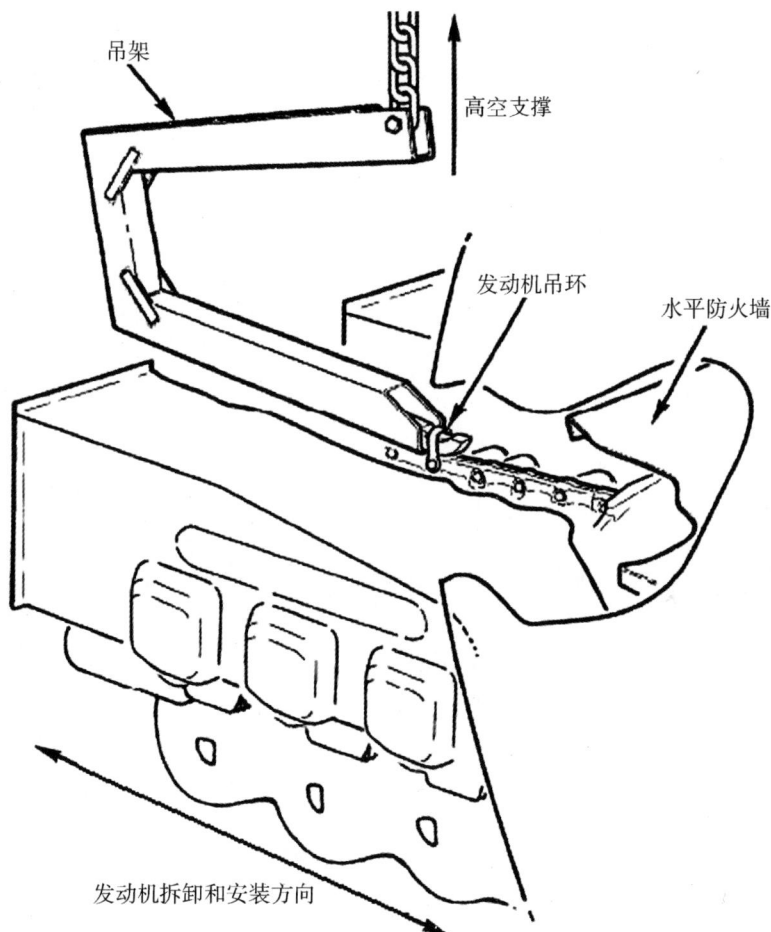

图 11 – 15 发动机拆卸和安装过程中的吊升示意图

11.5.5.2 风扇的拆装

如果维修过程中需要拆除风扇或安装原来的风扇,可以按照图 11 – 16 和图 11 – 17 所示的方法安装风扇拔具。要重装原来的风扇,那么要调整起动齿轮盘上的磁电机定时位置,在涡管接缝处给风扇作记号,这样可减少重新平衡配重的麻烦。

拆装过程要注意,当风扇紧固螺帽已经拆去,要有人扶住风扇,防止掉下来,风扇退出锥形轴可能有砰的声音。

安装时,必须检查风扇轮的平衡;风扇轮不平衡会导致损坏。

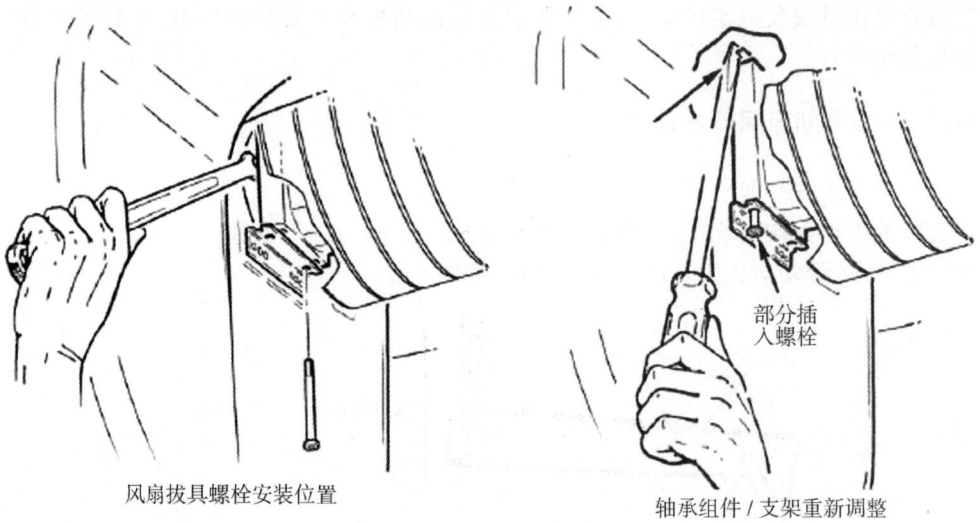

风扇拔具螺栓安装位置

部分插
入螺栓

轴承组件 / 支架重新调整

图 11 - 16　风扇轮毂螺栓进口

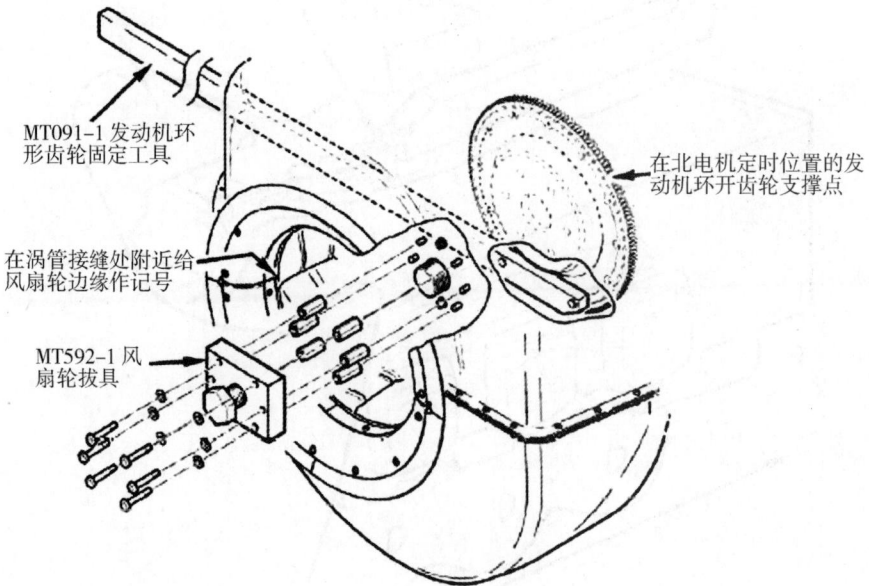

MT091-1 发动机环
形齿轮固定工具

在北电机定时位置的发
动机环开齿轮支撑点

在涡管接缝处附近给
风扇轮边缘作记号

MT592-1 风
扇轮拔具

图 11 - 17　风扇轮拔具的安装

11.5.6　风扇的平衡

在使用恰特维克-赫尔穆斯型号 192 或 8500 系列风扇时，MicroVib(微震计)或等效设备的操作请参考设备的专门的操作说明。下文风扇平衡说明是针对恰特维克-赫尔穆斯型号 8350 和 177 系列(Vibrex)设备的。

(1)卸下发动机后包皮。

(2)按图 11 - 18 将加速导线器装到风扇轴轴承上，加速表应向下，一只适当的支架是由两块加速表支架结合在一起组成，也可以专门制造。

(3)在一片风扇叶片的边缘贴一靶标(见图 11 - 18)。

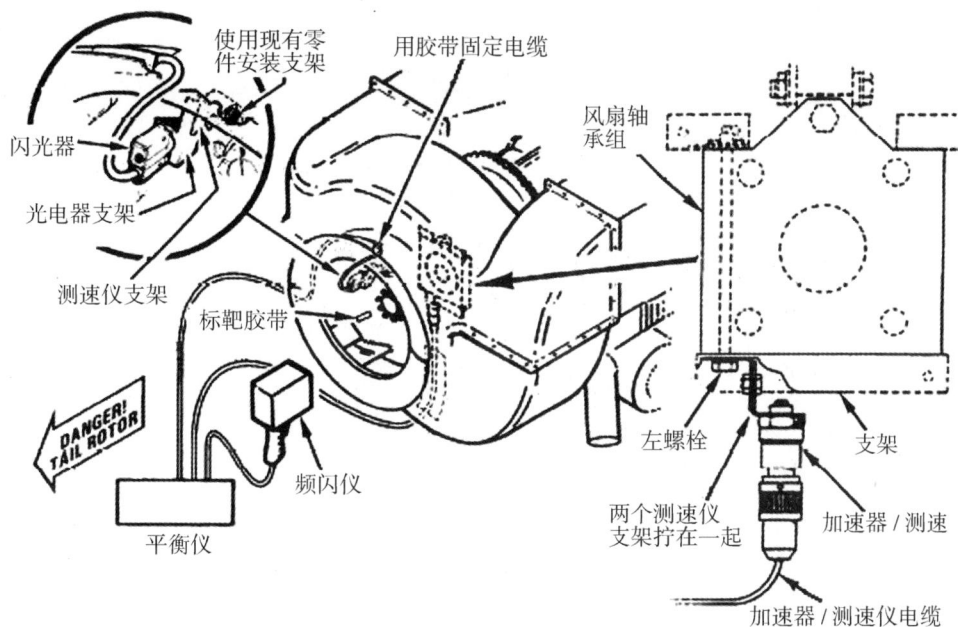

图 11-18　风扇的平衡(一)

(4)将频闪观测器的频闪方式置于 B 位置,将平衡箱转速范围置于×10 速率。将平衡箱转速刻度表置于 270。

(5)启动发动机,啮合旋翼系统,打开调速器开关,在 102%旋翼转速运转直升机。

警告:在尾桨附近(工作)要特别小心。

(6)将频闪观测器指向风扇轴螺帽,然后拉板机,注意靶标的时钟角。

(7)按压平衡箱上的调谐按钮。注意靶标时钟角的变化(如有时)。在压住调谐按钮的同时调整转速表盘,使靶标回到第(6)步骤看到的时钟角,如果当压下或松开按钮时靶标的时钟角不变化,则平衡箱已调至风扇转速。

(8)平衡箱调谐时要注意靶标时钟角的变化。

(9)注意平衡箱上"IPS"表指示的震动读数。

(10)关车。

注意:无论何时,用手转动风扇轮时确保点火开关关闭且钥匙不在开关内。

(11)如果平衡读数超过 0.2IPS,必须改变垫片以平衡散热风扇,转动风扇直到靶带到达步骤(8)所记录的位置,改变最靠近 1:00 位置的螺帽下的 AN960-10,A141-17 或 AN970-3 垫片,或是各把一半重量分别加到邻近的两个螺帽下(参看图 11-19)。一个 AN960-10 能够改变大约 0.05 IPS 平衡读数。一个 A141-17 垫片相当于两个 AN960-10 垫片。一个 AN960-3 垫片相当于四个 AN960-10 垫片。每个螺帽下需装四个垫片。为接近螺栓头,拆卸涡管下半部前侧的 D229-4 盖并根据需要转动风扇。不要拆下 NAS6603-6 螺栓或 NAS1149F0316P 垫片以防错位。按维修手册 1.330 章节拧紧 NAS6603-6 螺栓或 MS21042L3 螺帽。将 D229-4 盖子装至涡管下半部。

(12)安装好垫片后,检查风扇平衡读数。调整垫片直至读数小于 0.2 IPS 为止。

(13)拆下加速器和连接支架,安装发动机后包皮。

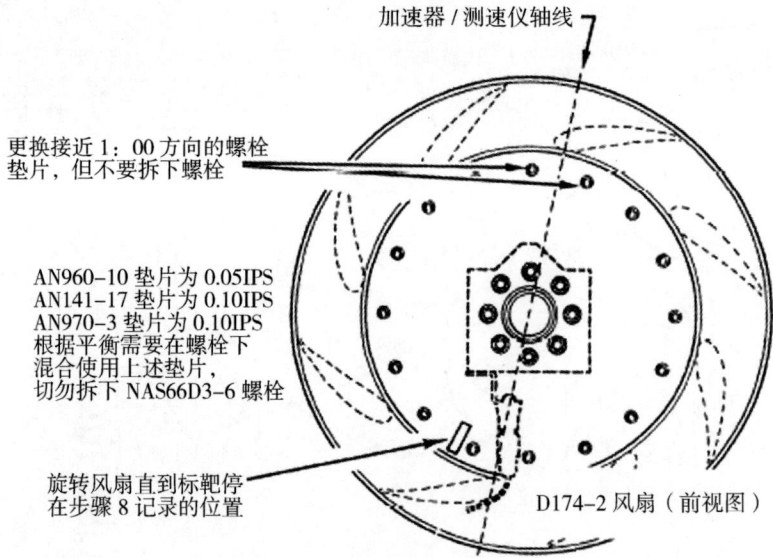

加速器 / 测速仪轴线

更换接近 1：00 方向的螺栓
垫片，但不要拆下螺栓

AN960-10 垫片为 0.05IPS
AN141-17 垫片为 0.10IPS
AN970-3 垫片为 0.10IPS
根据平衡需要在螺栓下
混合使用上述垫片，
切勿拆下 NAS66D3-6 螺栓

旋转风扇直到标靶停
在步骤 8 记录的位置

D174-2 风扇（前视图）

图 11 - 19　风扇的平衡（二）

11.6　莱康明发动机的一些常识

11.6.1　莱康明活塞式发动机代码

代码由前缀字母和数字组成，它们都代表了一定的含义。常见莱康明发动机的型号代码的含义见表 11 - 2。

表 11 - 2　型号代码的含义

前缀	工作容积/in³	后缀
TO	360	CIA6D
IO	450	AA1A5
SO	360	A3B6D
O	320	B2C
说明	说明	说明
L—旋转曲轴		A 或 AA—动力部分与额定功率
T—涡轮增压（排气驱动式）		3—发动机头部
I—油喷射式	如 541 工作容积后以"1"结尾，	B—附件部分
G—轮传动（减速齿轮）	表示采用整体式附件驱动的	6—适用的配重
S—增压式（机械式）	特定型号的发动机	D—双磁电机
V—垂直式直升机		（型号序列的变化在后缀里可反
H—水平式直升机		映出来）
A—特技飞行式		
AE—特技飞行发动机		
0—对置式气缸		

解释:从前缀开始,代码前缀中有"0"表示水平对置式气缸发动机。当"0"与其他字母相组合后,则对发动机有进一步的描述。如果是单独的"0",还代表是气化器式发动机,"IO"则表示发动机是燃油喷射式。如果前缀是 TIG0,那么"T"表示涡轮增压,"I"表示燃油喷射式,"G"表示齿轮传动式减速器(螺旋桨转速比曲轴的转速低),最后的"0"代表是水平对置式气缸。

3 个数字是表示发动机气缸工作容积的近似值,单位是立方英寸。目前莱康明生产的发动机,其工作容积等级有 235,320,360,435,480,540 和 720in^3。

活塞发动机的代码的后缀较复杂。每个字母和数字所代表的含义差异不甚明显。后缀中的一个字母通常代表发动机的某个部件,如前所述。如 IO－540－AA1A5 代码,用 2 个字母代表发动机的一个部件,后缀中的第 4 个位置常常是一个数字,表示特定的配重代号。根据配重数字的需要与否,字母"D"经常在第 4 或第 5 位置,"D"字母表示发动机用的是装在同一壳体内的双磁电机。为确定发动机的型号代码由后缀表现出的差异,必要时可查询发动机的技术规格表。通过对发动机型号代码的识别,获得有关发动机尺寸和特点的认知。

11.6.2　发动机的颜色标记

11.6.2.1　气缸的颜色标记
位置:气缸头与顶杆之间或气缸身底座周围。
灰色或未涂色:标准钢质气缸筒。
橙色色带:气缸壁镀铬。
兰色色带:气缸壁渗氮硬化。
绿色色带:气缸加大 0.010in^3。
黄色色带:气缸加大 0.020in^3。

11.6.2.2　电嘴的颜色标记
位置:在电嘴与摇臂室之间的散热片周围。
灰色或未涂色:短电嘴。
黄色:长电嘴。

11.6.3　莱康明推荐使用的滑油(见表 11－3)

表　11－3

平均环境大气温度	Mi 1－1－608 或 SAEJ1966 特定的矿物质等级	MTL－L－22851 或 SAEJ1899 特定的无灰粉沉淀的等级
所有温度	…	SAE15W50 或 SAE20W50
80℉以上	SAE60	SAE60
60℉以上	SAE50	SAE40 或 50
30～90℉	SAE40	SAE40
0～70℉	SAE30	SAE30,SAE40 或 SAE15W50
0～90℉	SAE20W50	SAE20W50 或 SAE15W50
10℉下以下	SAE20	SAE30 或 SAE20W50

11.6.4 莱康明规定的燃油等级

11.6.4.1 以前的商业燃油等级(＊ASTM D910 标准)(见表 11-4)

表 11-4

等级	颜色	含铅量/(mL・UKgal^{-1})
80/87	红色	0.5
91/96	蓝色	2.0
100/130	绿色	3.0
115/145	紫色	4.6

11.6.4.2 现在的商业燃油等级(ASTM－D910－75 标准)(见表 11-5)

表 11-5

等级	颜色	含铅量/(mL・UKgal^{-1})
80	红色	0.5
91/96LL	无	0
100LL	蓝色	2.0
100	绿色	3.0

11.6.4.3 现在的商业燃油等级(＊＊MIL－G－5572F 标准)(见表 11-6)

表 11-6

等级	颜色	含铅量/(mL・UKgal^{-1})
80/87		0.5
100/130	蓝色	2.0
115/145	紫色	4.6

注:表 11-4～表 11-6 中 ASTM 为美国材料试验标准,＊＊MIL 为美国军用标准。

R44 直升机动力装置实训工单

直升机型号	工作地点/日期	计划/实际工时	实训负责人
R44		2/	

项次	检查内容	维修手册对应章节	工作者
1	发动机散热板： 检查其状况，应特别注意固定滑油散热器的板和固定发电机散热软管的板，确保无裂纹，紧固件没有丢失或松动，固定良好	6.320	
2	发电机和滑轮： 检查其状况，检查钢制滑轮（用磁铁），不允许使用铝制滑轮，确保固定良好，检查电气导线是否固定良好	7.290	
3	发电机散热软管： 检查其状况，确保无堵塞或孔洞，固定良好	7.290	
4	空气调节制冷管路（如果安装）： 确保固定良好，无损坏以及到相邻结构件的间隙。确保防尘盖安装到垂直防火墙的检修接头上	6.500	
5	空气调节压缩机（如果安装）：确认固定良好 0.041in 直径不锈钢保险丝 弹簧销 弹簧销在风扇上的直线定位标记 风扇 蝶形螺帽 风扇定位标记	6.240	

| 版次：1 | 制定日期：2014.7.4 | 编写：薛建海 | 审核：宋辰瑶 | 总页数：3 | 页码：1 |

R44 直升机动力装置实训工单

直升机型号	工作地点/日期	计划/实际工时	实训负责人	
R44		2/		

项次	检查内容	维修手册对应章节	工作者
6	空气调节压缩机驱动皮带(如果安装): 检查其状况。确认施加于皮带中部的 4.5/5.5lb 的力,会产生 0.11/0.17in 的皮带偏离;根据要求调整	6.210	
7	消音器弯管和尾管护罩: 确保护罩和固定支架上无裂纹。确保卡箍固定良好	6.520	
8	排气系统: 拆下消声器加温罩上的螺丝,打开加温罩,检查消音器外壁是否有裂纹、变形或破裂,应特别注意尾排管和冒口固定部位、焊缝、卡箍、支架、管道法兰和密封垫。用低压空气压入消音器,检查其有无泄露。盖上加温罩固定	6.500	
9	发电机皮带: 检查其状况,如果皮带有任何裂纹、齿丢失或脱层,应进行更换。按照莱康明服务说明 1129(最新版)检查皮带张力,确保皮带正确对准	6.120	
10	三角皮带的检查: 如果出现下列任何一种情况,按照维修手册 7.280 章节按照匹配套装更换皮带。 (1)皮带底开裂。是_____ 否_____ 原因:皮带打滑导致 处理措施:作动器返厂修理 	7.280	

版次:1	制定日期:2014.7.4	编写:薛建海	审核:宋辰瑶	总页数:3	页码:2

R44 直升机动力装置实训工单

直升机型号	工作地点/日期	计划/实际工时	实训负责人	
R44		2/		

项次	检查内容	维修手册对应章节	工作者
10 (续)	(2)绷扎带上部磨损或损坏。是_____ 否_____ 原因:周围结构影响了皮带工作或外来物碰到了皮带 处理措施:清除外来物;重新放置皮带轮 	7.208	
	(3)绷扎带上部起泡或洞穿。是_____ 否_____ 原因:皮带中间有外来物 处理措施:检查并除去外来物 	7.208	
	(3)皮带滑出皮带轮。是_____ 否_____ 原因:皮带张力不正确 处理措施:按维修手册 7.280 和 7.230 来处理 	7.280	

版次:1	制定日期:2014.7.4	编写:薛建海	审核:宋辰瑶	总页数:3	页码:3

复习思考题

1. R44 Ⅱ直升机所用发动机是什么？该型号的含义是什么？
2. 简述发动机的重要技术参数。
3. R44 直升机的发动机的重要组成部分是什么？
4. 气缸组件包括哪几部分？
5. 简述气缸头的作用。
6. 气缸筒的直径上下一致吗？为什么采用这种形式？
7. 气缸组件上的颜色代表什么意思？
8. 活塞的直径上下一致吗？为什么采用这种形式？
9. 涨圈的作用是什么？一个活塞上有多少个涨圈？
10. 机匣的作用是什么？
11. 简述发动机进气装置的作用。
12. 简述发动机排气装置的作用。
13. 简述发动机收油池的作用。
14. 发动机上的附件传动装置有哪些？
15. 滑油系统的作用有哪些？
16. 简述 R44 直升机上的发动机中的滑油系统的工作原理。
17. 简述齿轮滑油泵的工作原理。
18. 简述 R44 直升机上的发动机中的滑油滤的维护原则。
19. 滑油系统中的活门有哪些？各自的工作原理是什么？
20. 简述发动机的四个工作行程。
21. 简述气缸压缩性检查的方法。
22. R44 直升机上的发动机的散热有什么要求？
23. 散热片是如何实现散热的？为什么发动机上有的地方散热片多有的地方少？
24. 简述导风板的作用。
25. 简述散热装置常见的故障形式。
26. 简述风扇的拆装程序。
27. 简述风扇的平衡程序。

参 考 文 献

[1] 美国罗宾逊直升机公司. 罗宾逊 R44 维修手册. http://www.robinsonheli.com/r44_mm.html.

[2] 美国罗宾逊直升机公司. 罗宾逊 R44 零部件手册. http://www.robinsonheli.com/r44_ipc.html.

[3] 美国罗宾逊直升机公司. 罗宾逊 R44 飞行手册. http://www.robinsonheli.com/r44_2_poh.html.

[4] 莱康明发动机公司. 莱康明 IO－540－AE1A5 发动机维修手册. http://www.lycoming.com/.

[5] 中国民用航空总局. 中国民用航空规章 CCAR－21 部－《民用航空产品和零部件》. http://www.caac.gov.cn/B1/B6/.

[6] 中国民用航空总局. 中国民用航空规章 CCAR－43 部－《维修和改装一般规则》. http://www.caac.gov.cn/B1/B6/.

[7] 中国民用航空总局. 中国民用航空规章 CCAR－91 部－《一般运行和飞行规则》. http://www.caac.gov.cn/B1/B6/.

[8] 中国民用航空总局. 中国民用航空规章 CCAR－135 部－《小型航空器商业运输运营人运行合格审定规则》. http://www.caac.gov.cn/B1/B6/.

[9] 中国民用航空总局. 中国民用航空规章 CCAR－145 部－《民用航空器维修单位合格审定规定》. http://www.caac.gov.cn/B1/B6/.